面向“十三五”职业教育精品规划教材

嵌入式计算机应用

冯蓉珍　宋志强　主　编
方　武　卢爱红　黄　彬　副主编

中央广播电视大学出版社·北京

图书在版编目（CIP）数据

嵌入式计算机应用/冯蓉珍，宋志强主编．—北京：中央广播电视大学出版社，2017.4

ISBN 978－7－304－08487－5

Ⅰ.①嵌… Ⅱ.①冯… ②宋… Ⅲ.①微型计算机 Ⅳ.①TP36

中国版本图书馆CIP数据核字（2017）第048283号

面向“十三五”职业教育精品规划教材

嵌入式计算机应用

QIANRUSHI JISUANJI YINGYONG

冯蓉珍　宋志强　主　编

出版·发行：中央广播电视大学出版社

电话：营销中心 010－66490011　　总编室 010－68182524

网址：http://www.crtvup.com.cn

地址：北京市海淀区西四环中路45号　　**邮编：**100039

经销：新华书店北京发行所

策划编辑：戈　博　　**版式设计：**赵　洋

责任编辑：白　娜　　**责任校对：**宋亦芳

责任印制：赵连生

印刷：北京云浩印刷有限责任公司

版本：2017年4月第1版　　2017年5月第2次印刷

开本：787mm×1092mm　1/16　　**印张：**16.5　　**字数：**368千字

书号：ISBN 978－7－304－08487－5

定价：36.00元

PREFACE

前 言

苏州经贸职业技术学院嵌入式计算机应用课程组的教师经过多年的教学改革经验积累，同时吸取其他高职院校教学改革的成果与经验，将《嵌入式计算机应用》列为学院精品教材，并由苏州经贸职业技术学院精品教材专项基金资助出版。本书从内容与方法、教与学、做与练等方面，多角度、全方位地体现了高职教育的教学特色。

本书采用任务驱动、项目引导的教学方式，由任务引入相关理论知识，通过技能训练引出相关概念、硬件设计与编程技巧，体现做中学、学中练的教学思路，十分适合作为高职高专院校的教材。

本书从职业岗位需求考虑，采用单片机的C语言进行编程，克服了传统的汇编语言程序不容易被学生理解的弊端。C语言程序易于阅读、理解，程序风格更加人性化，便于移植。本书以嵌入式单片机应用为主线，利用C语言编程，让学生在技能训练中逐渐掌握编程方法，使学生能够学以致用；以嵌入式计算机系统为扩展，以“树莓派”为例分析开源嵌入式计算机的应用，使学生在掌握嵌入式单片机应用的基础上，熟悉嵌入式系统的特点、基本结构、嵌入式操作系统，能进行嵌入式系统的应用，并进一步对“树莓派”进行操作。

在教学中，教师可根据课堂教学和实训教学等实际情况灵活选用学习任务和项目，合理分配课时。有的项目可以让学生利用第二课堂完成。

本书由苏州经贸职业技术学院的冯蓉珍副教授和宋志强副教授担任主编，方武和卢爱红老师和苏州速迈医疗设备有限公司的黄彬工程师担任副主编，冯蓉珍负责全书的整体策划和统稿工作。宋志强编写了学习任务一至学习任务五；冯蓉珍编写了学习任务六至学习任务八；卢爱红编写了学习任务九；方武编写了学习任务十；黄彬参与了学习任务三至学习任务十的案例指导及编写。

为方便教师教学，本书配备了电子教学课件、习题参考答案、C语言源程序文件等教学资源。

本书可作为高职高专院校电子信息类、通信类、自动化类、机电类、机械制造类等专业的嵌入式计算机应用课程的教材，也可作为开放大学、成人教育、自学考试、中职学校和培训班的教材，以及电子工程技术人员的参考工具书。

由于时间紧迫和编者水平有限，书中难免存在疏漏与不足，恳请使用者对本书提出批评和建议。

编 者

2016年8月

CONTENTS

目 录

学习任务七　定时/计数器应用

学习任务八　串行通信技术应用

学习任务九　嵌入式系统应用 …………………………………… 206

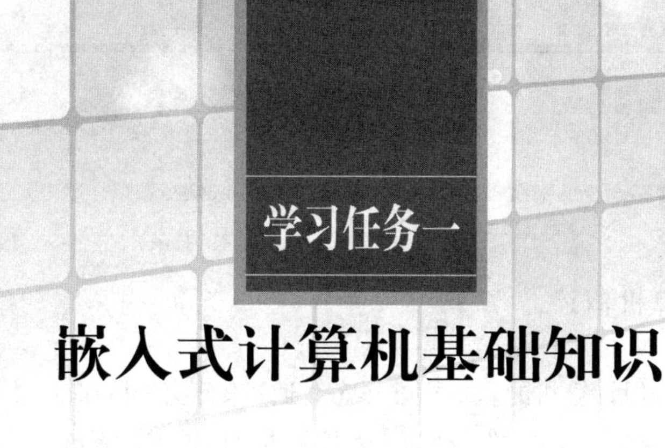

嵌入式计算机基础知识

学习目标

■ 任务说明

单片机是一种集成电路芯片，是采用超大规模集成电路技术把具有数据处理能力的微控制器（Micro Controller Unit，MCU）、随机存储器（Ramdom Access Memory，RAM）、只读存储器（Read Only Memory，ROM）、多种I/O端口和中断系统、定时器/计数器（有的单片机还包括显示驱动电路）、脉宽调制电路、模拟多路转换器、A/D转换器等电路集成到一块硅片上构成的一个小而完善的微型计算机系统，在工业控制领域应用广泛。

本学习任务主要学习单片机的发展历史、结构组成、存储结构、输入/输出设备及单片机编程语言等。通过实验使学生加深对单片机编程语言的理解，掌握单片机编程的基本思路和流程及其运行和控制的基本规律。

■ 知识和能力要求

知识要求：

- 了解单片机的发展历史及应用范围。
- 掌握AT89S51的结构组成。
- 熟悉单片机的存储结构。
- 熟悉单片机的输入/输出端口。
- 熟悉单片机编程语言。

能力要求：

- 能够根据控制需要连接相对简单的单片机外围电路。
- 能够读懂简单的单片机控制程序。

任务准备

一、嵌入式计算机概述

通用计算机具有一般计算机的基本标准形态，通过安装不同的应用软件，以基本相同的面目应用在社会的各种领域，其典型产品为个人计算机。嵌入式计算机则是非通用计算机形态的计算机应用，它以系统核心部件的形式隐藏在各种装置、设备、产品和系统中。嵌入式计算机是一种计算机的存在形式，是从计算机技术的发展中分离出来的。嵌入式计算机往往都是基于单个或者少数几个芯片，而将处理器、存储器以及外设接口电路集成在芯片上。嵌入式计算机在应用数量上远远超过了通用计算机。嵌入式计算机可分为微处理器（Microprocessor Unit，MPU）、微控制器（Micro Controller Unit，MCU）、数字信号处理器（Digital Signal Processor，DSP）、片上系统（System on Chip，SoC）4 类，其中，微控制器又被称为单片机，它将整个计算机系统集成到一块芯片中，本书以最为典型的 51 系列单片机作为嵌入式计算机的入门首先进行详细讲解。

二、单片机概述

1. 单片机简介

单片微型计算机（Single Chip Microcomputer）简称单片机，是指集成在一个芯片上的微型计算机，它的各种功能部件包括中央处理器（Central Processing Unit，CPU）、存储器（Memory）、输入/输出（Input/Output，I/O）接口电路、定时/计数器和中断系统等，这些部件均制作在一块芯片上，构成一个完整的微型计算机。由于单片机的结构与指令功能都是按照工业控制要求设计的，故又被称为微控制器。

20 世纪 70 年代，美国仙童半导体（Fairchild Semiconductor）公司首先推出了第一款单片机 F－8。1971 年 11 月，Intel 公司推出 MCS－4 微型计算机系统（包括 4001 ROM 芯片、4002 RAM 芯片、4003 移位寄存器芯片和 4004 微处理器），其中 4004 微处理器包含 2 300 个晶体管，尺寸规格为 3 mm × 4 mm，计算性能远远超过当年的 ENIAC，最初售价为 200 美元。Intel公司的霍夫研制成功 4 位微处理器芯片 Intel 4004，标志着第一代微处理器的问世，微处理器和微机时代从此开始。因发明微处理器，霍夫被英国《经济学家》杂志列为“第二次世界大战以来最有影响力的 7 位科学家”之一。

1972 年 4 月，霍夫等人开发出第一个 8 位微处理器 Intel 8008。由于 8008 采用的是 P 沟道 MOS 微处理器，因此仍属于第一代微处理器。

1973 年，Intel 公司研制出 8 位的微处理器 8080；1973 年 8 月，霍夫等人研制出 8 位微处理器 Intel 8080，以 N 沟道取代了 P 沟道，第二代微处理器就此诞生。主频 2 MHz 的 8080 芯片运算速度比 8008 快 10 倍，可拥有 64 KB 的存储器，使用了基于 6 μm 技术的 6 000 个晶体管，处理速度为 0. 64 MIPS（Million Instructions Per Second）。

1976 年，Intel 公司研制出 MCS－48 系列 8 位的单片机，这也是单片机的问世。Zilog 公司于 1976 年开发的 Z80 微处理器，被广泛用于微型计算机和工业自动控制设备。当时，Zilog、Motorola 和 Intel 在微处理器领域形成三足鼎立的局面。

20 世纪 80 年代初，Intel 公司在 MCS－48 系列单片机的基础上，推出了 MCS－51 系列 8 位高档单片机。MCS－51 系列单片机无论是在片内 RAM 容量、I/O 端口功能、系统扩展方面都有了很大的提高。

近年来，Intel、Motorola 等公司又先后推出了性能更为优越的 32 位单片机，单片机的应用达到了一个更新的层次。

单片机的型号有 8031、8051、80C51、80C52、8751、89S51 等，下面简要介绍这些型号单片机的区别。

8031/8051/8751 是 Intel 公司早期的产品。

8031 片内不带程序存储器 ROM，使用时用户需外接程序存储器，外接的程序存储器多为 EPROM（Erasable Programmable Read Only Memory，一种断电后仍能保留数据的存储芯片，即非易失性芯片）。

8051 片内有 4 KB 的 ROM，更能体现“单片”的特性，但用户自编的程序无法烧写到其 ROM 中，只有将程序交给芯片厂烧写才行，另外其 ROM 是一次性的，即烧写之后不能改写内容。

8751 与 8051 基本一样，但 8751 片内有 4 KB 的 EPROM，用户可以将自己编写的程序写入单片机的 EPROM 中进行现场实验与应用，EPROM 的改写需要用紫外线等照射一定时间，擦除其内容后可再烧写。

由于上述类型的单片机应用较早，影响很大，因此已成为事实上的工业标准。后来，许多芯片厂商以各种方式和 Intel 公司合作，纷纷推出各自的单片机，如同一种单片机的多个版本一样。虽然单片机的制造工艺在不断改变，但内核却一样，也就是说，这类单片机指令系统安全兼容，绝大多数单片机的管脚也兼容，在使用上基本可以直接互换。人们统称这些与 8051 内核相同的单片机为“MCS－51 系列单片机”。MCS－51 系列单片机的片内硬件资源如表 1－1 所示。

表 1-1 MCS-51 系列单片机的片内硬件资源

分类	型号	片内程序存储器	片内 RAM/B	I/O 端口/位	定时器/计数器/个	中断源个数/个
基本型	8031	无	128	32	2	5
	8051	4 KB ROM	128	32	2	5
	8751	4 KB EPROM	128	32	2	5
增强型	8032	无	256	32	3	6
	8052	8 KB ROM	256	32	3	6
	8752	8 KB EPROM	256	32	3	6

MCS-51 系列单片机的代表性产品为 8051，其他单片机都是在 8051 的基础上进行功能的增减。20 世纪 80 年代中期以后，Intel 公司已把精力集中在高档 CPU 芯片的开发、研制上，逐渐淡出单片机芯片的开发和生产。由于 MCS-51 系列单片机设计上的成功以及较高的市场占有率，以 MCS-51 技术核心为主导的单片机已经成为许多厂家、电气公司竞相选用的对象，并以此为基核。因此，Intel 公司以专利转让或技术交换的形式把 8051 的内核技术转让给了许多半导体芯片生产厂家，如 ATMEL、Philips、Cygnal、ANALOG、LG、ADI、Maxim、DEVICES、DALLAS 等公司。这些厂家生产的兼容机与 8051 的内核结构、指令系统相同，采用 CMOS 工艺，因而常用 80C51 系列单片机来称呼所有这些具有 8051 指令系统的单片机，人们也习惯把这些兼容机等各种衍生品种统称为 51 系列单片机或简称为 51 单片机，有的公司还在 8051 的基础上又增加了一些功能模块（称为增强型、扩展型系列单片机），使其集成度更高，更有特点，其功能和市场竞争力更强。近年来，单片机芯片生产厂商推出的与 8051（80C51）兼容的主要产品如表 1-2 所示。

表 1-2 与 80C51 兼容的主要产品

生产厂家	单片机型号
ATMEL	AT89C5x、AT89S5x 系列
Philips	80C51、8xC552 系列
Cygnal	C80C51F 系列高速 SOC 单片机
LG	GMS90/97 系列低价、高速单片机
ADI	ADμC8xx 系列高精度单片机
Maxim	DS89C420 高速单片机系列
华邦电子股份有限公司	W78C51、W77C51 系列高速、低价单片机
AMD	8-515/535 单片机
Siemens	SAB80512 单片机

在众多与 MCS－51 单片机兼容的基本型、增强型、扩展型等衍生机型中，美国 ATMEL 公司推出的 AT89C5x/AT89S5x 系列因其不但和 8051 指令、管脚完全兼容，而且其片内的程序存储器是采用 Flash 工艺的（对于这种工艺的存储器，用户可以用相关的下载器对其进行瞬间擦除、改写），因此更为实用，该系列中的 AT89C51/AT89S51 和 AT89C52/AT89S52 单片机在我国目前的 8 位单片机市场中占有较大的市场份额。ATMEL 公司是美国 20 世纪 80 年代中期成立并发展起来的半导体公司。该公司于 1994 年以 EEPROM 技术与 Intel 公司 80C51 内核的使用权进行交换。ATMEL 公司的技术优势是其 Flash 存储器技术，将 Flash 技术与 80C51 内核相结合，形成了片内带有 Flash 存储器的 AT89C5x/AT89S5x 系列单片机。

AT89C5x/AT89S5x 系列单片机继承了 MCS－51 的原有功能，与 MCS－51 系列单片机在原有功能、引脚以及指令系统方面完全兼容。此外，AT89C5x/AT89S5x 系列单片机中的某些品种又增加了一些新的功能，如看门狗定时器 WDT、ISP（在系统编程也称在线编程）及 SPI 串行口技术等。片内 Flash 存储器允许在线（+5 V）电擦除、电写入或使用编程器对其重复编程，另外，AT89C5x/AT89S5x 单片机还支持由软件选择的两种节电工作方式，非常适用于电池供电或其他要求低功耗的场合。AT89C51/AT89S51 与 MCS－51 系列中的 87C51 单片机相比，AT89C51/AT89S51 单片机片内的 4 KB Flash 存储器取代了 87C51 片内4 KB的 EPROM。

AT89S5x 的“S”系列机型是 ATMEL 公司继 AT89C5x 系列之后推出的新机型，代表性产品为 AT89S51 和 AT89S52。基本型的 AT89C51 与 AT89S51 以及增强型的 AT89C52 与 AT89S52 的硬件结构和指令系统完全相同。使用 AT89C51 单片机的系统，在保留原来软、硬件的条件下，完全可以用 AT89S51 直接替换。与 AT89C5x 系列相比，AT89S5x 系列的时钟频率以及运算速度有了较大的提高，例如，AT89C51 工作频率的上限为 24 MHz，而 AT89S51 则为 33 MHz。AT89S51 片内集成双数据指针 DPTR、看门狗定时器，具有低功耗空闲工作方式和掉电工作方式。目前，AT89S5x 系列已经逐渐取代 AT89C5x 系列。表 1－3 为 ATMEL 公司 AT89C5x/AT89S5x 系列单片机主要产品的片内硬件资源。由于单片机的种类很多，开发者在选择单片机时要依据实际需求选择合适的型号。

表 1－3 ATMEL 公司生产的 AT89C5x/AT89S5x 系列单片机的片内硬件资源

型号	片内 Flash ROM/KB	片内 RAM/B	I/O 端口/位	定时器/计数器/个	中断源个数/个	引脚数目/个
AT89C1051	1	128	15	1	3	20
AT89C2051	2	128	15	2	5	20
AT89C51	4	128	32	2	5	40
AT89S51	4	128	32	2	6	40
AT89C52	8	256	32	3	8	40

续表

型号	片内 Flash ROM/KB	片内 RAM/B	I/O 端口/位	定时器/计数器/个	中断源个数/个	引脚数目/个
AT89S52	8	256	32	3	8	40
AT89LV51	4	128	32	2	6	40
AT89LV52	8	256	32	3	8	40
AT89C55	20	256	32	3	8	44

表 1-3 中 AT89C1051 与 AT89C2051 为低档机型，均为 20 个引脚。注意，当使用低档机型即可满足设计需求时，就不要采用较高档次的机型。例如，当系统设计时，仅仅需要一个定时器和几位数字量的输出，那么选择 AT89C1051 或 AT89C2051 即可，而不需要选择 AT89S51 或 AT89S52，因为后者要比前者的价格高，且前者体积也小。如果对程序存储器和数据存储器的容量要求较高，那么选择的单片机还要满足片内程序存储区和数据存储区空间的要求。除了程序存储区和数据存储区的要求外，还要考虑单片机的运行速度，这里还可以考虑选择 AT89S51 /AT89S52，因为它们的最高工作时钟频率为 33 MHz。当单片机应用程序需要多于 8 KB 以上的空间时可考虑选用片内 Flash 存储器容量为 20 KB 的 AT89C55。表 1-3中，AT89LV51 与 AT89LV52 中的“LV”代表低电压，它与 AT89S51 单片机的主要区别在于其工作时钟频率为 12 MHz，工作电压为 2.7 ~ 6 V，编程电压 V_{PP} 为 12 V。AT89LV51 的低电压电源工作条件可使其在便携式、袖珍式、无交流电源供电的环境中应用，因此特别适合用于电池供电的仪器仪表和各种野外操作的设备。

尽管 AT89C5x/AT89S5x 系列单片机有多种机型，但是掌握好 AT89S51/52 单片机非常重要，本书以 AT89S51/52 作为 51 单片机的代表性机型来介绍单片机的原理及应用。

2. 单片机的特点

（1）高集成度，体积小，高可靠性。单片机将各功能部件集成在一块晶体芯片上，集成度很高，体积自然也是最小的。芯片本身是按工业测控环境要求设计的，内部布线很短，其抗工业噪声性能优于一般通用的 CPU。单片机程序指令、常数及表格等固化在 ROM 中不易被破坏，许多信号通道均在一个芯片内部，故可靠性高。

（2）控制功能强。为了满足对对象的控制要求，单片机的指令系统均有极丰富的条件：分支转移能力、I/O 端口的逻辑操作及位处理能力，非常适用于专门的控制功能。

（3）低电压，低功耗，便于生产便携式产品。为了满足广泛使用于便携式系统的要求，许多单片机内的工作电压仅为 1.8 ~3.6 V，而工作电流仅为数百微安。

（4）易扩展。片内具有计算机正常运行所必需的部件，芯片外有许多供扩展用的三总线及并行、串行输入/输出管脚，很容易构成各种规模的计算机应用系统。

（5）优异的性价比。单片机的性能极高。为了提高速度和运行效率，单片机已开始使用 RISC 流水线和 DSP 等技术。单片机的寻址能力也已突破 64 KB 的限制，有的已可达到 1 MB 和 16 MB，片内的 ROM 容量可达 62 MB，RAM 容量可达 2 MB。由于单片机的广泛使用，因而销量极大，各大公司的商业竞争更使其价格十分低廉，其性价比极高。

3. 单片机的发展及应用

此外，尽管 16 位、32 位单片机市场有所增加，但 8 位单片机在未来三五年内仍将占主流，只是其成长幅度会趋缓。从应用角度讲，消费类电子和家电产品，尤其是中小型家电产品，属于比较成熟的单片机应用领域；其次是高端领域的车用产品。

单片机在没有开发前，它只是一块具备极强功能的超大规模集成电路，如果赋予它特定的程序，它便是一个单片机应用系统。单片机应用系统是以单片机为核心，配以输入、输出、显示等外围接口电路和控制程序，能实现一种或多种功能的实用系统。单片机应用系统由硬件和控制程序两部分组成，两者相互依赖，缺一不可。硬件是应用系统的基础，控制程序是在硬件的基础上，对其资源进行合理调配和使用，控制其按照一定顺序完成各种时序、运算或动作，从而实现应用系统所要求的任务。单片机应用系统设计人员必须从硬件结构和控制程序设计两个角度深入了解单片机，将二者有机地结合起来，才能开发出具有特定功能的单片机应用系统。单片机与单板机或个人计算机（PC）有着本质的区别，它的应用属于芯片级应用，需要用户了解单片机芯片的结构和指令系统以及其他集成电路应用技术和系统设计所需要的理论和技术，用这样特定的芯片设计应用程序，从而使该芯片具备特定的功能。

不同的单片机有着不同的硬件特征和软件特征，即它们的技术特征均不尽相同，硬件特征取决于单片机芯片的内部结构，用户要使用某种单片机，必须了解该型号产品是否满足需要的功能和应用系统所要求的特性指标。这里的技术特征包括功能特性、控制特性和电气特性等，这些信息需要从生产厂商的技术手册中得到。软件特征是指指令系统特性和开发支持环境。

单片机内部使用和计算机功能类似的模块，如 CPU、内存、并行总线，还有和硬盘作用相同的存储器件，不同的是它的这些部件性能相对于我们的家用计算机都弱很多，不过价钱也是相对较低的，一般不超过 10 元，用它来做一些控制电器这类不很复杂的工作足矣。我们现在用的全自动滚筒洗衣机、抽油烟机、DVD 等家电里面都可以看到单片机的身影。单片机主要作为控制部分的核心部件，它是一种在线式实时控制计算机，在线式指现场控制，需要有较强的抗干扰能力和较低的成本，这也是和离线式计算机（如家用 PC）的主要区别。单片机是靠程序运行的，并且可以修改。通过不同的程序实现不同的功能，尤其是一些特殊的功能，这是别的器件需要费很大力气才能做到的。

单片机比专用处理器更适合应用于嵌入式系统，因此它得到了最多的应用。事实上单片机是世界上数量最多的计算机。现代人类生活中几乎每件电子和机械产品中都会集成有单片机。手机、固定电话、计算器、家用电器、电子玩具、掌上电脑以及鼠标等计算机配件中都配有 1 ~2 个单片机。汽车上一般配备 40 多个单片机，在复杂的工业控制系统上甚至可能有数百个单片机在同时工作。单片机的数量不仅远超过 PC 和其他计算机的总和，甚至比人类的数量还要多。

4. 51 系列单片机（AT89S5x）结构

（1）AT89S5x 单片机基本特性。

① 8 位的 CPU，与通用 CPU 基本相同，同样包括了运算器和控制器两大部分，还有面向控制的位处理功能。

② AT89S51 片内有 128 字节的数据存储器 RAM 及 256 字节的数据存储器 RAM。

③ AT89S51 片内有 4 KB 的 Flash 存储器；AT89S52 片内有 8KB 的 Flash 存储器。

④ 4 个 8 位的并行 I/O 端口（P0、P1、P2、P3）。

⑤ 1 个全双工串行通信口。

⑥ 3 个 16 位定时器/计数器（T0、T1、T2）。

⑦ 可处理 6 个中断源，两级中断优先级。

（2）AT89S5x 单片机内部结构简图如图 1 -1 所示。

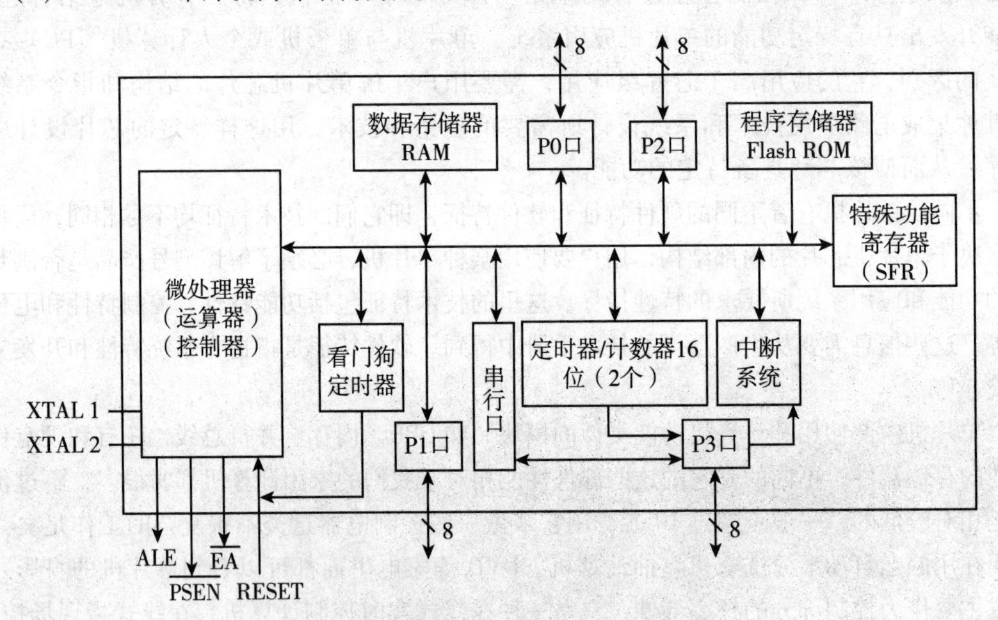

图 1 -1　AT89S5x 单片机内部结构简图

AT89S5x 与 51 系列各种型号芯片的引脚互相兼容。目前采用 40 引脚的双列直插式或带引线的塑料芯片载体（Plastic Leaded Chip Carrier，PLCC）封装，如图 1 -2 所示。

图 1－2　AT89S5x 与 51 系列各种型号芯片的引脚封装

AT89S5x 双列直插封装形式引脚如图 1－3 所示。

引脚名	引脚号	引脚号	引脚名
P1.0	1	40	V_{cc}
P1.1	2	39	P0.0
P1.2	3	38	P0.1
P1.3	4	37	P0.2
P1.4	5	36	P0.3
MOSI/P1.5	6	35	P0.4
MISO/P1.6	7	34	P0.5
SCK/P1.7	8	33	P0.6
RST	9	32	P0.7
RXD/P3.0	10	31	$\overline{EA}/V_{pp}$
TXD/P3.1	11	30	ALE/$\overline{PROG}$
$\overline{INT0}$/P3.2	12	29	$\overline{PSEN}$
$\overline{INT1}$/P3.3	13	28	P2.7
T0/P3.4	14	27	P2.6
T1/P3.5	15	26	P2.5
$\overline{WR}$/P3.6	16	25	P2.4
$\overline{RD}$/P3.7	17	24	P2.3
XTAL2	18	23	P2.2
XTAL1	19	22	P2.1
V_{ss}	20	21	P2.0

图 1－3　AT89S5x 双列直插封装形式引脚

下面按照引脚序号对双列直插式的 AT89S5x 单片机的各个引脚做一个总体介绍。1 ~ 8 号引脚为 P1 口（P1.0 ~ P1.7），在串行编程和校验时，MOSI/P1.5、MISO/P1.6 和 SCK/P1.7 分别是串行数据输入、输出和移位脉冲引脚，可以实现在线编程功能，即 AT89S5x 芯片可以在 PCB 板上直接下载程序，无须将芯片取下来放入编程器去写程序，从而提高使用的灵活性；9 号引脚为复位引脚；10 ~ 17 号引脚为 P3 口（P3.0 ~ P3.7）；18 号、19 号引脚为时钟引脚，外接晶体振荡器；20 号引脚为接地引脚；21 ~ 28 号引脚为 P2 口（P2.0 ~ P2.7）；29 号引脚为片外程序存储器读选通信号；30 号引脚具有地址锁存和对片内 Flash 编程双功能；31 号引脚具有外部程序存储器访问允许控制端和对片内 Flash 编程的双重功能；32 ~ 39 号引脚为 P0 口（P0.0 ~ P0.7）；40 号引脚为电源信号。引脚按其功能分为三类：

① 电源及时钟引脚：V_{cc}、V_{ss}、XTAL1、XTAL2。

② 控制引脚：$\overline{PSEN}$、ALE/$\overline{PROG}$、$\overline{EA}/V_{pp}$、RST。

③ I/O 端口引脚：P0、P1、P2、P3，为 4 个 8 位 I/O 端口。

其中比较重要的引脚功能介绍如下：

A. 电源引脚。

a. V_{cc}（40 脚）：+5 V 电源。

b. V_{ss}（20 脚）：接地引脚。

B. 时钟引脚。

a. XTAL1（19 脚）。片内振荡器反相放大器和时钟发生器的输入端。用作片内振荡器时，该引脚连接外部石英晶体和微调电容。外接时钟源时，该引脚接外部时钟振荡器的信号。

b. XTAL2（18 脚）。片内振荡器反相放大器的输出端。当使用片内振荡器时，该引脚连接外部石英晶体和微调电容。当使用外部时钟源时，该引脚悬空。

C. 控制引脚。

a. RST（9 脚）。复位信号输入端，高电平有效。在此引脚上加上持续时间大于两个机器周期的高电平，可使单片机复位。正常工作时，该引脚电平应≤0.5 V。当看门狗定期器溢出输出时，则该引脚将输出长达 96 个时钟振荡周期的高电平。

b. $\overline{EA}/V_{pp}$（31 脚）。$\overline{EA}$ 为引脚第一功能，即外部程序存储器访问允许控制端。当 $\overline{EA}=1$，在 PC 值不超过片内 Flash 存储器的地址范围时，单片机读片内程序存储器中的程序；而当 PC 值超出片内 Flash 存储器的地址范围时，将自动转向读取片外程序存储器空间中的程序。当 $\overline{EA}=0$ 时，只读取外部程序存储器中的内容，读取的地址范围为 0x0000 ~ 0xFFFF，片内的 Flash 程序存储器不起作用。V_{pp} 为引脚第二功能，即对片内 Flash 进行编程时，V_{pp} 引脚接编程电压。

以上 6 个引脚接线正确后，便形成了单片机能够工作的最小系统，最小系统包括时钟和复位电路，通常称为单片机最小系统电路。时钟电路为单片机工作提供基本时钟，复位电路用于将单片机内部各电路的状态恢复到初始值。图 1-4 为典型的单片机最小系统电路。

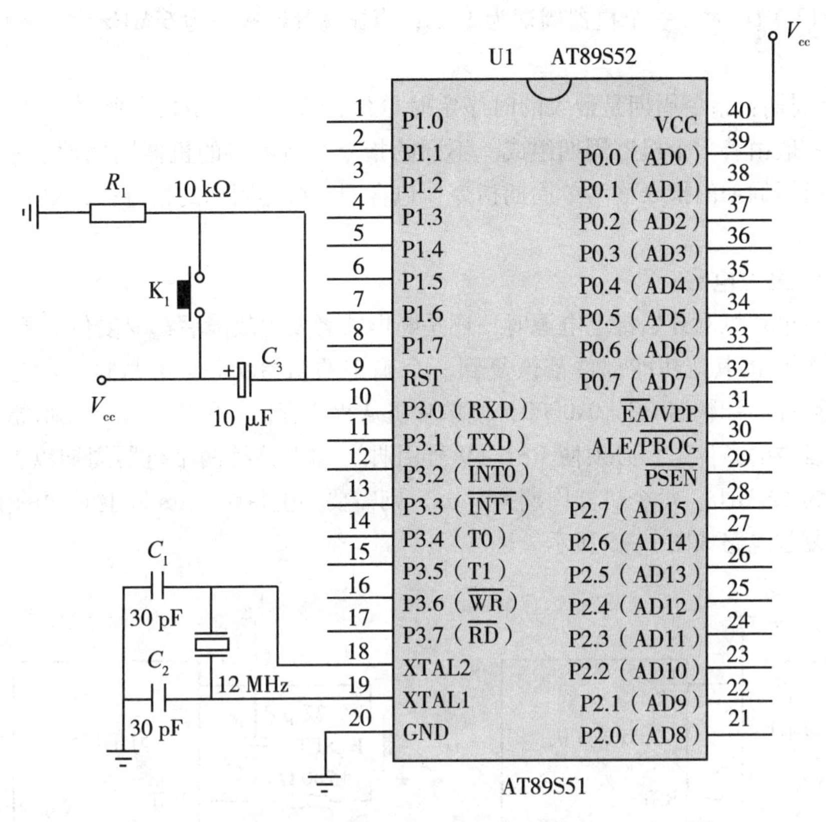

图 1－4　典型的单片机最小系统电路

在 51 单片机内部有一个高增益反相放大器，其输入端引脚为 XTAL1，输出端引脚为 XTAL2。只要在 XTAL1 和 XTAL2 之间跨接晶体振荡器和微调电容，就可以构成一个稳定的自激振荡器。一般地，电容 C_2和 C_3取 30 pF 左右。晶体振荡器简称晶振，其振荡频率越高，系统的时钟频率也就越高，则单片机运行速度也就越快。通常情况下，使用振荡频率为 12 MHz 的晶振。如果系统中使用了单片机的串行口通信，则一般采用振荡频率为 11.059 2 MHz 的晶振。下面介绍两个重要的概念：时序和单片机复位电路。

① 时序。

关于 51 单片机的时序概念有 4 个，从小到大依次是：节拍、状态、机器周期和指令周期，下面分别加以说明。

A. 节拍：把振荡脉冲的周期定义为节拍，用 P 表示，也就是晶振的振荡频率 f_{osc}。

B. 状态：振荡频率 f_{osc}经过二分频后，就是单片机时钟信号的周期，定义为状态，用 S 表示。一个状态包含两个节拍，其前半周期对应的节拍称为 P_1，后半周期对应的节拍称为 P_2。

C. 机器周期：51 单片机采用定时控制方式，有固定的机器周期。规定一个机器周期的宽度为 6 个状态，即 12 个振荡脉冲周期，因此机器周期就是振荡脉冲的十二分频。当振荡脉冲频率为 12 MHz 时，一个机器周期为 1 μs；当振荡脉冲频率为 6 MHz 时，一个机器周期为 2 μs。

D. 指令周期：指令周期是最大的时序定时单位，将执行一条指令所需要的时间称为指令周期。它一般由若干个机器周期组成。不同的指令，所需要的机器周期数也不同。通常，将包含一个机器周期的指令称为单周期指令，包含两个机器周期的指令称为双周期指令，依次类推。

② 单片机复位电路。

无论是在单片机刚开始接上电源时，还是断电或者发生故障后都要复位。单片机复位是使 CPU 和系统中的其他功能部件都恢复到一个确定的初始状态，并从这个状态开始工作，例如，复位后程序计数器 PC = 0x0000，使单片机从程序存储器的第一个单元取指令执行。

单片机复位的条件是：必须使 RST（9 号引脚）加上持续两个机器周期以上的高电平。若时钟频率为 12 MHz，每个机器周期为 1 μs，则需要加上持续 2 μs 以上时间的高电平。单片机常见的复位电路如图 1－5 所示。

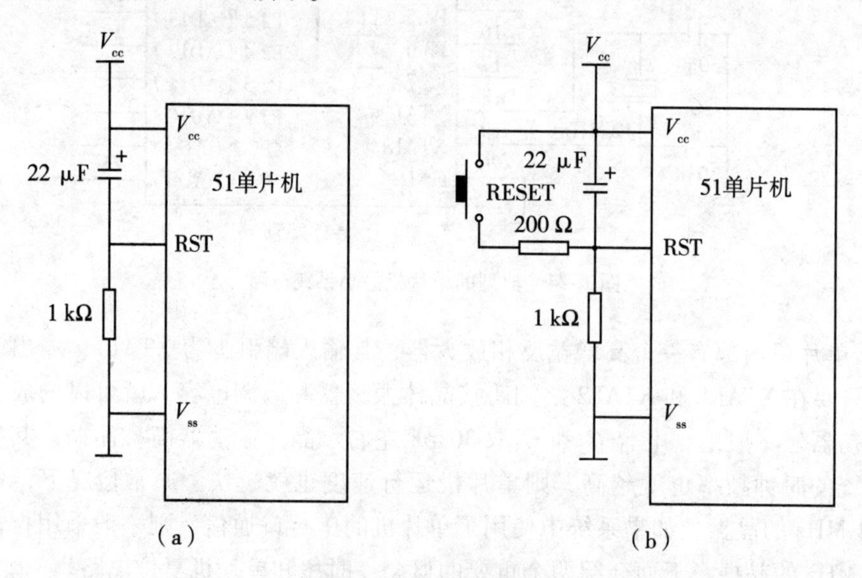

图 1－5　复位电路

(a) 上电复位电路；(b) 按键复位电路

图 1－5（a）为上电复位电路。它利用电容充电来实现复位，在接电瞬间，RST 端的电位与 V_{cc} 相同，随着充电电流的减少，RST 的电位逐渐下降。只要保证 RST 为高电平的时间大于两个机器周期，便能正常复位。

图 1－5（b）为按键复位电路。该电路除具有上电复位功能外，还可以按图 1－5（b）中的 RST 键实现复位，此时电源 V_{cc} 经两个电阻分压，在 RST 端产生一个复位高电平。

复位后，单片机内部的各特殊功能寄存器的复位状态如表 1－4 所示。

表 1－4　单片机内部的各特殊功能寄存器的复位状态

特殊功能寄存器	复位状态	特殊功能寄存器	复位状态
PC	0000H	ACC	00H
B	00H	PSW	00H
SP	07H	DPTR	0000H
P0～P3	FFH	IP	***00000B
TMOD	00H	IE	0**00000B
TH0	00H	SCON	00H
TL0	00H	SBUF	不确定
TH1	00H	PCON	0***0000B
TL1	00H	TCON	00H

说明：* 表示无关位。H 是十六进制数后缀，B 是二进制数后缀。

针对引脚功能的总结如下：

- V_{cc}，V_{ss}：电源端。
- XTAL1，XTAL2：片内振荡电路输入、输出端。
- RST：复位端，正脉冲有效（宽度>10 ms）。
- $\overline{EA}/V_{pp}$：寻址外部 ROM 控制端。低电平有效，片内有 ROM 时应当接高电平。
- ALE/ $\overline{PROG}$：地址锁存允许控制端。
- $\overline{PSEN}$：选通外部 ROM 的读控制端，低电平有效。

5. AT89S 系列单片机型号说明

随着 AT89 单片机的应用越来越广泛，单片机的型号也随之增多，编码也有了一定的规律。AT89 系列单片机的型号编码由三部分组成，它们是前缀、型号和后缀，格式如下：

AT89CXXXX－xxxx

其中，AT 是前缀，89CXXXX 是型号，xxxx 是后缀。下面分别对这三部分进行说明，并对其中有关参数的表示和意义作相应解释。

（1）前缀由字母“AT”组成，表示该器件是 ATMEL 公司的产品。

（2）型号由“89CXXXX”或“89LVXXXX”或“89SXXXX”等表示，8 表示单片，“89CXXXX”中，9 表示内部含 Flash 存储器，C 表示为 CMOS 产品；“89LVXXXX”中，LV 表示低电压产品；“89SXXXX”中，S 表示含有串行下载 Flash 存储器；在这个部分的“XXXX”表示器件型号数。如 51、1051、8252 等。

（3）后缀由“xxxx”4 个参数组成，每个参数的表示和意义不同，在型号与后缀部分由“－”号隔开。

后缀中的第 1 个参数 x 用于表示速度，它的意义如下：

x＝12，表示速度为 12 MHz；

x＝16，表示速度为 16 MHz；

x＝20，表示速度为20 MHz；

x＝24，表示速度为24 MHz。

后缀中的第2个参数x用于表示封装，它的意义如下：

x＝D，表示陶瓷封装；

x＝Q，表示PQFP封装；

x＝J，表示PLCC封装；

x＝A，表示TQFP封装；

x＝P，表示双列直插式封装（DIP封装）；

x＝W，表示裸芯片；

x＝S，表示SOIC封装。

后缀中第3个参数x用于表示温度范围，它的意义如下：

x＝C，表示商业用产品，温度范围为0～70 ℃；

x＝I，表示工业用产品，温度范围为－40～85 ℃；

x＝A，表示汽车用产品。温度范围为－40～125 ℃；

x＝M，表示军用产品。温度范围为－55～150 ℃。

后缀中第4个参数x用于说明产品的处理情况，它的意义如下：

x为空，表示处理工艺是标准工艺；

x＝/883，表示处理工艺采用MIL－STD－883标准。

例如：有一个单片机型号为“AT89C51－12PI”，则表示为该单片机是ATMEL公司的Flash单片机，内部是CMOS结构，速度为12 MHz，封装为DIP封装，是工业用产品，按标准处理工艺生产。

6. 单片机的存储结构

MCS－51单片机的存储器组织结构与一般微机不同，一般微机通常是程序和数据共用一个存储空间，属于冯·诺依曼结构，MCS－51单片机把程序存储器空间和数据存储器空间相互分离开来，属于哈佛型结构。AT89S5x单片机的存储器组织分为3个不同的存储地址空间：64 KB的程序存储器地址空间（包括片内ROM和片外ROM），64 KB的外部数据存储器地址空间，256 B的内部数据存储器地址空间（其中128 B被特殊功能寄存器占用）。

MCS－51器件有单独的程序存储器和数据存储器。外部程序存储器和数据存储器都可以64K寻址。对于AT8989S52，如果EA接V_{cc}，程序读写先从内部存储器（地址为0000H～1FFFH）开始，接着从外部寻址，寻址地址为：2000H～FFFFH；如果EA引脚接地，则程序读取只从外部存储器开始。

本节以8051为代表来说明51单片机的存储器结构。8051存储器主要有4个物理存储空间，即片内数据存储器（IDATA区）、片外数据存储器（XDATA区）、片内程序存储器和片外程序存储器（片内、片外程序存储器合称为CODE区）。

（1）片内数据存储器。

① 片内数据存储器（片内 RAM）低 128 字节。片内数据存储器低 128 字节用于存放程序执行过程中的各种变量和临时数据，称为 IDATA 区。表 1－5 给出了低 128 字节的配置情况。

表 1－5　片内数据存储器低 128 字节的配置

序号	区域	地址	功能
1	工作寄存器区	0x00～0x07	第 0 组工作寄存器（R0～R7）
		0x08～0x0F	第 1 组工作寄存器（R0～R7）
		0x10～0x17	第 2 组工作寄存器（R0～R7）
		0x18～0x1F	第 3 组工作寄存器（R0～R7）
2	位寻址区	0x20～0x2F	位寻址区，位地址为 0x00～0x7F
3	用户 RAM 区	0x30～0x7F	用户数据缓冲区

如表 1－5 所示，片内 RAM 的低 128 字节是单片机真正的 RAM 存储器，按其用途可划分为工作寄存器区、位寻址区和用户数据缓冲区 3 个区域。

② 片内数据存储器高 128 字节。片内 RAM 的高 128 字节地址为 0x80～0xFF，是供给特殊功能寄存器（Special Function Register，SFR）使用的。表 1－6 给出了 51 单片机特殊功能寄存器地址。需要说明的是 AT89S52 有 256 字节片内数据存储器。高 128 字节与特殊功能寄存器重叠。也就是说高 128 字节与特殊功能寄存器有相同的地址，而物理上却是分开的。当一条指令访问高于 7FH 的地址时，寻址方式决定 CPU 访问高 128 字节 RAM 还是特殊功能寄存器空间。直接寻址方式访问特殊功能寄存器（SFR）。

表 1－6　51 单片机特殊功能寄存器地址

SFR	名称	MSB 位地址/位定义							LSB	字节地址
B	B 寄存器	F7	F6	F5	F4	F3	F2	F1	F0	F0
ACC	累加器	E7	E6	E5	E4	E3	E2	E1	E0	E0
PSW	程序状态字寄存器	D7	D6	D5	D4	D3	D2	D1	D0	D0
		CY	AC	F0	RS1	RS0	OV	F1	P	
IP	中断优先级控制寄存器	BF	BE	BD	BC	BB	BA	B9	B8	B8
		/	/	/	PS	PT1	PX1	PT0	PX0	
P3	P3 口寄存器	B7	B6	B5	B4	B3	B2	B1	B0	B0
		P3.7	P3.6	P3.5	P3.4	P3.3	P3.2	P3.1	P3.0	
IE	中断允许控制寄存器	AF	AE	AD	AC	AB	AA	A9	A8	A8
		EA	/	/	ES	ET1	EX1	ET0	EX0	

续表

SFR	名称	MSB 位地址/位定义							LSB	字节地址
P2	P2 口寄存器	A7	A6	A5	A4	A3	A2	A1	A0	A0
		P2.7	P2.6	P2.5	P2.4	P2.3	P2.2	P2.1	P2.0	
SBUF	串行发送数据缓冲器									99
SCON	串行控制寄存器	9F	9E	9D	9C	9B	9A	99	98	98
		SM0	SM1	SM2	REN	TB8	RB8	TI	RI	
P1	P1 口寄存器	97	96	95	94	93	92	91	90	90
		P1.7	P1.6	P1.5	P1.4	P1.3	P1.2	P1.1	P1.0	
TH1	定时器/计数器 1（高字节）									8D
TH0	定时器/计数器 0（高字节）									8C
TL1	定时器/计数器 1（低字节）									8B
TL0	定时器/计数器 0（低字节）									8A
TMOD	定时器/计数器方式控制	GAT	C/T	M1	M0	GAT	C/T	M1	M0	89
TCON	定时器/计数器控制寄存器	8F	8E	8D	8C	8B	8A	89	88	88
		TF1	TR1	TF0	TR0	IE1	IT1	IE0	IT0	
PCON	电源控制寄存器	SMO	/	/	/	/	/	/	/	87
DPH	数据指针高字节									83
DPL	数据指针低字节									82
SP	堆栈指针									(81)
P0	P0 口寄存器	87	86	85	84	83	82	81	80	80
		P0.7	P0.6	P0.5	P0.4	P0.3	P0.2	P0.1	P0.0	

如表 1-6 所示，有 21 个可寻址的特殊功能寄存器，它们不连续地分布在片内 RAM 的高 128 个单元中，尽管其中还有许多空闲地址，但用户不能使用。另外还有一个不可寻址的专用寄存器，即程序计数器 PC，它不占据 RAM 单元，在物理上是独立的。

在可寻址的 21 个特殊功能寄存器中，有 11 个寄存器不仅能以字节寻址，也能以位寻址。表 1-6 中，凡十六进制字节地址末位为 0 或 8 的寄存器都是可以进行位寻址的寄存器。

在单片机的 C 语言程序设计中，可以通过关键字 sfr 来定义所有特殊功能寄存器，从而在程序中直接访问它们，例如：

```
sfr P1 =0x90; //特殊功能寄存器 P1 的地址是 0x90，对应 P1 口的 8 个 I/O 引脚。
```

有了上述定义后，就可以在程序中直接使用 P1 这个特殊功能寄存器了，下面的语句是合法的：

```
P1 =0x00; //将 P1 口的 8 位 I/O 端口全部清零。
```

在 C 语言中，还可以通过关键字 sbit 来定义特殊功能寄存器中的可寻址位，如下面的语句定义 P1 口的第 0 位：

```
sbit P1_0 =P1^0;
```

在通常情况下，这些特殊功能寄存器已经在头文件 reg5x. h 中定义了，只要程序中包含了该头文件，就可以直接使用已定义的特殊功能寄存器了。x 为 1 或 2，对于 AT89S51 单片机，则对应的头文件为 reg51. h，对于 AT89S52 单片机，则对应的头文件为 reg52. h。若没有头文件 reg5X. h 或者该头文件中只定义了部分特殊功能寄存器，用户也可以在程序中自行定义。

（2）片外数据存储器。

8051 单片机最多可扩充片外数据存储器（片外 RAM）64 KB，称为 XDATA 区。片外数据存储器可以根据需要进行扩展，当需要扩展存储器时，低 8 位地址 A7 ~ A0 和 8 位数据 D7 ~ D0 由 P0 口分时传送，高 8 位地址 A15 ~ A8 由 P2 口传送。

（3）程序存储器。

51 单片机的程序存储器用来存放编制好的程序和程序执行过程中不会改变的原始数据。程序存储器结构如图 1 -6 所示。

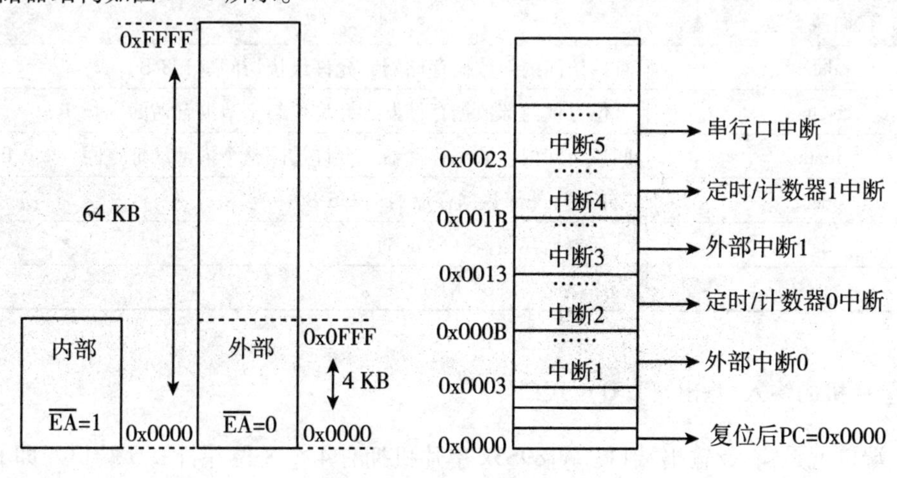

图 1 -6 程序存储器结构

8031 片内无程序存储器，8051 片内有 4 KB 的 ROM，8751 片内有 4 KB 的 EPROM，AT89S51 片内有 4 KB 的 Flash ROM，AT89S52 片内有 8KB 的 Flash ROM。51 单片机片外最多能扩展 64 KB 的程序存储器，片内外的 ROM 是统一编址的。以 AT89S51 单片机为例，若 $\overline{EA}$ 保持高电平，则程序计数器 PC 在 0x0000 ~ 0x0FFF 地址范围内（前 4 KB 地址）时，执行片内 ROM 中的程序；若 PC 在 0x1000 ~ 0xFFFF 地址范围时，则自动执行片外程序存储器中的程序。若 $\overline{EA}$ 保持低电平，则执行寻址外部程序存储器，片外存储器可以从 0x0000 开始编址。

程序存储器中有一组特殊单元是 0x0000 ~ 0x0002。系统复位后，PC = 0x0000，表示单片机从 0x0000 单元开始执行程序。另外一组特殊单元为 0x0003 ~ 0x002A，共 40 个单元。这 40 个单元被均匀地分为 5 段，作为以下 5 个中断源的中断程序入口地址区。

0x0003 ~ 0x000A：外部中断 0 中断地址区；

0x000B ~ 0x0012：定时/计数器 0 中断地址区；

0x0013 ~ 0x001A：外部中断 1 中断地址区；

0x001B ~ 0x0022：定时/计数器 1 中断地址区；

0x0023 ~ 0x002A：串行口中断地址区。

需要说明的是，在单片机 C 语言程序设计中，用户无须考虑程序的存放地址，编译程序会在编译过程中按照上述规定，自动安排程序的存放地址。例如，C 语言是从 main( ) 函数开始执行的，编译程序会在程序存储器的 0x0000 处自动存放一条转移指令，跳转到 main( ) 函数存放的地址；中断函数也会按照中断类型号，自动由编译程序安排存放在程序存储器相应的地址中。因此，用户只需了解程序存储器的结构就可以了。单片机的存储器结构包括 4 个物理存储空间，C51 编译器对这 4 个物理存储空间都能支持。常见的 C51 编译器支持的存储器类型见表 1 – 7。

表 1 – 7　常见的 C51 编译器支持的存储器类型

存储器类型	描　述
data	直接访问内部数据存储器，允许最快访问（128 B）
bdata	可位寻址内部数据存储器，允许位与字节混合访问（16 B）
idata	间接访问内部数据存储器，允许访问整个内部地址空间（256 B）
pdata	“分页”外部数据存储器（256 B）
xdata	外部数据存储器（64 KB）
code	程序存储器（64 KB）

7. 单片机的输入/输出（I/O）端口

I/O 端口就是输入/输出端口。AT89S5x 单片机拥有 4 个 8 位并行 I/O 端口。即 P0、P1、P2 和 P3，每个端口都是 8 位准双向口，共占 32 根引脚，每一条 I/O 线都能独立用作输入或输出，每个端口都包括一个锁存器（特殊功能寄存器 P0 ~ P3），用作输出数据时可以锁存；一个输出驱动器和输入缓冲器，用作输入数据时可以缓冲。

单片机的 I/O 引脚 P0、P1、P2、P3 虽然可以作为 I/O 端口使用，但是内部结构是不同的。

（1）P0 口：双向 I/O（内置场效应管上拉），内部电路结构如图 1 - 7 所示。

作用：寻址外部程序存储器时作双向 8 位数据口和输出低 8 位地址复用口。不接外部程序存储器时可作为 8 位准双向 I/O 端口用。P0 口作为输出端口使用时，输出电路是漏级开路电路，必须外接上拉电阻才能有高电平输出。

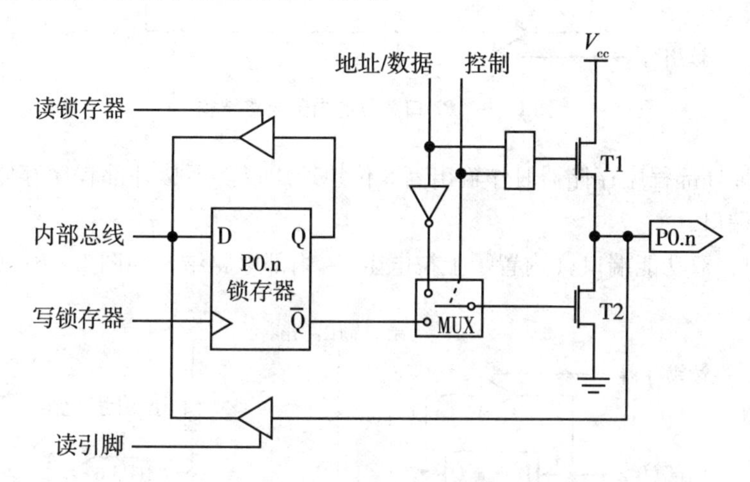

图 1 - 7　P0 口某位的内部电路结构

（2）P1 口：P1 口是准双向 I/O 端口（内置了上拉电阻），内部电路结构如图 1 - 8 所示。

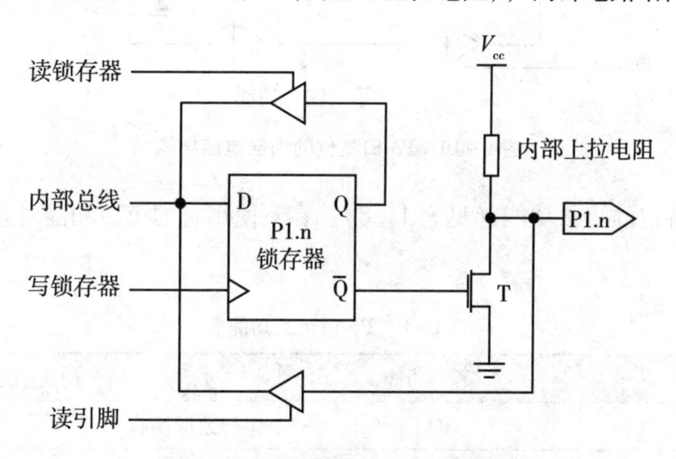

图 1 - 8　P1 口某位的内部电路结构

作用：输出时正常，在作输入口用时要先对它写“1”，为准双向口（在读数据之前，先要向相应的锁存器做写 1 操作的 I/O 端口称为准双向口）。

（3）P2 口：双向 I/O 端口（内置了上拉电阻），内部电路结构如图 1 - 9 所示。

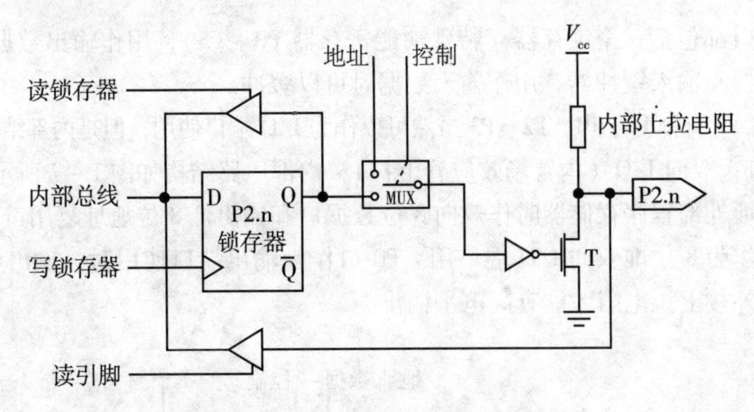

图 1-9　P2 口某位的内部电路结构

作用：寻址外部程序存储器时作输出高 8 位地址用口。不接外部程序存储器时可作为 8 位准双向 I/O 端口。

（4）P3 口：双功能端口（内置了上拉电阻），内部电路结构如图 1-10 所示。

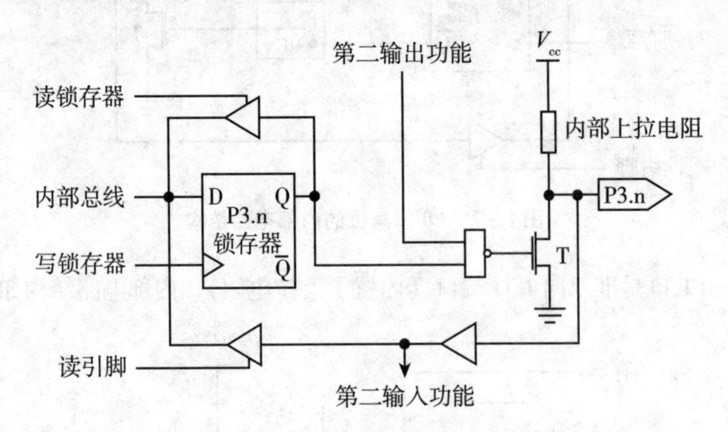

图 1-10　P3 口某位的内部电路结构

作用：具有特定的第二功能（见表 1-8）。在不使用它的第二功能时它就是普通的通用准双向 I/O 端口。

表 1-8　P3 口第二功能表

第一功能	第二功能	第二功能信号名称
P3.0	RXD	串行数据接收
P3.1	TXD	串行数据发送
P3.2	$\overline{\text{INT0}}$	外部中断 0 申请
P3.3	$\overline{\text{INT1}}$	外部中断 1 申请
P3.4	T0	定时/计数器 0 的外部输入

续表

第一功能	第二功能	第二功能信号名称
P3.5	T1	定时/计数器1的外部输入
P3.6	$\overline{WR}$	外部RAM或外部I/O写选通
P3.7	$\overline{RD}$	外部RAM或外部I/O读选通

总结：

- P0.0～P0.7：8位数据口和输出低8位地址复用口（复用时是双向口；不复用时也是准双向口）；
- P1.0～P1.7：通用I/O端口（准双向口）；
- P2.0～P2.7：输出高8位地址（用于寻址时是输出口；不用于寻址时是准双向口）；
- P3.0～P3.7：具有特定的第二功能（准双向口）。

注意：在不外扩ROM/RAM时，P0～P3均可作通用I/O端口使用，而且都是准双向I/O端口。P0口需外接上拉电阻，P1～P3可接也可不接。在用作输入时都需要先置“1”。

三、单片机编程语言

计算机语言分为机器语言、汇编语言和高级语言，其中机器语言由二进制数构成，计算机（包括单片机）可以直接识别，而汇编语言和高级语言则必须通过编译软件编译成机器语言后计算机才能识别。单片机编程可以采用汇编语言，也可以采用高级语言。汇编语言编译效率高，适合程序直接控制硬件的场合，但由于汇编语言程序要安排运算或控制每一个细节，这使得编写汇编语言程序比较烦琐复杂。

现在常用高级语言中的C语言来编写单片机程序。Keil C51软件是目前最流行的开发51单片机的工具软件，掌握这一软件的使用方法，对于51单片机的开发人员是十分必要的。下面按照学习任务中给出的步骤，学习Keil C51软件的基本操作方法。

任务实施

项目一　单片机功能体验——LED灯的闪烁控制

任务要求

通过单片机对接在P1.0口上的一只发光二极管LED灯进行闪烁控制。控制过程为上电后发光二极管 LED 灯点亮，持续点亮一段时间后，LED 灯熄灭，熄灭相同的时间后再点亮……这样周而复始地进行下去，形成“眨眼”的效果。通过实验体验单片机控制外围设备的方法，了解单片机硬件系统和软件系统协调工作的过程，激发学生学习单片机应用技术的兴趣。

任务分析

程序设计是单片机开发最重要的工作，而程序在执行过程中常常需要完成延时的功能。例如，在交通信号灯的控制程序中，需要控制红灯亮的时间持续 30 s，就可以通过延时程序来完成。

在单片机编程，可以通过单片机不断地执行空语句，从而达到延时的效果，延迟程序如下：

```
void delay1ms(unsigned int i)
{
  unsigned char j;
  while(i--)
    {
     for(j=0;j<114;j++);//通过执行空语句，从而达到延时的目的。
    }
}
```

实训模块

一、硬件电路原理图设计

1. 电路设计思路及控制要求

“眨眼”的 LED 灯是采用典型的单片机 AT89S51 进行控制的。利用单片机的 P1 口的某位外接一个发光二极管（LED），发光二极管负极接 P1.0，正极通过限流电阻接电源。要求单片机 P1.0 引脚所控制的 LED 实现“眨眼”的效果。当 P1.0 =0 时，对应的 LED 灯就会被点亮；当 P1.0 =1 时，对应的 LED 灯就会被熄灭。

2. 硬件电路原理图

根据上述的控制要求，设计出的电路原理图如图 1 - 11 所示。

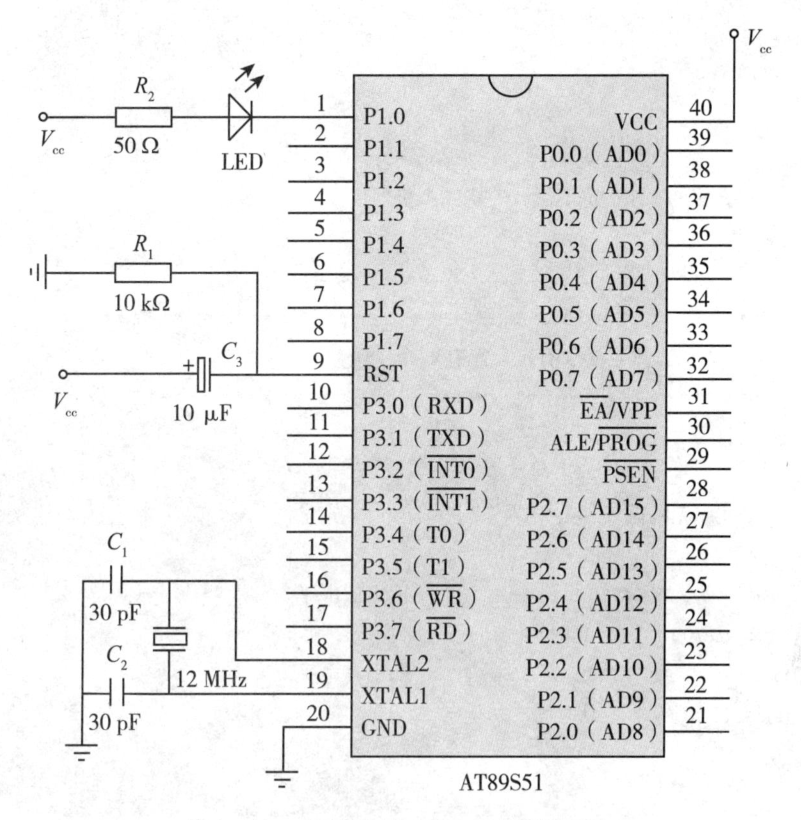

图 1－11　“眨眼”的 LED 灯电路原理图

二、软件设计

1. 主程序流程图

根据程序设计思路，画出程序流程图如图 1－12 所示。

2. 程序源代码

```
//ex1_1.c
//功能：“眨眼”的 LED 灯控制程序
#include <reg51.h>     //包含单片机寄存器的头文件
/*****************************************
函数功能：延时一段时间
*****************************************/
void delay1ms(unsigned int i)
{
```

```
  unsigned char j;
  while(i--)
    {
       for (j=0;j<114;j++)
              ;    //什么也不做，等待一个机器周期
    }
}
/*******************************************************
函数功能：主函数（C 语言规定必须有也只能有 1 个主函数）
*******************************************************/
void main(void)
{
  while(1)       //无限循环
   {
      P1=0xFE;   //P1=1111 1110B，P1.0 输出低电平
      delay1ms(500);   //延时约 500 ms
      P1=0xFF;   //P1=1111 1111B，P1.0 输出高电平
      delay1ms(500);  //延时约 500 ms
    }
}
```

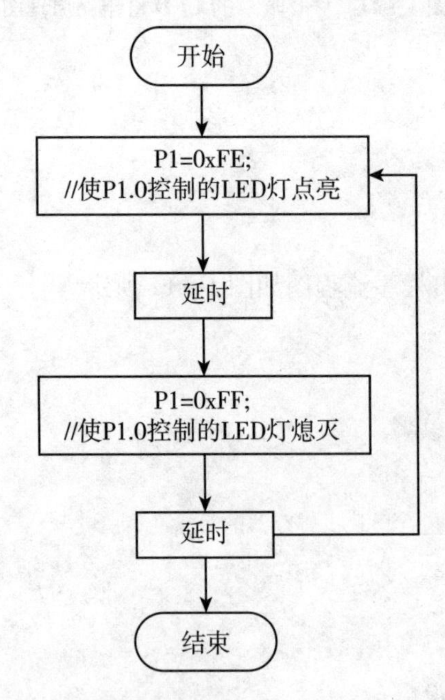

图 1-12 “眨眼”的 LED 灯程序流程图

程序调试与仿真

把"'眨眼'LED 灯的闪烁控制程序"在 Proteus 仿真软件中进行调试与仿真，当调试成功后，将其下载到开发板上运行。

项目二　单片机控制蜂鸣器发声

任务要求

通过单片机控制蜂鸣器发声系统的制作，了解单片机并行 I/O 端口的输出控制作用以及蜂鸣器发声的控制方法。

任务要求采用单片机控制蜂鸣器发出鸣叫声。

任务分析

蜂鸣器是一种一体化结构的电子讯响器，采用直流电压供电，广泛应用于计算机、打印机、复印机、报警器、电子玩具、汽车电子设备、电话机、定时器等电子产品中作发声器件。蜂鸣器实物如图 1－13（a）所示，其利用单片机控制蜂鸣器发出声音。

实训模块

一、硬件电路原理图设计

单片机控制蜂鸣器硬件电路如图 1－13（b）所示，包括单片机、复位电路、时钟电路、电源电路以及 P3.6 引脚控制的蜂鸣器电路。蜂鸣器主要分为压电式蜂鸣器和电磁式蜂鸣器两种类型，其发声原理是电流通过电磁线圈，使电磁线圈产生磁场来驱动振动膜发声的。无论是压电式蜂鸣器还是电磁式蜂鸣器，都有有源和无源的区分，这里的"源"不是指电源，而是指振荡源。有源蜂鸣器内部带振荡器，只要一通电就会响，而无源蜂鸣器内部不带振荡源，所以用直流信号驱动它时，不会发出声音，必须用一个方波信号驱动，频率一般为2 kHz～5 kHz。由于单片机 I/O 引脚输出电流较小，可以通过一个三极管来放大输出电流驱动蜂鸣器。蜂鸣器的负极接地，蜂鸣器正极接到三极管 Q_1 的集电极，三极管的基极经过 R_2 后由单片机的 P3.6 引脚控制，当 P3.6 输出高电平时，三极管 Q_1 截止，没有电流流过蜂鸣器；当 P3.6 输出低电平时，三极管 Q_1 导通。通过控制 P3.6 引脚的高低电平，形成振荡源，从而使蜂鸣器发声。

有源蜂鸣器和无源蜂鸣器从外观上看差不太多，可以用万用表电阻挡 $R\times1$ 挡测试：用黑表笔接蜂鸣器"＋"引脚，红表笔在另一引脚上来回碰触，如果发出咔、咔声且电阻只有 8 Ω（或 16 Ω）的是无源蜂鸣器；如果能发出持续声音的，且电阻在几百欧以上的，是有源蜂鸣器。

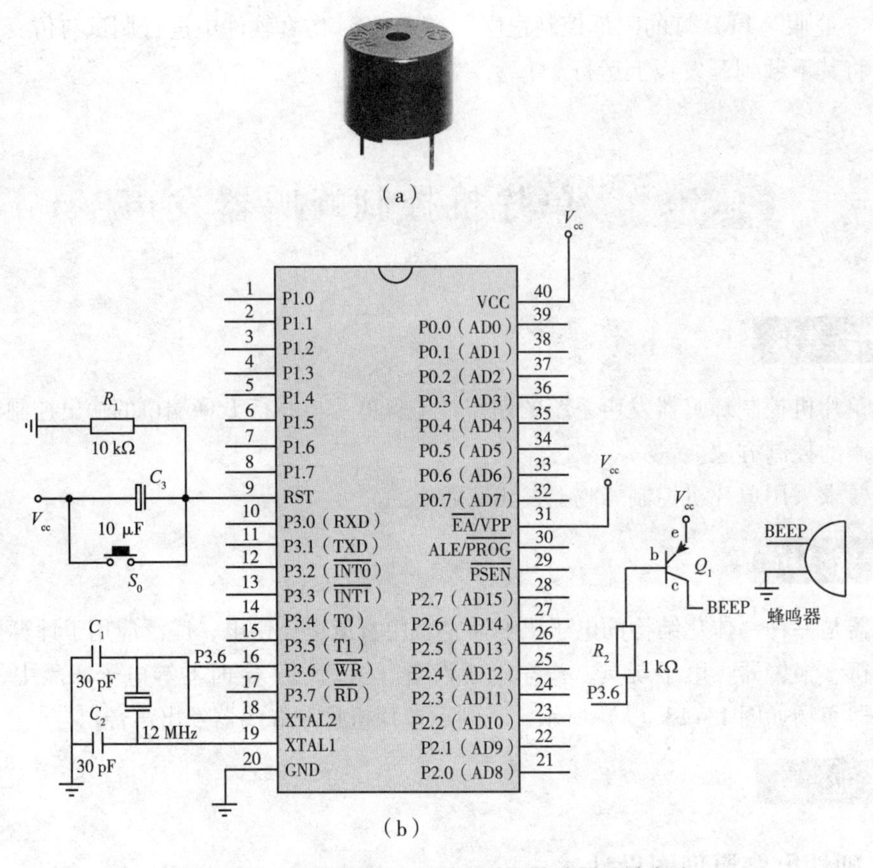

图 1－13　蜂鸣器和 51 单片机控制蜂鸣器硬件电路

（a）蜂鸣器；（b）51 单片机控制蜂鸣器硬件电路

二、软件设计

```
//ex1_2.c
//功能：蜂鸣器发声控制程序
#include <reg51.h>    //包含头文件 reg51.h，定义 51 单片机的专用寄存器
sbit FMQ = P3^6;      //定义位名称，控制蜂鸣器
sbit LED0 = P0^0;     //定义位名称，控制 LED 灯
//函数名：delay1ms
//函数功能：实现大约 1 ms 的软件延时
//形式参数：无符号整型变量 i，控制空循环的次数
//返回值：无
```

```
void delay1ms(unsigned int i)
{
  unsigned char j;
  while(i--)
    {
     for (j=0;j<114;j++);
    }

}
//函数名：delay500us
//函数功能：实现大约500 us的软件延时
//形式参数：无
//返回值：无
void delay500us()
{
  unsigned char j;
  for (j=0;j<57;j++);
}

void main()  //主函数
{
  unsigned int t1=0;
  while(1)
  {
   for(t1=0;t1<1000;t1++)
                              //输出频率为1 kHz的方波，控制无源蜂鸣器发声
    {
      FMQ=0;
      LED0=0;
      delay500us();
      LED0=1;
      FMQ=1;
      delay500us();
    }
    FMQ=1;
    delay1ms(1000);
  }
}
```

程序调试与仿真

把“单片机控制蜂鸣器发声”程序在 Proteus 仿真软件中进行调试与仿真，当调试成功后，将其下载到开发板上运行。

小　结

本学习任务介绍了单片机的相关知识和单片机编程语言，让读者了解单片机应用系统的开发流程。

本学习任务主要有“单片机功能体验——LED 灯的闪烁控制”和“单片机控制蜂鸣器发声”两个项目。项目一通过单片机对接在 P1.0 口上的一只发光二极管 LED 灯进行闪烁控制。控制过程为上电后发光二极管 LED 灯点亮，持续点亮一段时间后，LED 灯熄灭，熄灭相同的时间后再点亮……这样周而复始地进行下去，形成“眨眼”的效果。项目二通过单片机控制蜂鸣器发声系统的制作，了解单片机并行 I/O 端口的输出控制作用以及蜂鸣器发声控制方法。

通过项目的实施，让读者体验单片机控制外围设备的方法，了解单片机硬件系统和软件系统协调工作的过程，激发学生学习单片机应用技术的兴趣。

问题与思考

一、选择题

1. 51 单片机的 CPU 主要由________组成。

   A. 加法器和寄存器　　　　B. 运算器和控制器

   C. 运算器和加法器　　　　D. 运算器和译码器

2. Intel 8051 是________位单片机。

   A. 4　　B. 8　　C. 16　　D. 准 16

3. 程序是以________形式存放在程序存储器中。

   A. 二进制编码　　B. 汇编语言　　C. BCD 码　　D. C 语言源程序

二、填空题

1. 单片机应用系统是由________和________组成的。
2. 除了单片机和电源外，单片机最小系统包括________电路和________电路。
3. 在进行单片机应用系统设计时，除了电源和地引脚外，________、________、________、引脚信号必须连接相应电路。
4. 51 单片机的 XTAL1 和 XTAL2 引脚是________引脚。

三、简答题

1. 什么是单片机？它由哪几部分组成？
2. 什么是单片机应用系统？

四、上机操作题

1. 利用单片机控制 8 个发光二极管，设计 8 盏灯同时闪烁的控制程序。
2. 利用单片机控制 8 个发光二极管，设计控制程序实现如下亮灭状态。

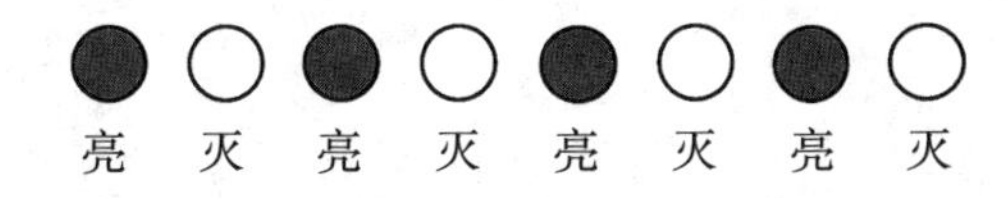

学习任务二

单片机编译软件的使用及电路仿真

学习目标

■ 任务说明

单片机具有集成度与性价比高、体积小等优点，在各领域中有不可替代的作用，但由于其本身不具备开发功能，因此在设计和开发单片机应用系统时，必须借助辅助开发工具。辅助开发工具在硬件方面有在线仿真器和编程器；在软件支持方面常用的有 Keil C 和 Proteus 软件。

本学习任务主要学习 Keil C 和 Proteus 软件的特点及使用方法。通过实验使学生对仿真软件的使用有初步了解，掌握单片机应用系统开发的基本思路、步骤和方法。

■ 知识和能力要求

知识要求：

- 掌握 Keil C 软件的使用方法。
- 掌握 Proteus 软件的使用方法。

能力要求：

- 会用 Keil C 软件对源程序进行编译、调试。
- 会用 Proteus 软件绘制电路原理图。
- 会用 Keil C 与 Proteus 软件联调，实现电路仿真。
- 综合利用各种仿真软件并结合单片机进行简单的系统开发。

任务准备

一、单片机系统开发过程

单片机应用系统由硬件和软件两部分组成：硬件部分以MCU芯片为核心，包括扩展存储器、输入/输出接口电路及设备；软件部分包括系统软件和应用软件。硬件电路和软件紧密配合，才能组成一个高性能的单片机应用系统。在系统的开发过程中，软件和硬件的功能总是在不断地调整以相互适应。硬件设计和软件不能分开，硬件设计时应考虑系统资源及软件实现方法，而软件设计时又必须了解硬件的工作原理。单片机应用系统开发过程包括系统总体设计、硬件电路设计与搭建、软件设计与编译、仿真调试、可靠性实验和产品化等几个阶段，但各个阶段并不是绝对独立的，有时是交叉进行的。设计人员在接到某项单片机应用系统的研制任务后，一般按以下阶段展开：

1. 系统总体设计（明确系统功能）

设计人员在接到研制任务后，应先对用户提出的任务做深入、细致的分析和研究，参考国内外同类或相关产品的有关资料和标准，根据系统的工作环境、用途、功能和技术指标拟定出性价比最高的一套方案，这是系统总体设计的依据和出发点，也是决定系统总体设计是否成功的关键。在选择MCU类型时应综合考虑以下几个因素：

（1）货源稳定、充足。所选MCU芯片在国内元器件市场上货源要稳定、充足，并且有成熟的开发设备。

（2）性价比高。在保证性能指标的情况下，所用芯片价格要尽可能低，使系统有较高性价比。

（3）芯片加密功能完善。因为系统硬件无秘密可守，如果所选芯片加密功能不完善，容易被破解，则可能会对委托方和开发者的利益造成潜在损害。

（4）研发周期短。在研制任务重、时间紧的情况下，应考虑采用设计人员比较熟悉的MCU芯片，这样可以较快地进行系统设计。原则上应选择用户使用广泛、技术成熟、性能稳定的MCU类型。在选定MCU类型后，通常还需要对系统中一些严重影响系统性能指标的器件（如传感器、放大器等）进行选择。

2. 硬件电路设计与搭建

硬件电路设计的任务是依据总体设计的要求，在选定MCU类型的基础上规划出系统的硬件电路框图、所用元器件及电气连接关系，生成系统的电路原理图，再根据经验或经过计算确定系统中每一个元器件的参数、型号及封装形式。必要时还可通过仿真或实验方式对系统内局部电路进行验证，确保电路图的正确性和可靠性。在系统电路原理图及元器件参数、型号、封装形式完全确定的情况下，就可以进入印制电路板设计阶段。

之后是电路板加工，电路板一般需请专门的厂商进行加工，需要向他们支付费用。设计者将印制电路板图通过电子邮件发送给某个线路板制作商，一般可根据需要决定制作周期，加工周期越短，则价格越高。

电路板制作完成后，就可以进行电路焊接了。因为还无法确保电路可以按设计正常工作，因此焊接过程其实也是硬件调试过程。按照一定的顺序，对各个功能模块的元件依次焊接，并依次进行测试，必要时，可能还需要割线、飞线，直至调通硬件为止。如果出现大的原则性错误，如弄错封装形式，则有可能需要重新制板。

3. 软件设计与编译

在进行软件设计前，首先选择程序设计语言。设计单片机系统时，可采用 C 语言或汇编语言。选择 C 语言，则程序编写、调试相对容易，但编译后代码相对较长，所需程序存储空间相对较大，执行速度也相对较慢。而采用汇编语言时，情况则正好相反。随着技术的进步，越来越多的开发人员选择 C 语言作为开发语言，因为随着 MCU 主频的提高及存储空间的扩大，可逐渐抵消其缺点。

确定程序设计语言后，应根据系统的功能合理地选择程序结构，即选择单任务顺序程序结构或多任务程序结构，当系统中存在多个需要实时处理的任务时，最好选择多任务程序结构，否则系统的实时性将无法得到保证。

另外一个重要的设计是软件可靠性设计。由于 MCU 芯片主要应用于工业控制、智能仪器和家电中，因此对 MCU 应用系统的可靠性要求较高。计算机系统不可靠的原因较多，如电磁干扰、电源电压及温度波动、环境湿度变化等原因都可能干扰信号的输入/输出，甚至会造成程序计数器 PC “跑飞”、内部 RAM 数据丢失等不可预测的后果。软件抗干扰的设计方法通常有：开机自检和初始化、软件陷阱、看门狗、关键信息三取二（将关键的数据存储在三个不同的地方，访问数据应采取三取二表决方式裁决）等，这些设计能有效地防止程序“跑飞”，或者在程序“跑飞”后将程序“拉回”正常轨道。

4. 仿真调试

源程序编译通过，虽然表明语法正确，但并不能保证该程序能够正确运行，还需要对其逻辑功能进行调试。软件开发工具一般都具有较强的软件仿真功能。

可利用编程器将程序代码写入 MCU。编程器通过串口、USB 口或并口与计算机相连，计算机通过写入芯片的应用程序控制编程器工作，将编译好的 HEX 文件写入 MCU 专门用于存储可执行代码的内存空间中。

5. 可靠性实验

可靠性实验是为了解、评价、分析和提高产品的可靠性而进行的各种实验的总称。可靠性实验的目的是发现产品在软硬件设计、材料和工艺等方面的各种缺陷，经分析和改进，使产品可靠性逐步得到提高，最终达到预定的可靠性水平。可靠性实验要对产品的软、硬件两方面做大量的实验和测试。

6. 产品化

产品化是一个过程，该过程是要将研发、设计的东西变成产品，产品化以发布产品为里程碑。

本节所述的单片机系统的开发过程同样适用于以 MCU 为核心的包含嵌入式系统的电子产品的开发过程。

二、用 Keil C51 软件新建工程

Keil C51 软件是众多单片机应用开发的优秀软件之一，它集编辑、编译、仿真于一体，支持汇编语言和 C 语言的程序设计，界面友好，易学易用。下面介绍用 Keil C51（μVision 5 版）软件新建工程的方法。

1. 启动 Keil C51 软件

进入如图 2－1 所示的 Keil C51 启动界面几秒钟后系统弹出编辑界面，如图 2－2 所示。

图 2－1　启动 Keil C51 时的界面

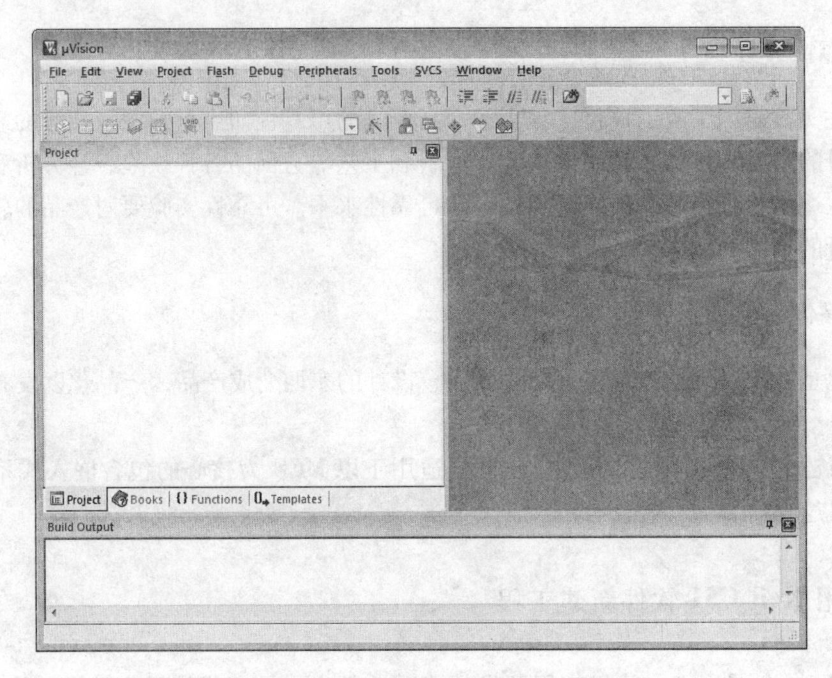

图 2-2 进入 **Keil C51** 后的编辑界面

2. 建立一个新工程

(1) 单击“Project”，在下拉菜单中选中“New µVision Project”选项，如图 2-3 所示。

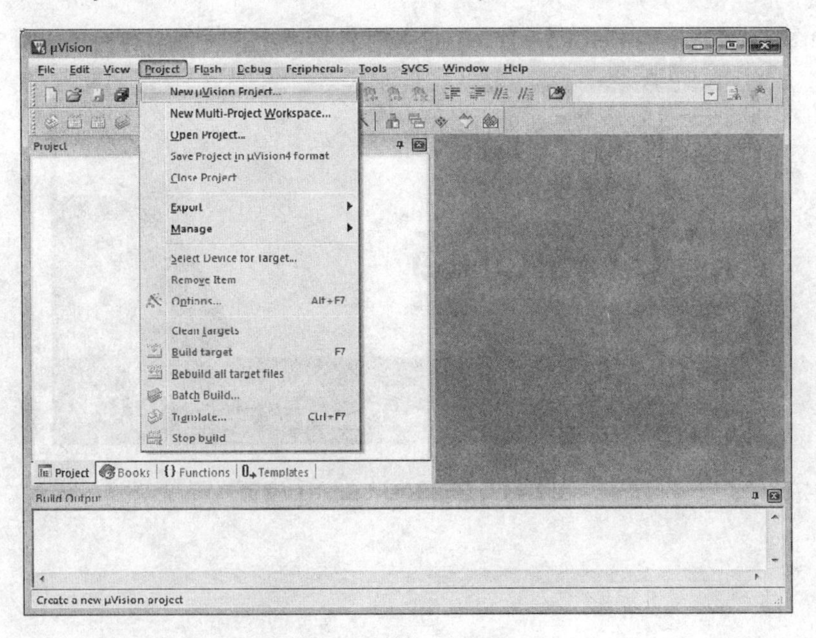

图 2-3 建立一个新的工程

（2）选择要保存的路径，输入工程文件的名字，如保存到 C51 目录里，则工程文件的名字为 C51，如图 2－4 所示，然后单击“保存”按钮。

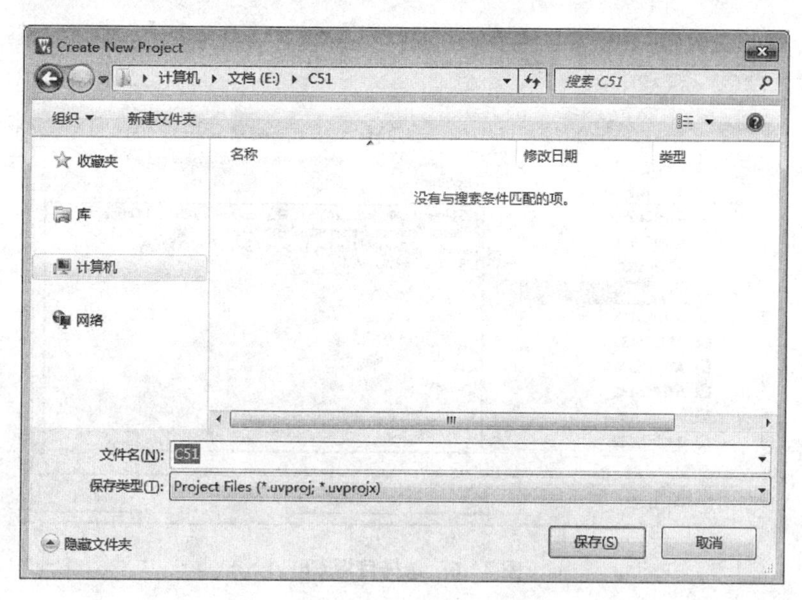

图 2－4　建立工程文件

（3）保存以后，出现如图 2－5 所示的对话框，用户可根据自己的单片机型号进行选择，Keil C51 几乎支持所有的 51 核单片机，如选择 Atmel 公司的 AT89C51 后，右侧“Description”栏将对该单片机的基本信息进行说明，如图 2－6 所示，然后单击“OK”按钮。

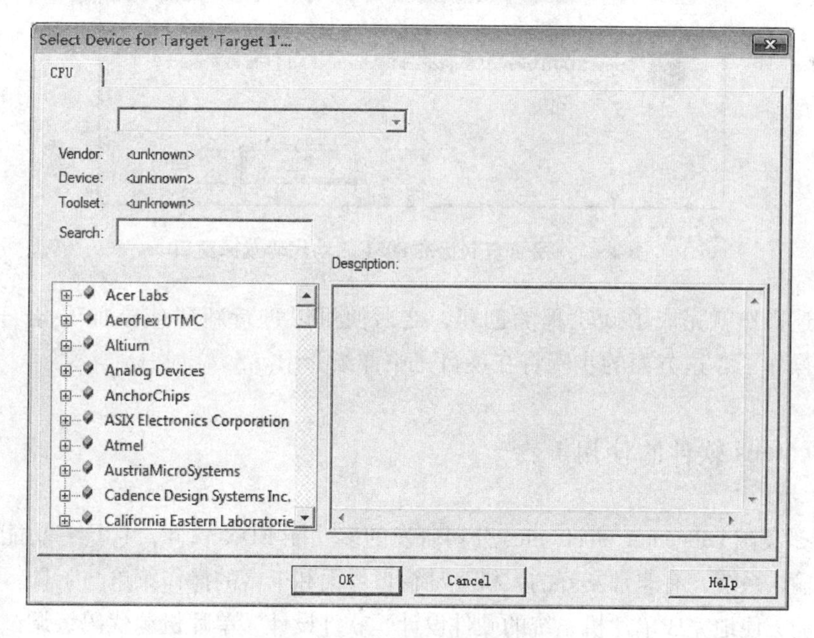

图 2－5　选择目标器件窗口

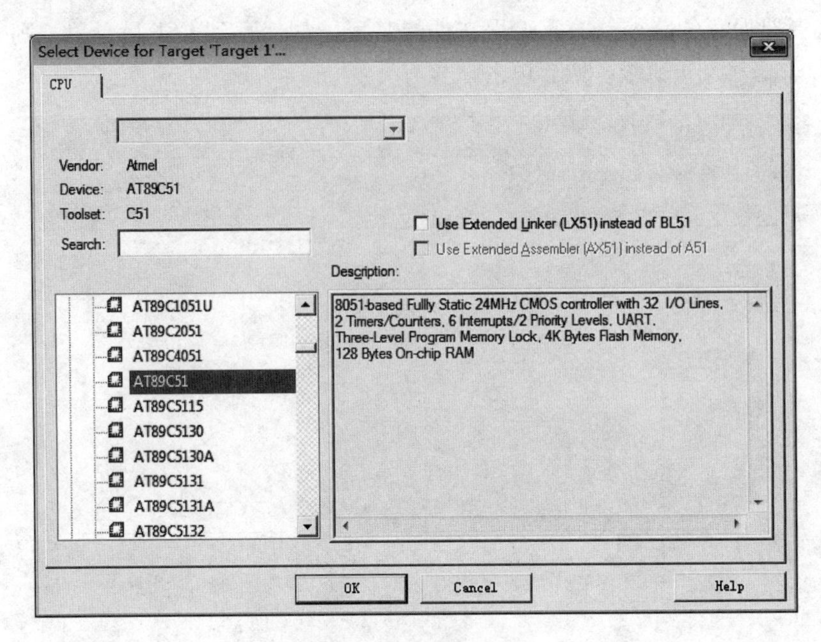

图 2-6　选择目标 CPU

(4) 单击“OK”按钮后出现如图 2-7 所示的询问对话框，询问是否要复制“STARTUP. A51”文件的启动代码，此时我们不需要复制标准的 8051 启动代码，单击“否”按钮，回到主界面。

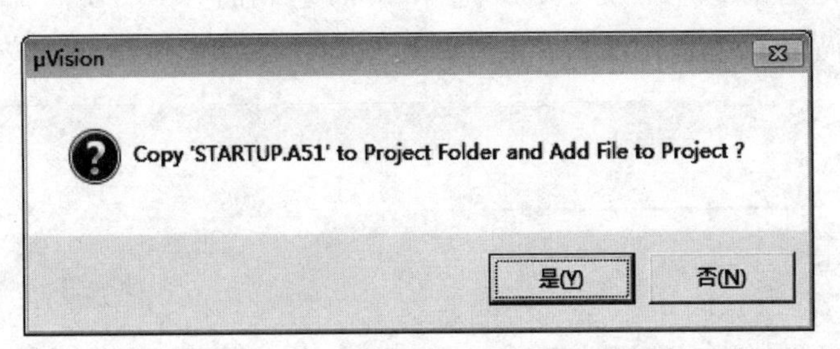

图 2-7　是否复制标准 8051 启动代码选择窗口

经过上述操作就完成了新工程的创建，之后便可以进行新建或添加 C 语言的源文件、编译工程等操作了，这方面的步骤将在项目三中详细介绍。

三、Proteus 软件的使用

Proteus 是英国 Labcenter electronics 公司研发的多功能 EDA 软件，它具有功能很强的 ISIS 智能原理图输入系统，有非常友好的人机互动窗口界面和丰富的操作菜单与工具。在 ISIS 编辑区中，用户能方便地完成单片机系统的硬件设计、软件设计、单片机源代码级调试与仿真。它运行于 Windows 操作系统上，可以仿真、分析（SPICE）各种模拟器件和集成电路，是目前最好的仿真单片机及外围器件的工具。

Proteus 有三十多个元器件库，拥有数千种元器件仿真模型；有形象生动的动态器件库、外设库。特别是有从 8051 系列 8 位单片机直至 ARM7 32 位单片机的多种单片机类型库。支持的单片机类型有：68000 系列、8051 系列、AVR 系列、PIC12 系列、PIC16 系列、PIC18 系列、Z80 系列、HC11 系列以及各种外围芯片。它们是单片机系统设计与仿真的基础。

Proteus 有多达十余种的信号激励源和十余种虚拟仪器（如示波器、逻辑分析仪、信号发生器等），可提供软件调试功能，既具有模拟电路仿真，数字电路仿真，单片机及其外围电路组成的系统仿真，RS232 动态仿真，I^2C 调试器、SPI 调试器、键盘和 LCD 系统仿真的功能，还有用来精确测量与分析的 Proteus 高级图表仿真（ASF）。它们构成了单片机系统设计与仿真的完整的虚拟实验室。Proteus 同时支持第三方的软件编译和调试环境，如 Keil C51 μVision 等软件。

Proteus 还有使用极方便的印刷电路板高级布线编辑软件（PCB）。特别指出，Proteus 库中数千种仿真模型是依据生产企业提供的数据建模的。因此，Proteus 设计与仿真极其接近实际。目前，Proteus 已成为流行的单片机系统设计与仿真平台，被应用于各个领域。

实践证明：Proteus 是单片机应用产品研发的灵活、高效、正确的设计与仿真平台，它明显提高了研发效率、缩短了研发周期，节约了研发成本。

Proteus 的问世，刷新了单片机应用产品的研发过程。

1. 单片机应用产品的传统开发

单片机应用产品的传统开发过程一般可分为三个步骤：

（1）单片机系统原理图设计，选择、购买元器件和接插件，安装和电气检测等（简称“硬件设计”）。

（2）进行单片机系统程序设计，调试、汇编编译等（简称“软件设计”）。

（3）单片机系统在线调试、检测，实时运行直至完成（简称“单片机系统综合调试”）。

2. 单片机应用产品的 Proteus 开发

单片机应用产品的 Proteus 开发过程可分为四个步骤：

（1）在 Proteus 平台上进行单片机系统电路设计、选择元器件、接插件、连接电路和电气检测等（简称“Proteus 电路设计”）。

（2）在 Proteus 平台上进行单片机系统源程序设计、编辑、汇编编译、调试，最后生成目标代码文件（*.hex）（简称“Proteus 软件设计”）。

（3）在 Proteus 平台上将目标代码文件加载到单片机系统中，并实现单片机系统的实时交互、协同仿真（简称“Proteus 仿真”）。

（4）仿真正确后，制作、安装实际单片机系统电路，并将目标代码文件（*.hex）下载到实际单片机中进行运行、调试。若出现问题，可与 Proteus 设计与仿真相互配合调试，直至运行成功（简称“实际产品安装、运行与调试”）为止。

3. Proteus 的使用

下面简单介绍一下 Proteus 的使用，以点亮一个发光二极管为例，本教材使用的 Proteus 版本是 Proteus 7.5 sp3 Professional 汉化版。

（1）运行 ISIS 7 Professional。

运行 ISIS 7 Professional，系统弹出如图 2－8 所示的界面。

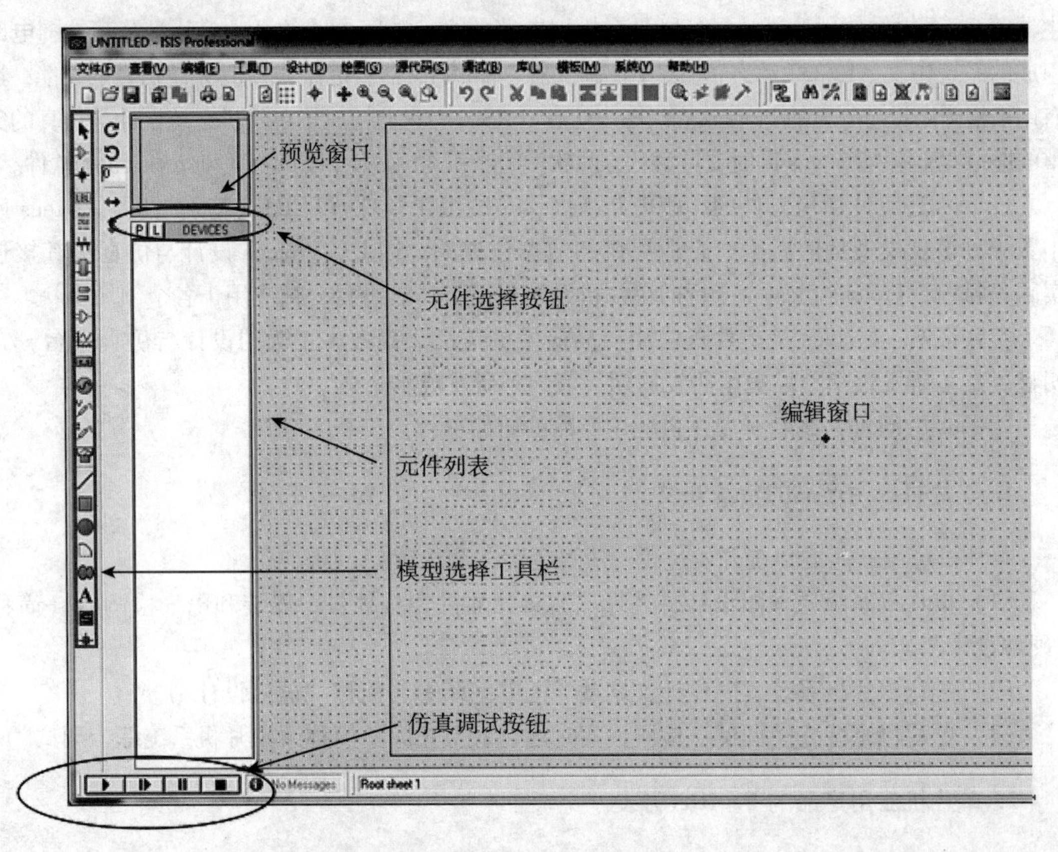

图 2－8　Proteus 主界面

选择元件，并将其添加到元件列表中。单击元件选择如图 2－9 所示的“P”按钮，系统弹出元件选择窗口，如图 2－10 所示。

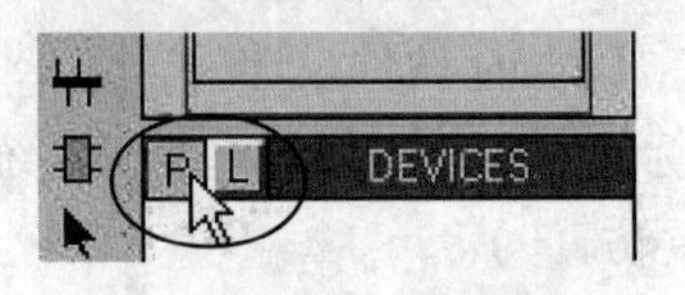

图 2－9　选择“P”按钮

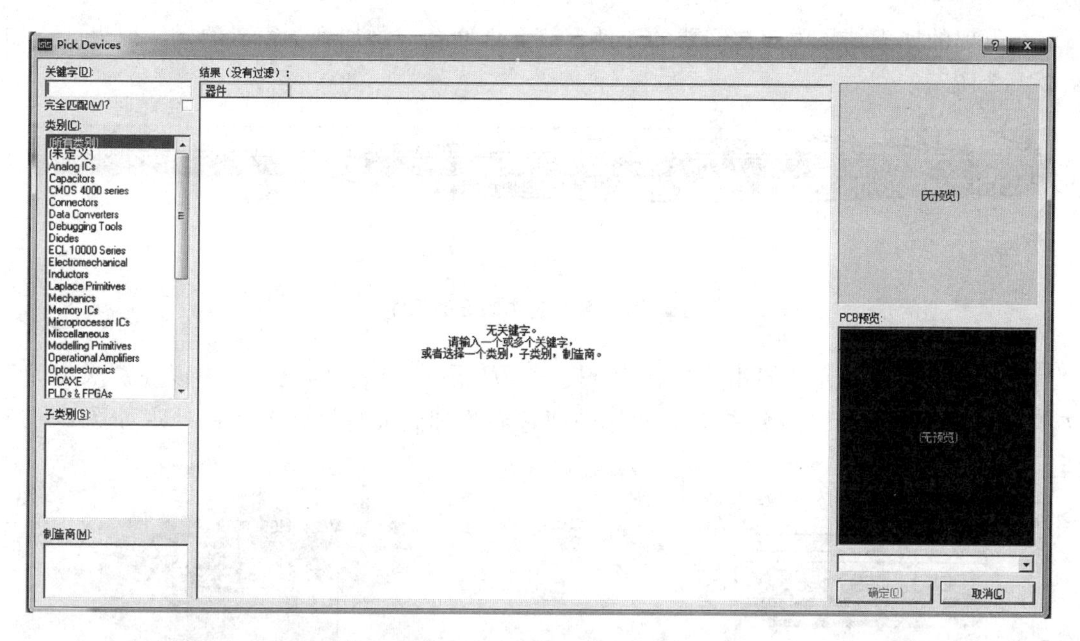

图 2 – 10　元件选择窗口

在该窗口左上角的“关键字”下的文本框中输入需要选择的元件名称。

在本实验中我们需要的元件包括：单片机 AT89C52（Microprocessor AT89C52）、晶振（crystal）、电容（capacitor）、电阻（resistors）和发光二极管（LED – BLBY）。输入的名称是元件的英文名称。但不一定需要输入完整的名称，输入相应关键字能找到对应的元件即可，如在文本框中输入“89c52”，得到如图 2 – 11 所示的结果。

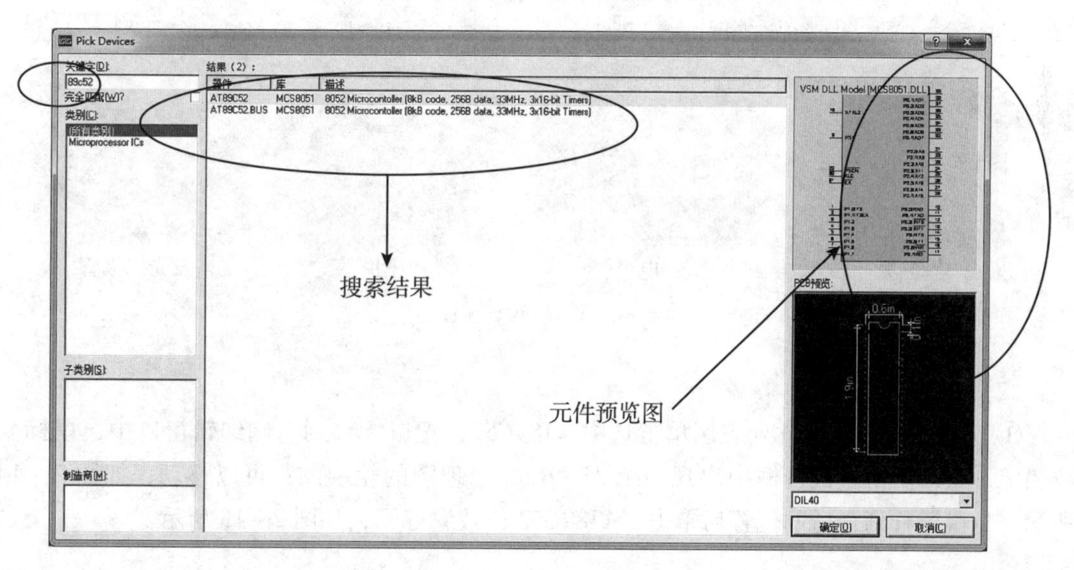

图 2 – 11　元件选择图

在出现的搜索结果中双击需要的元件，该元件便会被添加到主窗口的元件列表区，如图 2－12 所示。

图 2－12　双击选中需要的元件

用户也可以通过元件的相关参数进行搜索，如需要 30 pF 的电容，可以在“关键字”文本框中输入“30p”。找到所需的元件并把它们添加到元件区，各元件外观如图 2－13 所示。

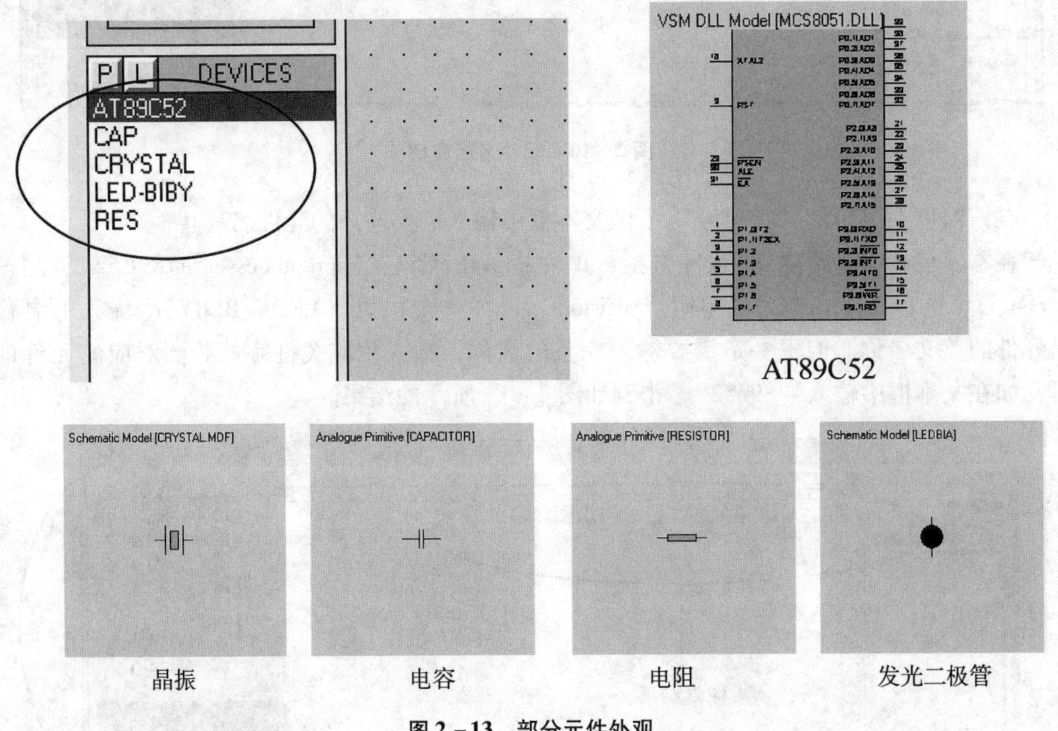

图 2－13　部分元件外观

（2）绘制电路图。

① 选择元件。在元件列表区单击选中 AT89C52，把鼠标移到右侧编辑窗口中，鼠标变成铅笔形状，单击左键，框中出现一个 AT89C52 原理图的轮廓图，可以移动，如图 2－14 所示。将鼠标移到合适的位置后单击，AT89C52 就放置好了，如图 2－15 所示。

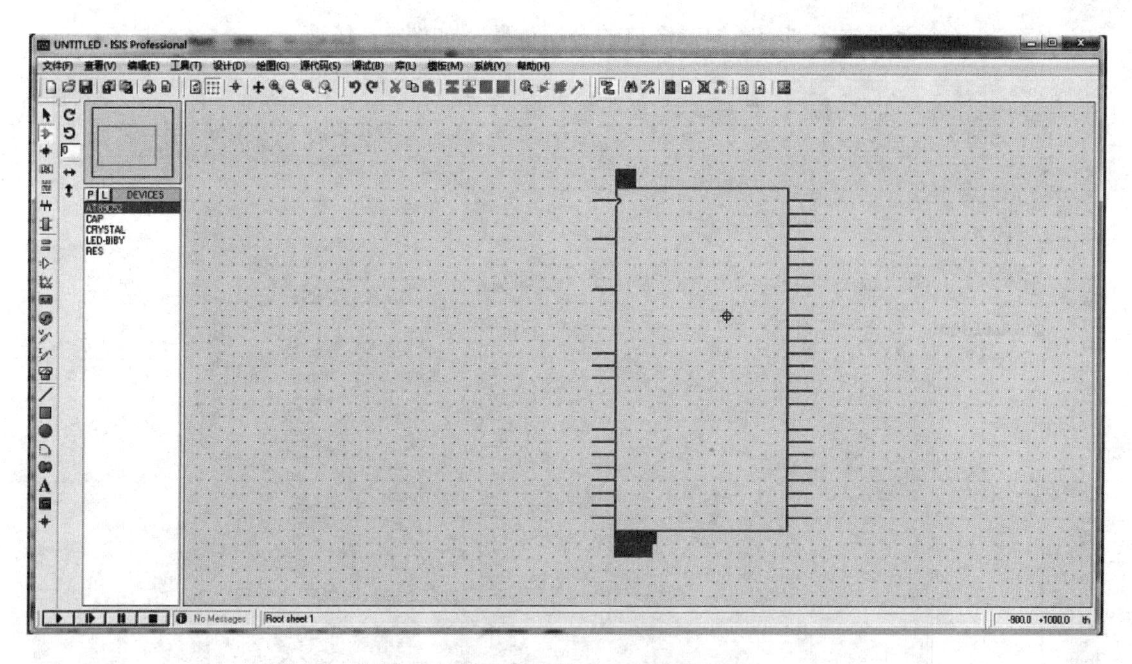

图 2－14　可移动的 AT89C52 轮廓图

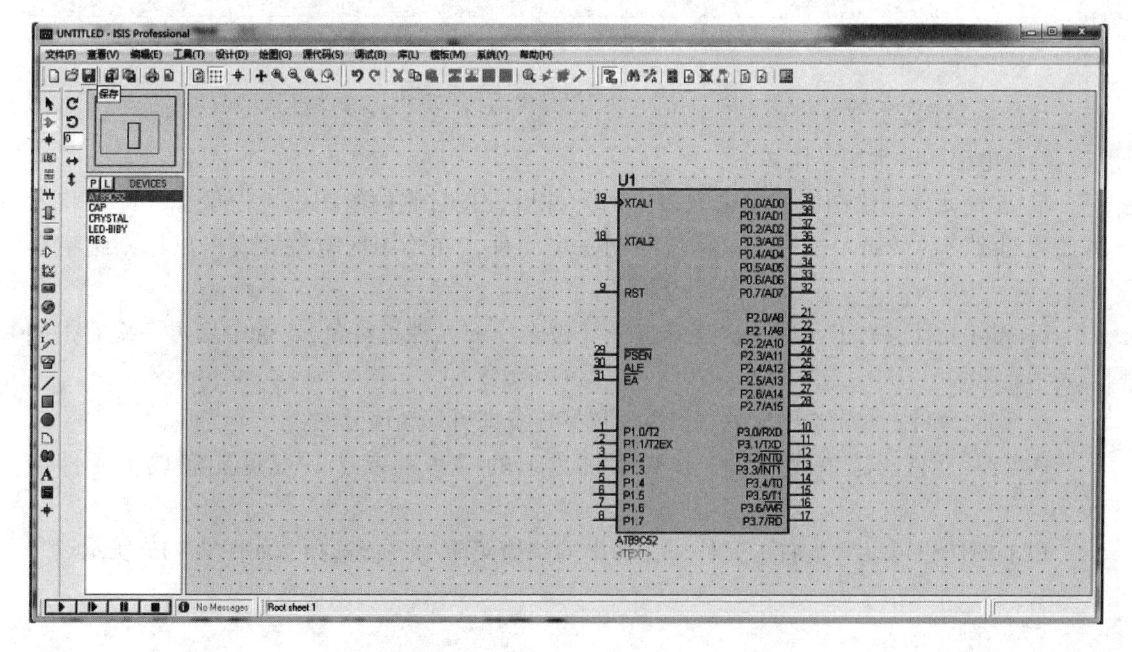

图 2－15　放置好 AT89C52 的原理图

依次将各个元件放置到绘图编辑窗口的合适位置，如图 2－16 所示。

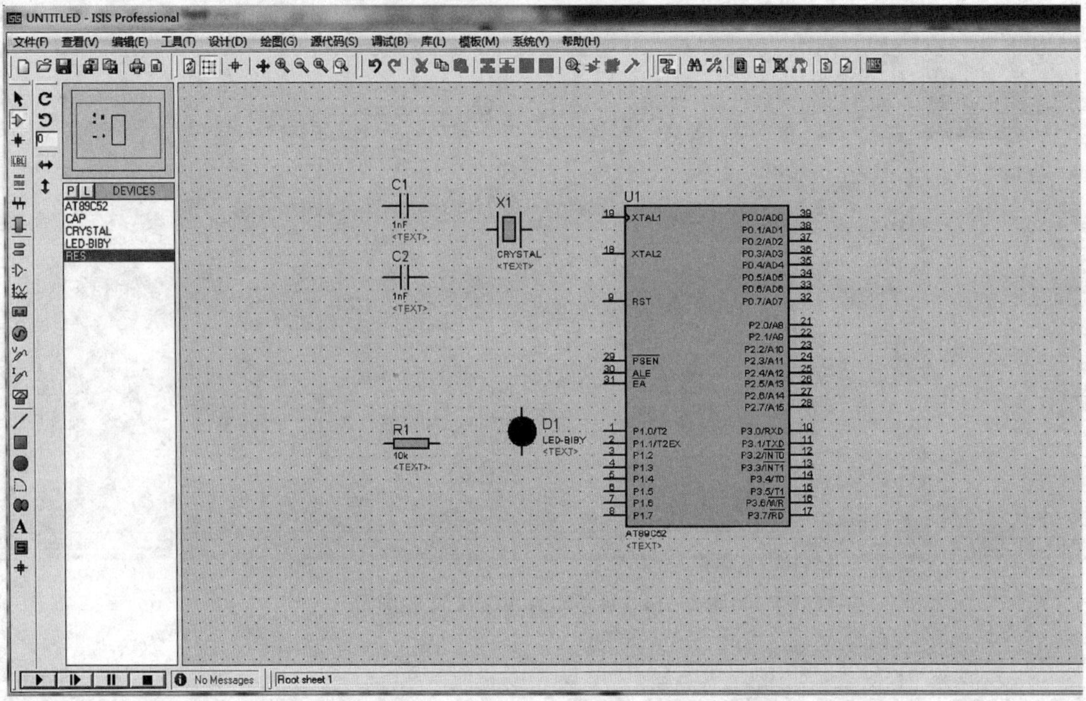

图 2－16　放置好各元件的原理图

绘制电路图时常用操作如下：

A. 放置元件到绘图区。单击列表中的元件后，在右侧的绘图区单击鼠标，即可将元件放置到绘图区（每单击一次鼠标就绘制一个元件，在绘图区空白处右击鼠标则结束操作）。

B. 删除元件。右击元件一次表示选中（被选中的元件呈红色），选中后再一次右击则是表示删除。

C. 移动元件。右击选中元件，然后用鼠标拖曳即可移动该元件。

D. 旋转元件。选中元件后，按数字键盘上的“＋”或“－”键能实现将元件旋转 90°。

以上操作也可以直接右击元件，在弹出的快捷菜单中进行选择，如图 2－17 所示。

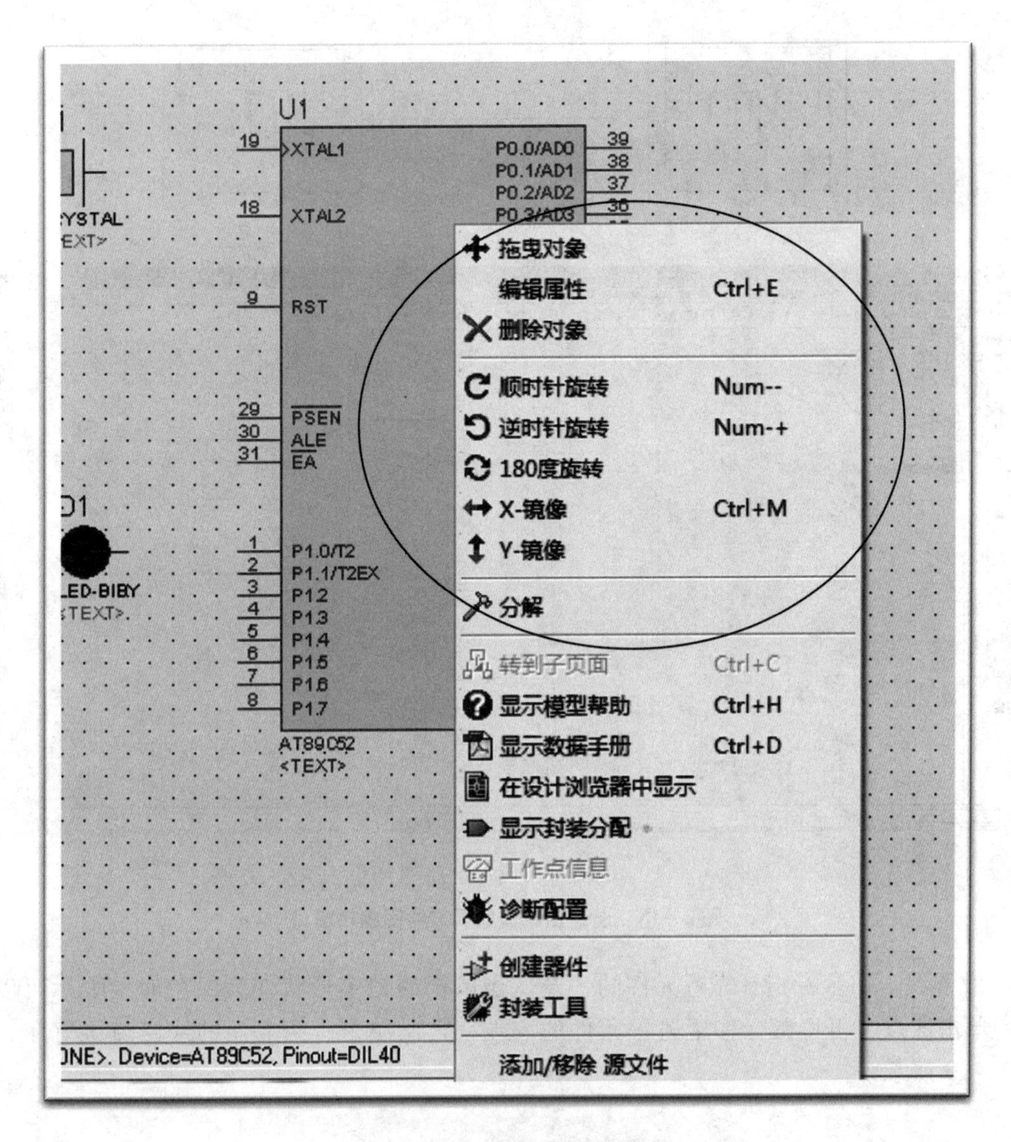

图 2－17 元件右键菜单

直接滚动鼠标滚轮可放大/缩小电路视图，视图会以鼠标指针为中心进行放大/缩小；绘图编辑窗口没有滚动条，只能通过预览窗口调节绘图编辑窗口的可视范围。在预览窗口中移动第二大的方框的位置即可改变绘图编辑窗口的可视范围，如图 2－18 所示。

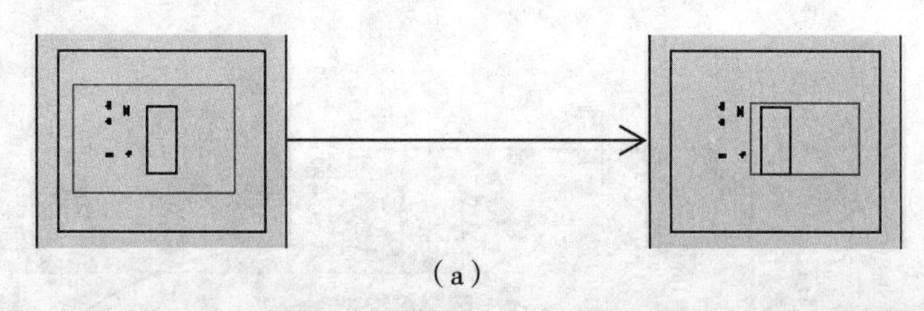

（a）

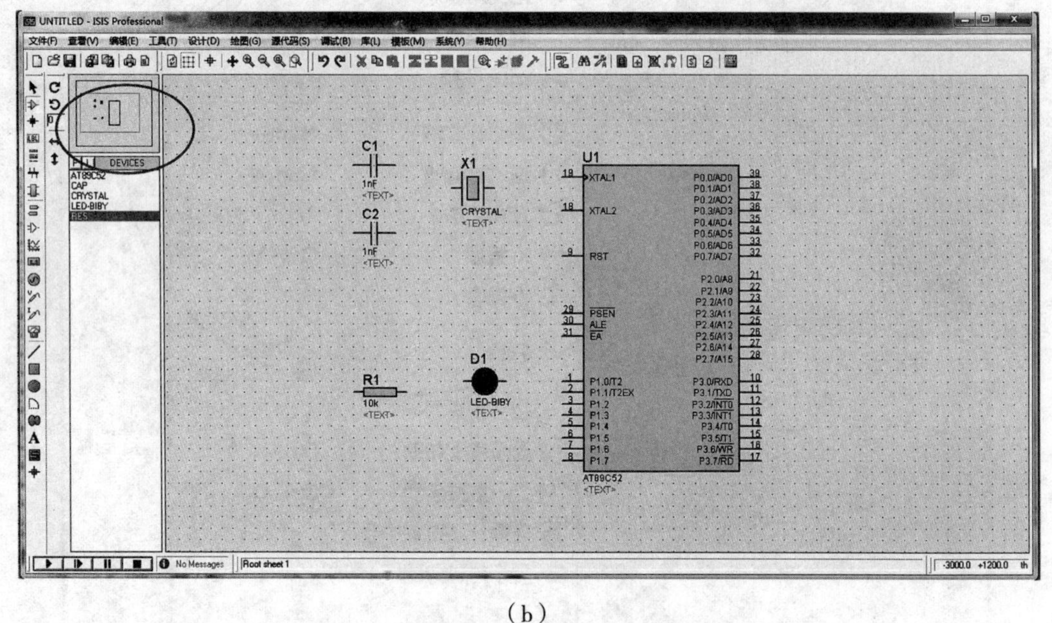

（b）

图 2－18　通过预览窗口调节绘图编辑窗口

② 连线。将鼠标指针靠近元件的一端，当鼠标的铅笔形状变为绿色时，表示可以连线，单击该点，再将鼠标移至另一元件的一端，再次单击，两点间的线路就画好了，如图 2－19 所示。

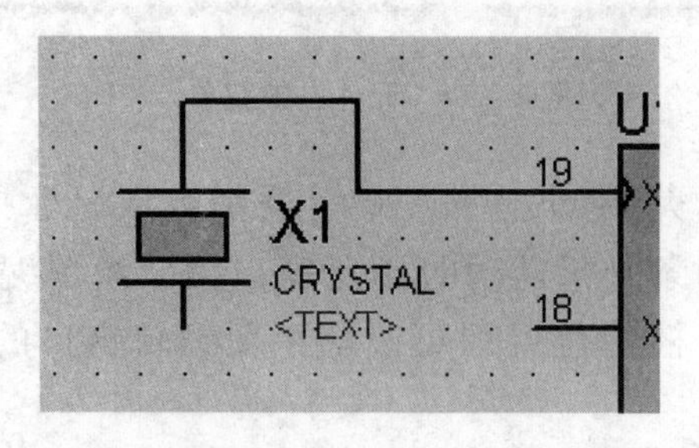

图 2－19　连线图

靠近连线后，双击鼠标右键可删除该连线。依次连接好所有线路（注意发光二极管的方向），连线好的原理图如图 2－20 所示。

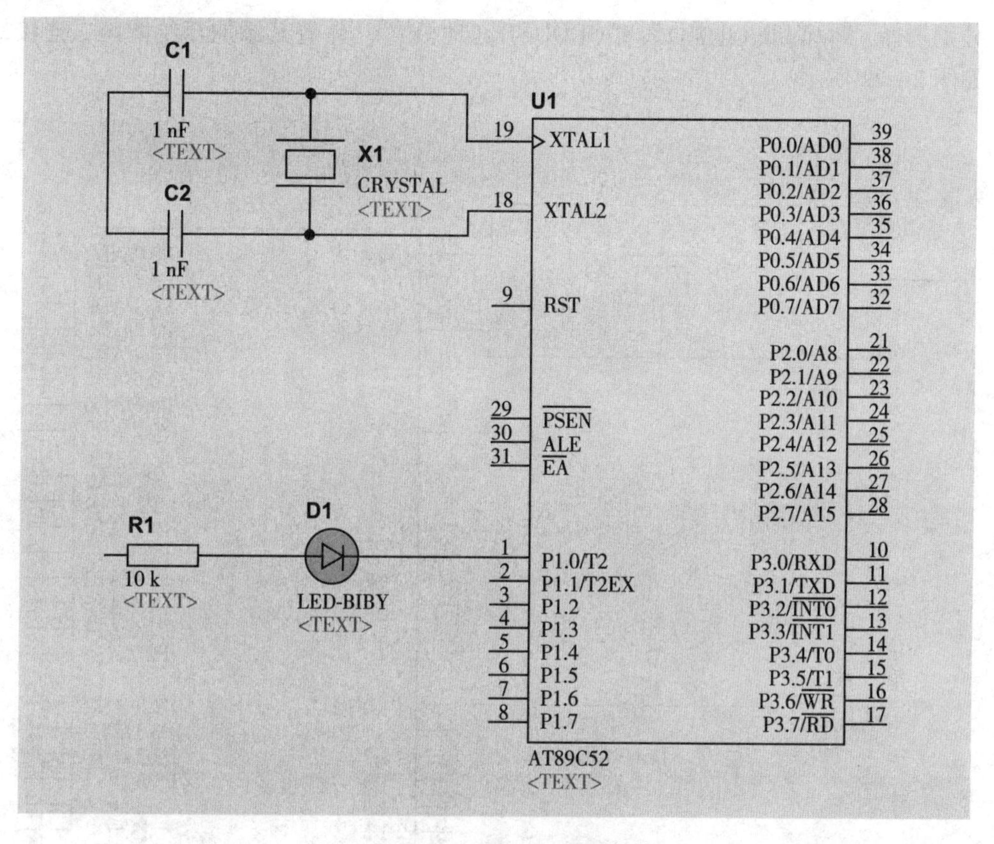

图 2－20　连线好的原理图

③ 添加电源及地极。选择模型选择工具栏中的 图标，如图 2－21 所示。

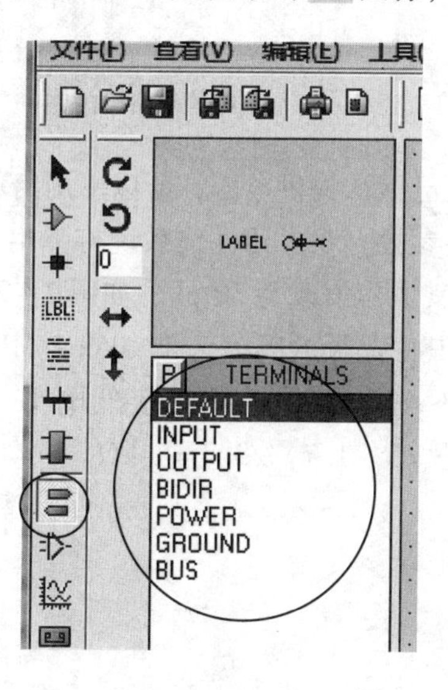

图 2－21　添加电源及地极

分别选择“POWER（电源）”“GROUND（地极）”，并将其添加至绘图区，连接好线路，如图 2－22 所示。

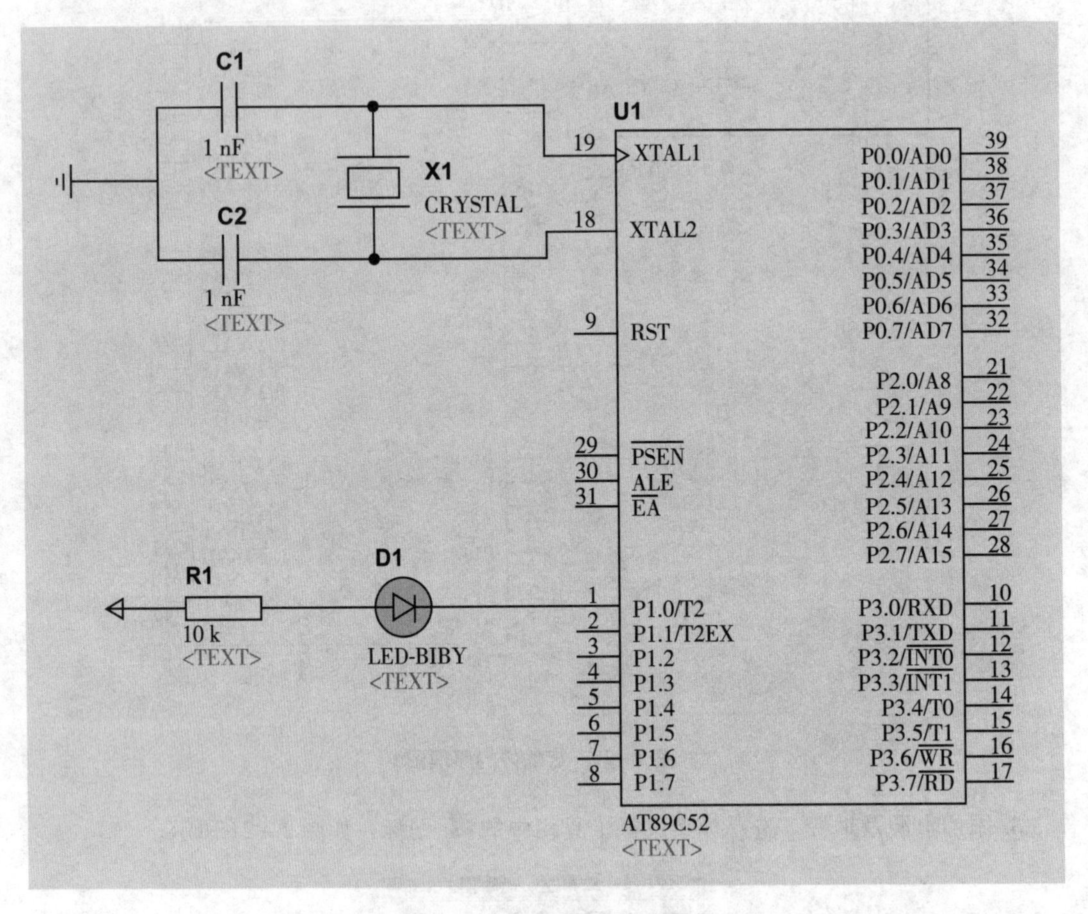

图 2－22　完成的电路原理图

注：因为 Proteus 中单片机已默认提供电源，所以不用给单片机加电源。

④ 编辑元件，设置各元件参数。双击元件，系统将弹出“编辑元件”对话框。本例中用鼠标双击预修改的电容，将其电容值改为 30 pF，如图 2－23 所示。

依次设置各元件的参数，其中晶振的频率为 11. 059 2 MHz，电阻的阻值为 1 kΩ，因为发光二极管点亮电流大小为 3 ~ 10 mA，故阴极接低电平，阳极接高电平，压降一般在 1. 7 V，所以电阻的阻值应该是（5－1. 7）/3. 3＝1 kΩ。

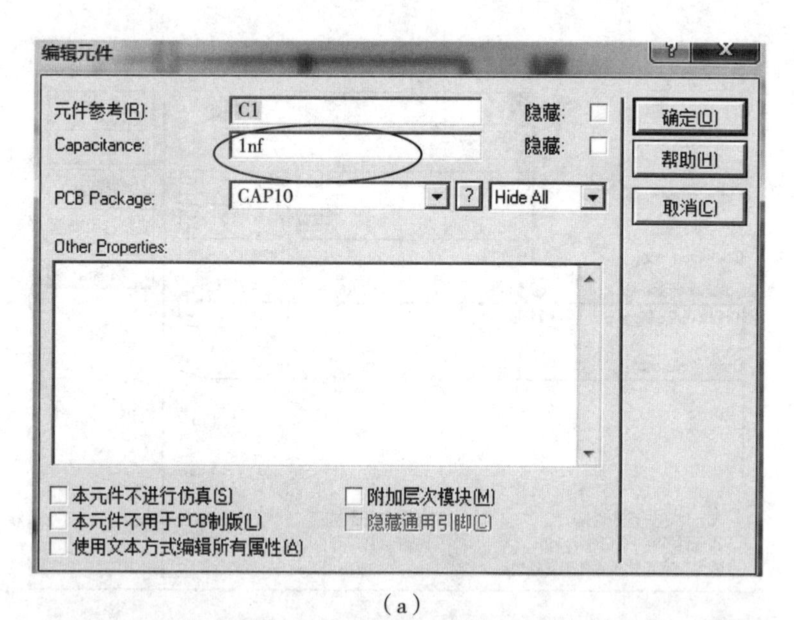

（a）

（b）

图 2－23　“编辑元件”对话框

双击单片机，打开“编辑元件”对话框，如图 2－24 所示，单击按钮，找到已编好的程序，程序的后缀名为 . hex，如图 2－25 所示，导入程序。

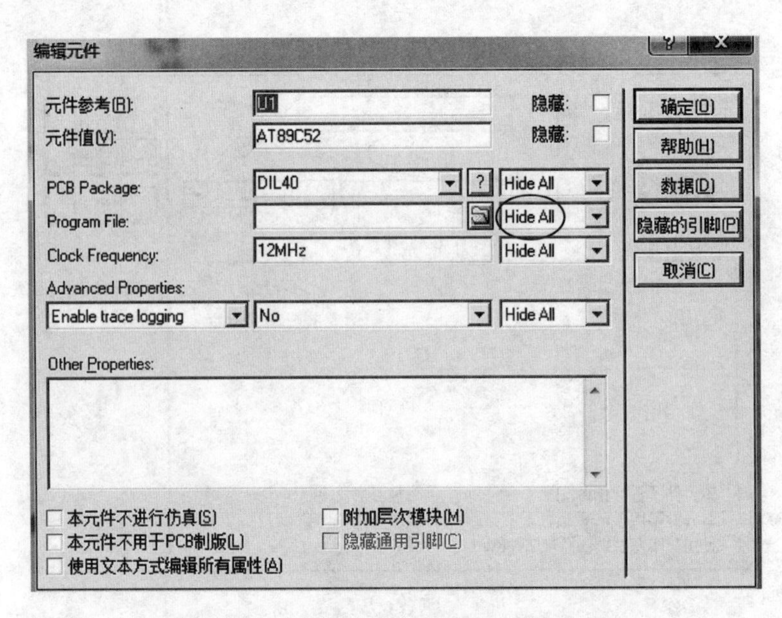

图 2－24　AT89C52 的"编辑元件"对话框

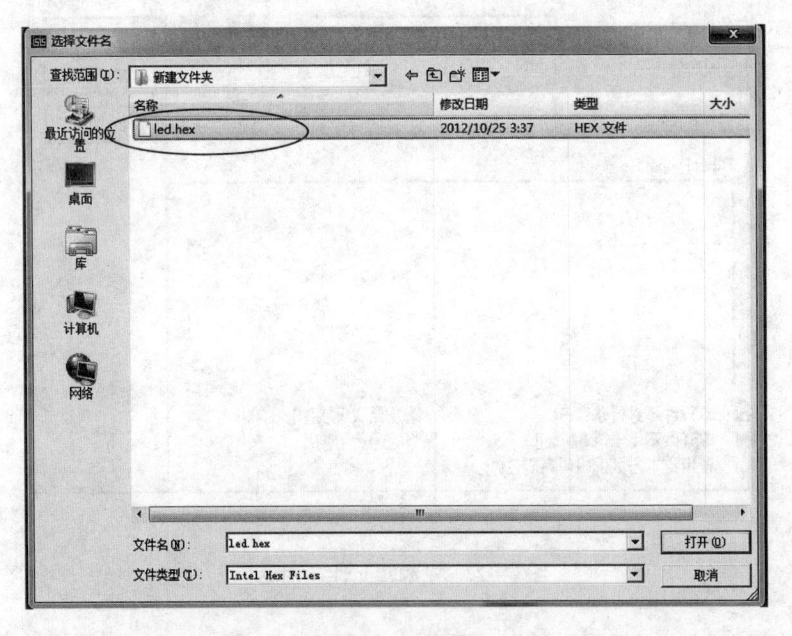

图 2－25　选择文件

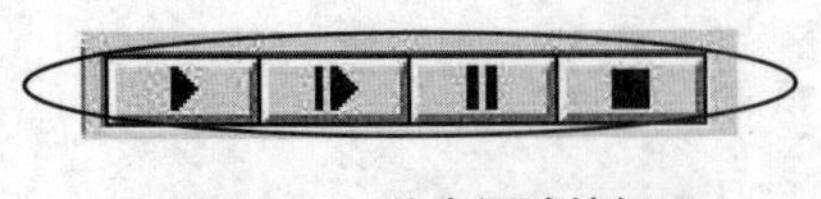

图 2－26　仿真调试按钮

⑤ 仿真调试。仿真调试按钮如图 2－26 所示。4 个按钮分别表示运行、单步运行、暂停和停止。

单击▶按钮，运行仿真，仿真原理图和运行程序时的仿真原理图分别如图 2－27、图 2－28 所示。

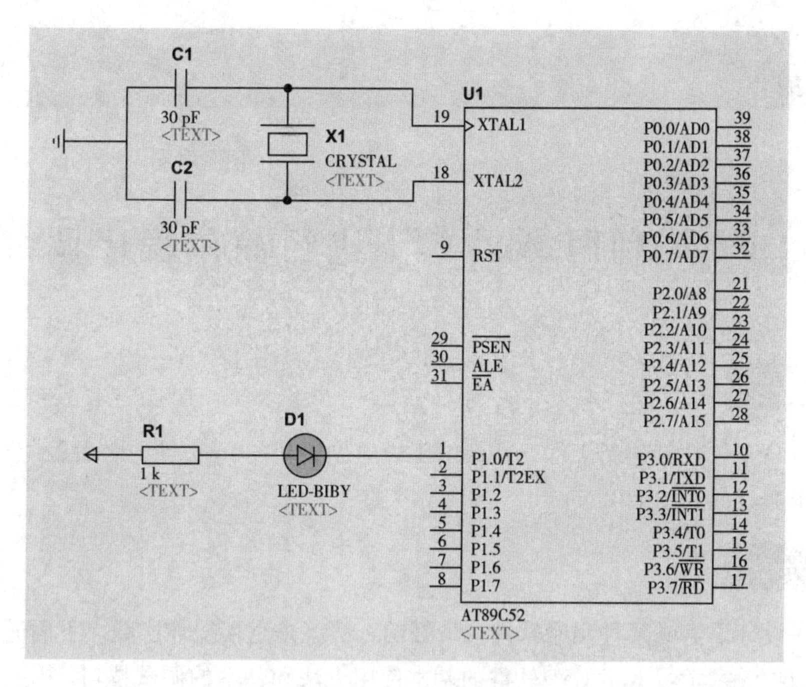

图 2－27　仿真原理图

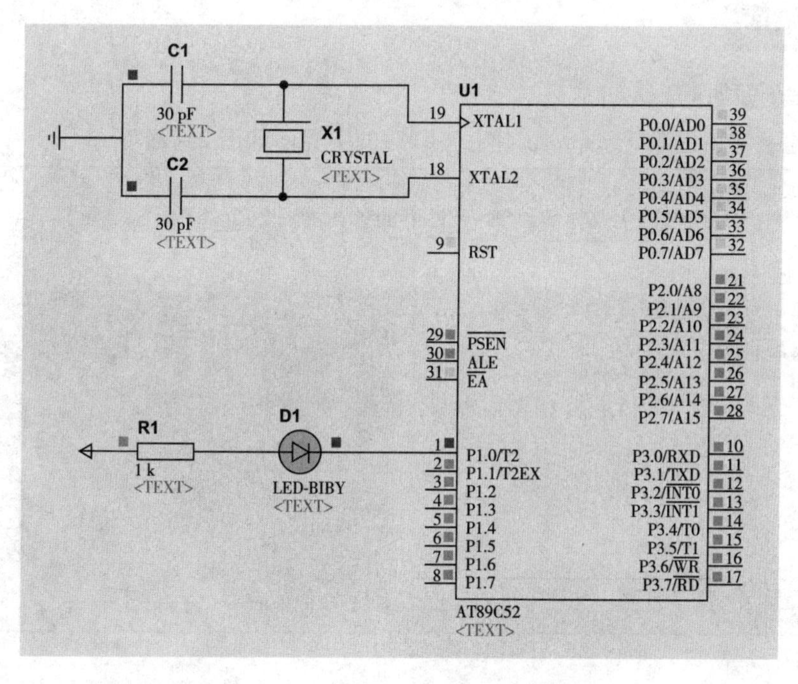

图 2－28　运行程序时的仿真原理图

程序开始执行，发光二极管被点亮，在运行时，电路中输出的高电平用红色表示，低电平用蓝色表示（软件运行时观察到的效果）。

任务实施

项目三　利用 Keil C51 进行简单程序调试

任务要求

通过 Keil C51 软件创建新工程，在新的工程里创建新的 .c 文件，之后编译、调试程序，最后生成后缀为 .hex 的文件。

任务分析

学习程序设计语言或某种程序软件，最好的方法就是直接操作实践。下面通过简单的编程、调试，引导大家学习 Keil C51 软件的基本使用方法和基本的调试技巧。

实训模块

具体操作步骤如下：

（1）新建一个工程 C51. uvproj，建立工程后的主界面如图 2－29 所示。

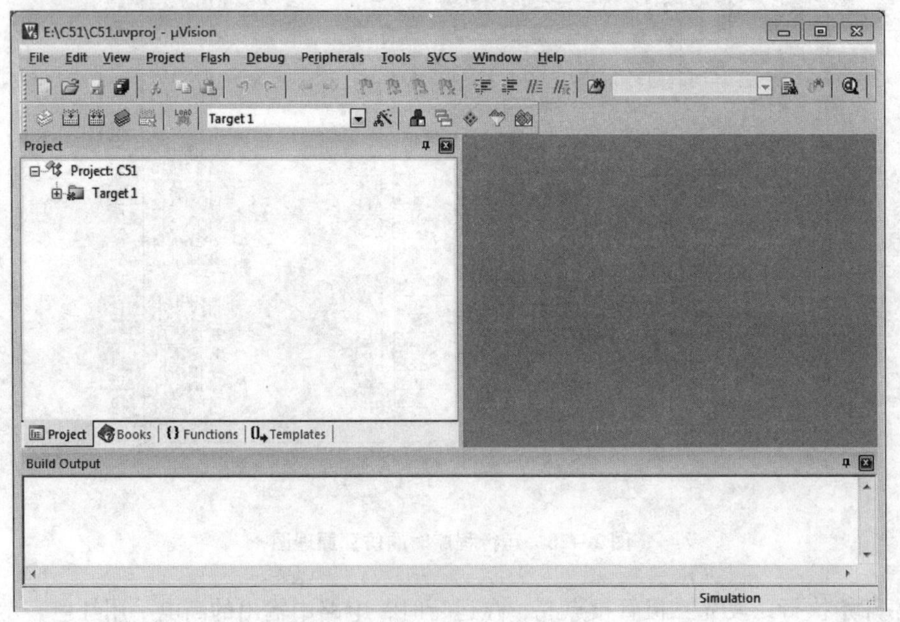

图 2－29　建立工程后的主界面

（2）建立并添加源文件。单击“File”菜单，然后单击“New”选项后，在主界面右侧出现如图 2－30 所示的文本编辑窗口。

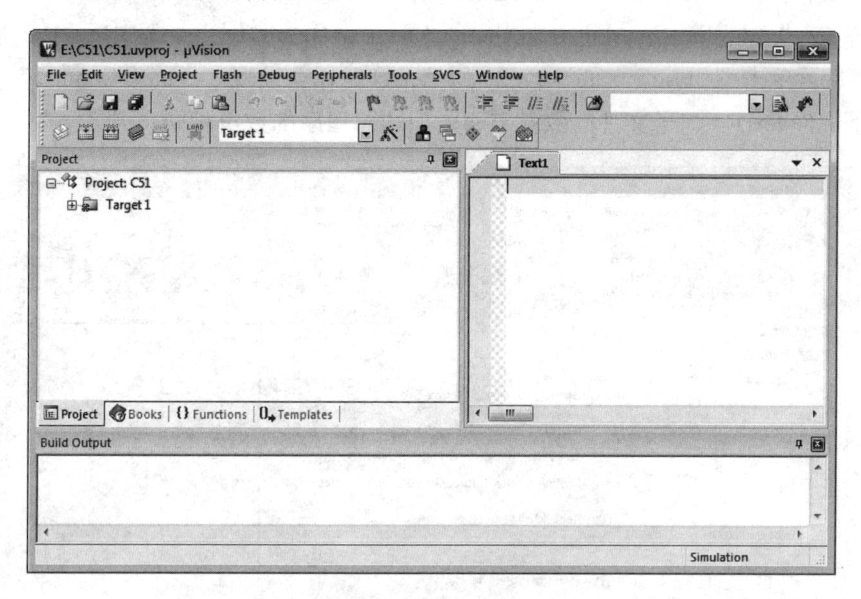

图 2－30　新建文本编辑窗口

光标在编辑窗口里闪烁，此时可以键入用户的应用程序了，但建议首先保存该空白文件，单击“File”，在下拉菜单中选中“Save As”选项，如图 2－31 所示，在“文件名”右侧的文本框中，键入欲使用的文件名，同时，必须键入正确的文件扩展名。注意，如果用 C 语言编写程序，则扩展名为 .c；如果用汇编语言编写程序，则扩展名为 .asm。然后，单击“保存”按钮。

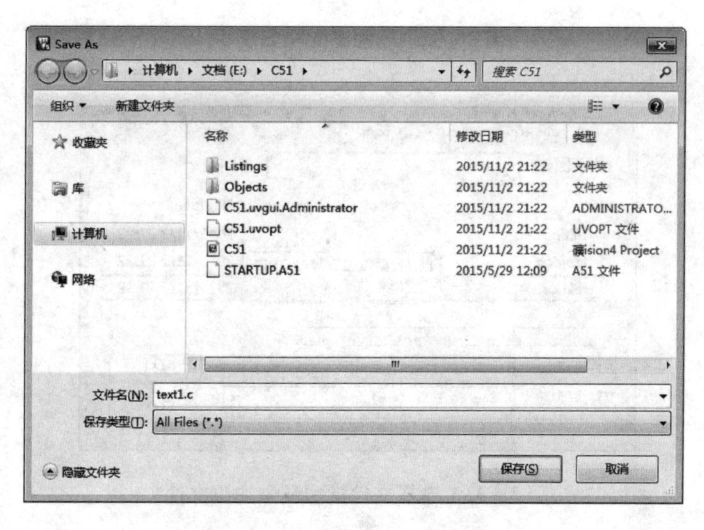

图 2－31　源程序保存界面

（3）回到编辑界面后，单击“Target 1”前面的“+”号后，在“Source Group 1”上单击鼠标右键，弹出如图 2－32 所示快捷菜单。

（4）单击“Add Existing Files to Group‘Source Group 1’”，选中 text1. c 后，单击“Add”，然后再单击“Close”，如图 2－33 所示，这时你会发现“Source Group 1”文件夹中多了一个子文件 text1. c，子文件的数量与所增加的源程序的数量相同。

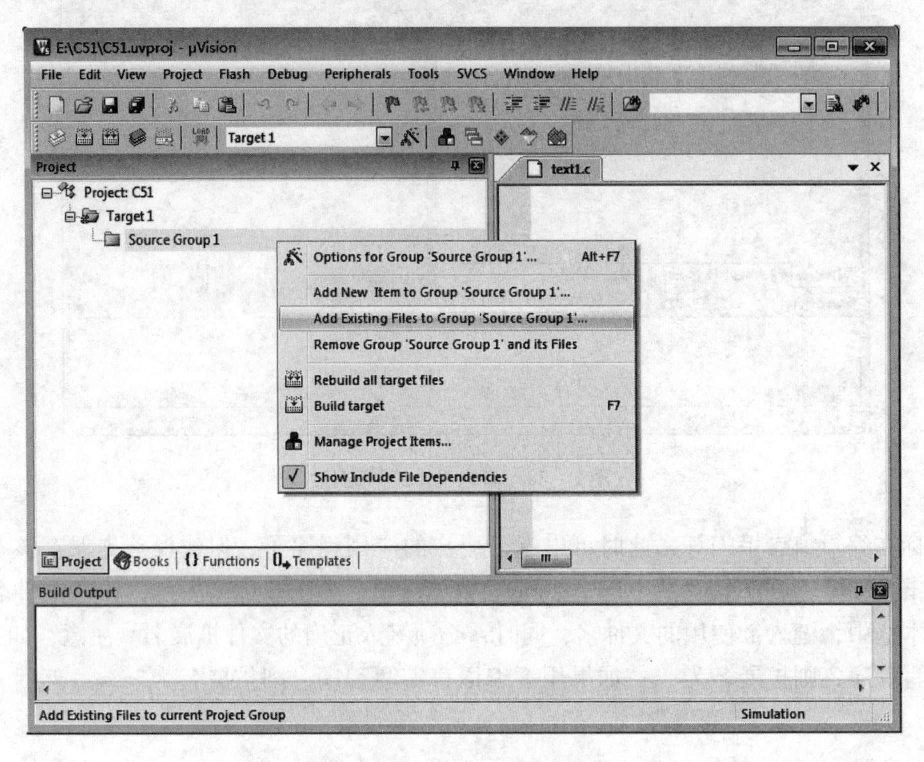

图 2－32　添加源文件到组中

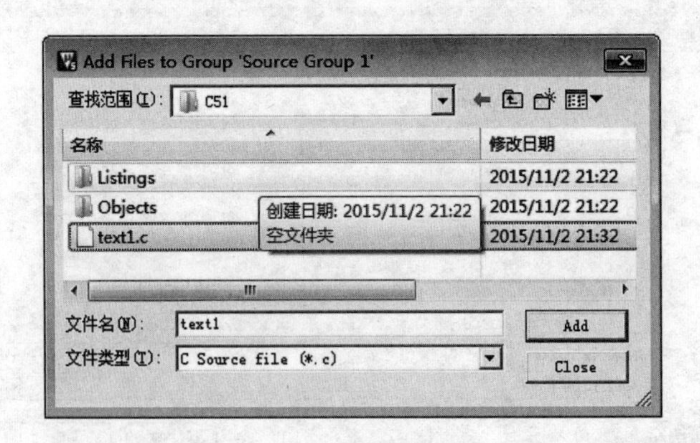

图 2－33　选择文件类型及添加源文件

（5）配置工程属性。如图 2－34 所示，将鼠标移到工程管理窗口的“Target 1”上，单击鼠标右键，在弹出的快捷菜单中选择“Options for Target‘Target 1’”，弹出如图 2－35 所示的目标属性窗口。

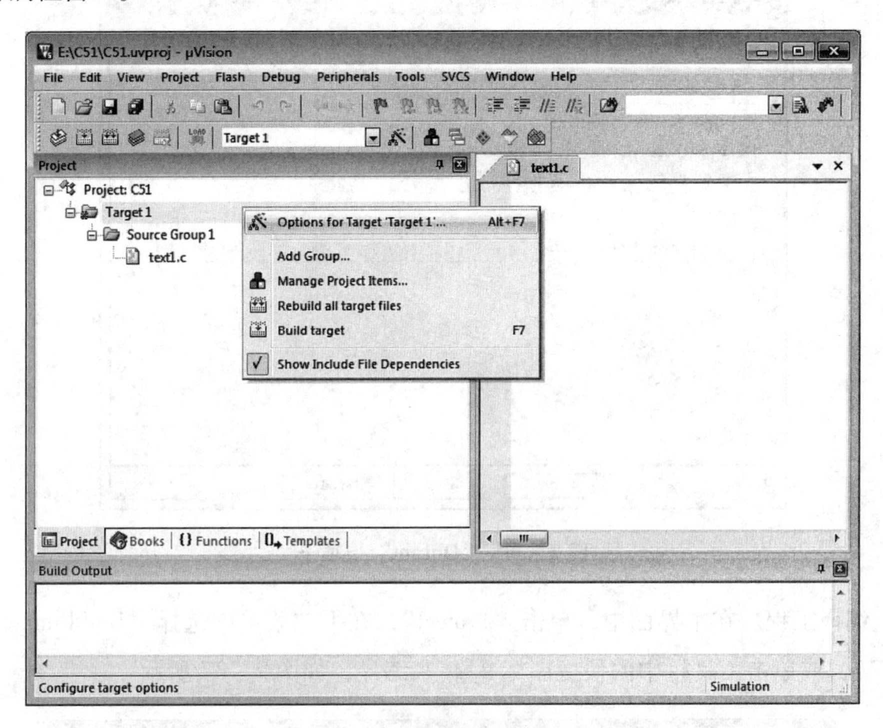

图 2－34　配置工程属性

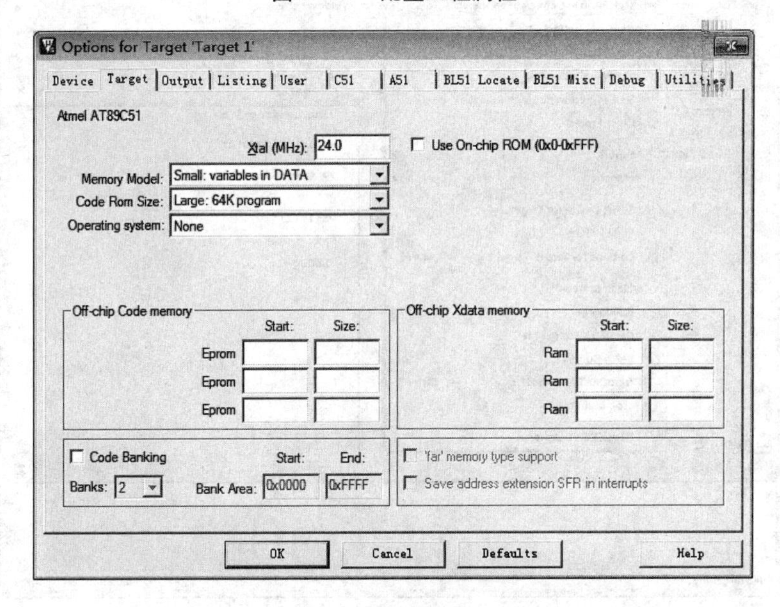

图 2－35　目标属性

（6）在如图 2－36 所示窗口的“Output”选项卡页面中，选中“Create HEX File”复选框后，单击“OK”按钮。

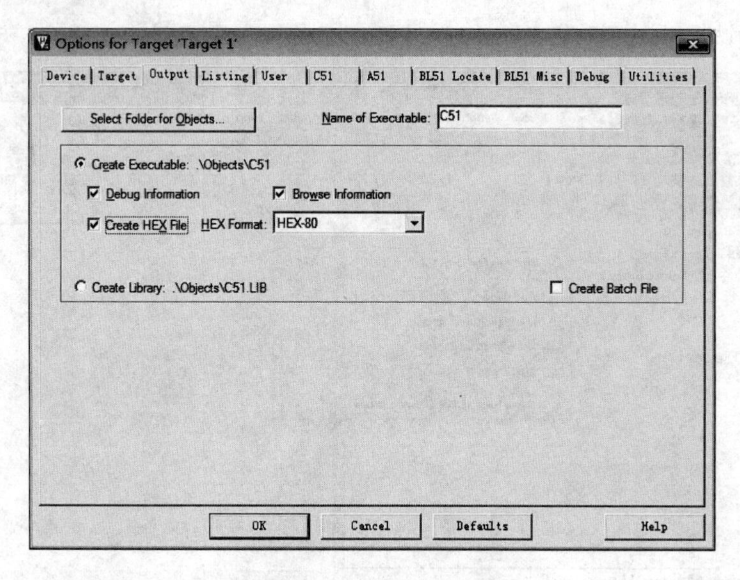

图 2－36 “Output”选项卡

（7）编译工程。在主界面中，单击“Project”，在下拉菜单中选择“Build target”（或按快捷键 F7），或单击工具栏中的快捷图标 来编译，如图 2－37 所示。

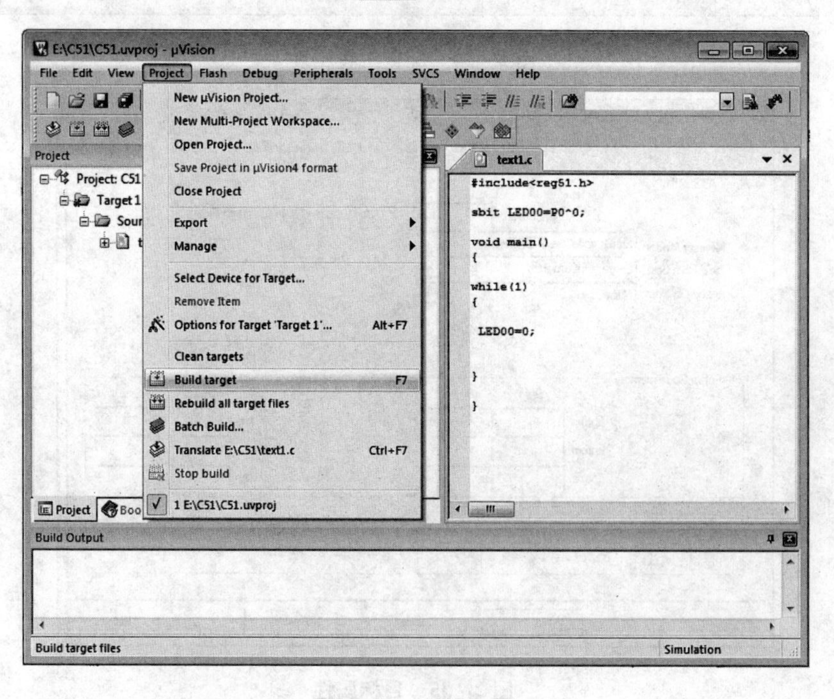

图 2－37 编译工程

（8）编译完成后，在输出窗口中查看出现的编译结果信息，如图 2－38 所示。

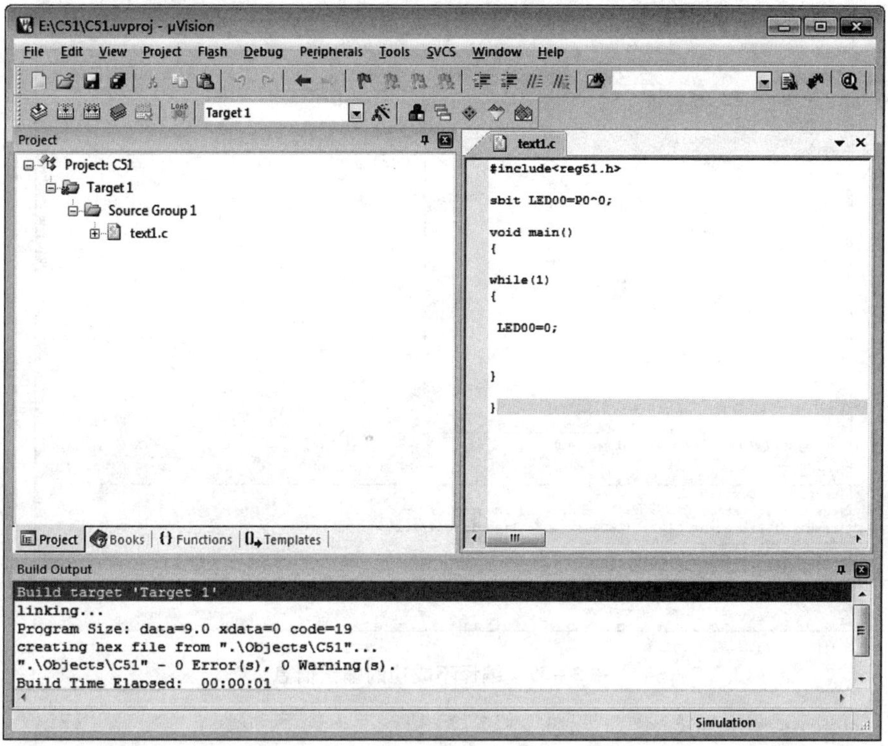

图 2－38　编译结果

编译成功后，输出窗口的含义如下：

① 编译目标“Target 1”。

② 链接。

③ 编译后程序的大小。

④ 从“Text1”工程中生成了后缀为 .hex 的文件，这个文件是之后进行调试下载的关键文件。

⑤ 编译的用时。

（9）当源程序有语法错误时，编译不会成功，出现如图 2－39 所示的输出信息。

（10）调试程序：单击“Debug”，在下拉菜单中选择“Start/Stop Debug Session”选项，如图 2－40 所示（或按快捷键 Ctrl＋F5），开始调试程序，再次执行该操作后可结束调试。

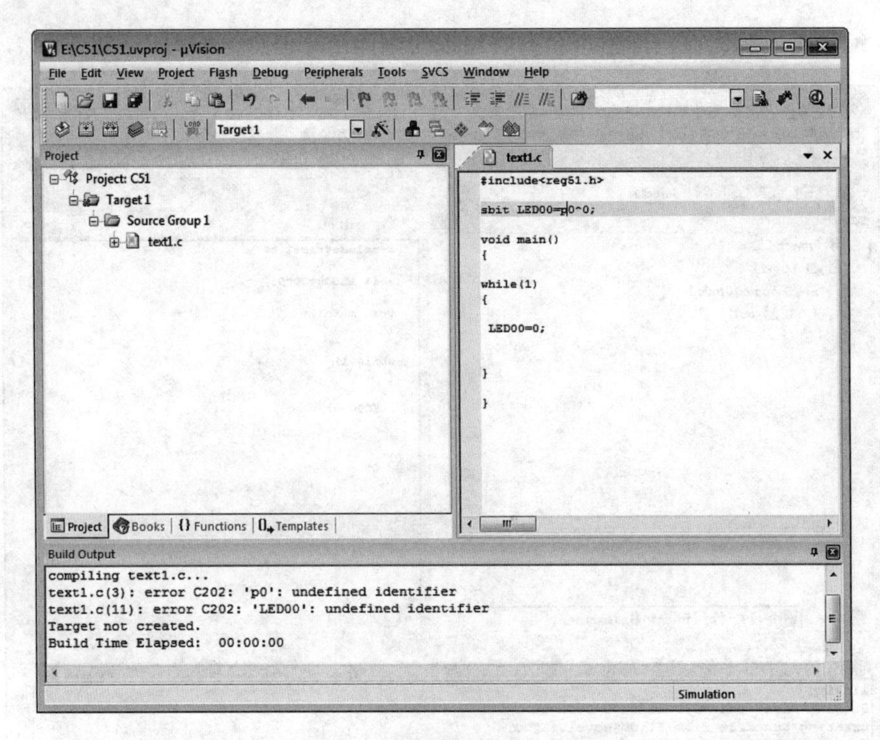

图 2－39　编译不成功的输出信息

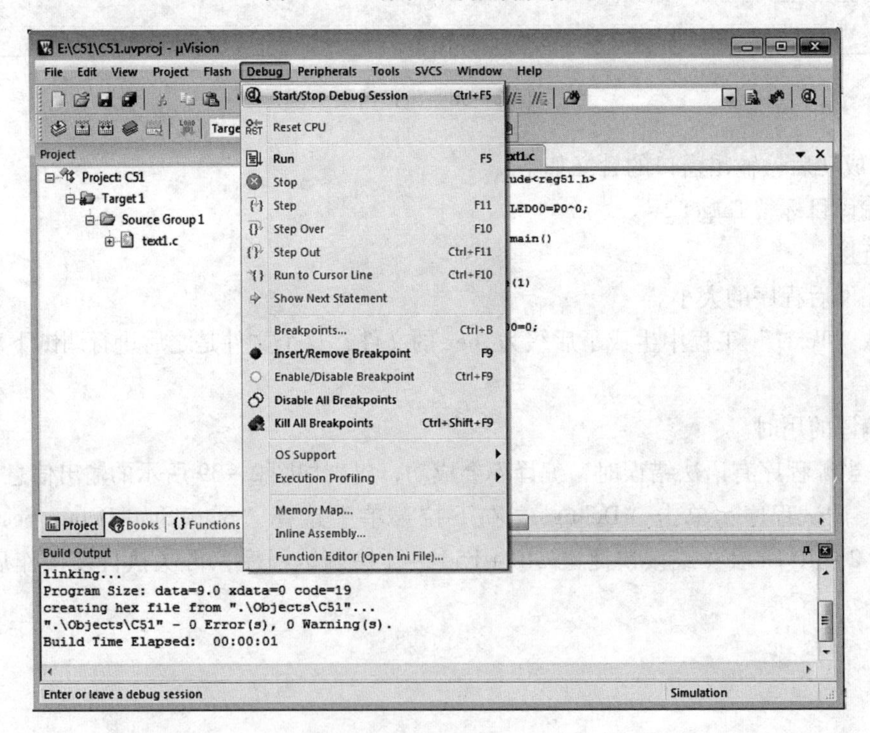

图 2－40　Debug 菜单栏

如图 2－41 所示为进入程序调试时的界面。

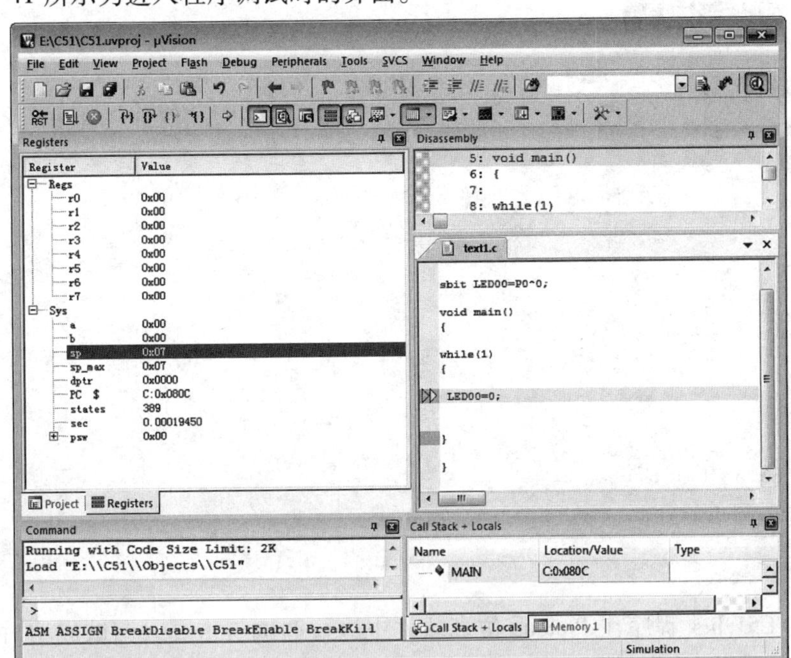

图 2－41　进入程序调试时的界面

（11）利用烧录软件下载生成的后缀为 .hex 的文件至单片机的 Flash 中。本教材使用的烧录软件主界面如图 2－42 所示。

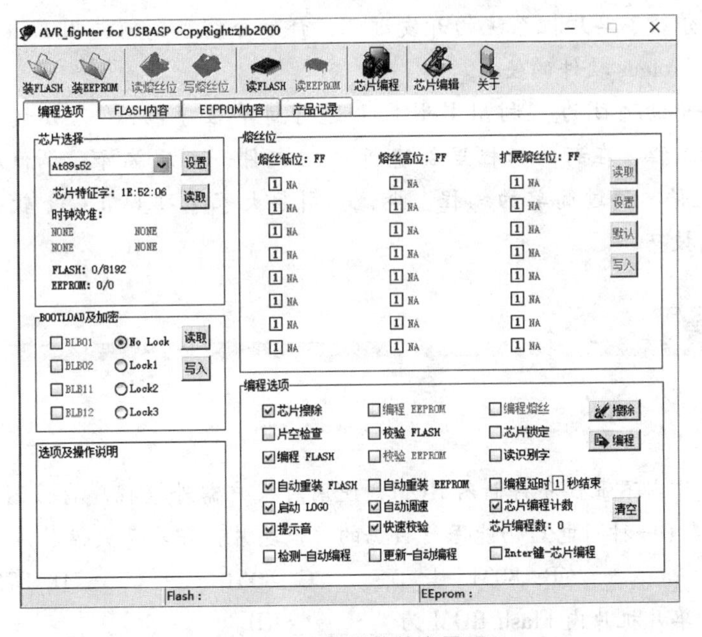

图 2－42　烧录软件主界面

程序调试与仿真

```
text1.c 源代码如下：
#inlude < reg51.h >
sbit LED00 = P0^0;

void main ()
{

  while (1)

    {
      LED00 = 0;
    }
}
```

将生成的 C51.hex 程序在 Proteus 仿真软件中进行调试与仿真，调试成功后，利用烧录软件将其下载到开发板上运行。

小　结

本学习任务介绍了单片机系统的开发过程，详细介绍了如何使用 Keil C51 软件新建工程，简单介绍了 Proteus 软件的使用。

本学习任务中的项目为“利用 Keil C51 进行简单程序调试”，让读者能够通过 Keil C51 软件创建新工程，在新的工程里创建新的 .c 文件，之后编译、调试程序，最后生存后缀为 .hex 的文件。通过简单的编程、调试，引导大家学习 Keil C51 软件的基本使用方法和基本的调试技巧。

问题与思考

一、选择题

1. ________片内不带程序存储器 ROM，使用时用户需外接程序存储器，外接的程序存储器多为 EPROM（一种断电后仍能保留数据的存储芯片，即非易失性芯片）。

   A. 8008　　B. 8031　　C. 8051　　D. 8751

2. AT89S51 单片机片内 Flash ROM 为________ KB。

   A. 4　　B. 8　　C. 16　　D. 20

3. AT89S52 单片机片内 Flash ROM 为________KB。

A. 4　　B. 8　　C. 16　　D. 20

二、填空题

1. 单片机应用系统由________和________两部分组成。硬件部分以 MCU 芯片为核心，包括扩展存储器、输入/输出接口电路及设备；软件部分包括系统软件和应用软件。

2. MCS－51 系列单片机的代表性产品为________，其他单片机都是在其基础上进行功能的增减。

3. ________软件是众多单片机应用开发的优秀软件之一，它集编辑、编译、仿真于一体，支持汇编语言、PLM 语言和 C 语言的程序设计，界面友好，易学易用。

4. ________是英国 Labcenter electronics 公司研发的多功能 EDA 软件，它具有功能很强的 ISIS 智能原理图输入系统，有非常友好的人机互动窗口界面。

三、简答题

1. 简述单片机系统的开发过程。

2. 简述单片机应用产品的 Proteus 开发过程。

四、上机操作题

1. 利用单片机控制蜂鸣器和发光二极管，设计一个声光报警系统。

2. 利用单片机控制按键和发光二极管，设计一个单键控制单灯亮灭的系统。

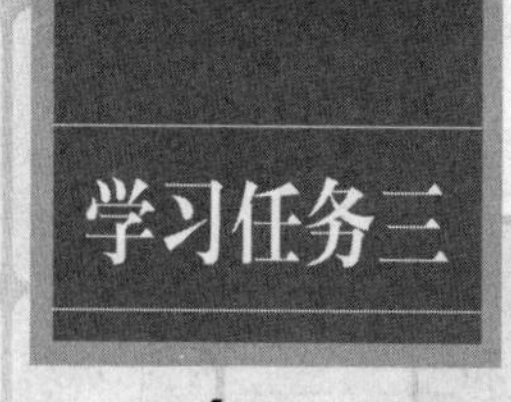

单片机 I/O 端口应用

学习目标

■ 任务说明

从本学习任务开始，将真正利用单片机开发一些小的项目，以掌握基于单片机的嵌入式程序的设计，最终熟悉单片机的应用和开发过程：明确系统功能—硬件设计—搭建硬件平台—软件设计—下载程序到单片机并调试。当然，在实际进行产品开发时，硬件设计和软件设计可同步进行，即软件开发人员在没有硬件系统的情况下也能先进行程序设计、编译和调试，等硬件系统准备好后再进行软、硬件系统的联调，这样可加快开发进度。

本学习任务完成三个项目：汽车双闪灯控制系统设计、仿真调试发光二极管闪烁控制系统、按键控制多种花样霓虹灯设计。

通过实验模块的操作和训练，学习相关的知识，使学生熟悉单片机端口的控制，掌握发光二极管的控制方法，熟悉单片机程序开发的基本过程。

■ 知识和能力要求

知识要求：

- 掌握单片机端口的控制方法。
- 理解常用的几种程序结构。
- 掌握单片机数据输入的方法。
- 掌握常用元器件的特性和测试方法。
- 掌握单片机子程序的编写和调试方法。
- 掌握单片机延时程序的编写方法。

能力要求：

- 能够进行 LED 电路的正确连接及调试。
- 能够进行时钟电路、复位电路的正确连接及调试。

- 能够根据项目要求设计出硬件电路。
- 能够进行本项目单片机系统控制电路的正确连接及调试。
- 能够使用相应软件将程序下载至单片机中。

任务准备

一、C51 基础知识

1. Keil C 语言支持的数据类型

在学习本教程前，相信读者对标准 C 语言（ANSI C）已经比较熟悉了，故此处不再介绍。对 Keil C 语言的介绍着重放在 Keil C 与 ANSI C 不同的地方。

表 3－1 中列出了 Keil C51 编译器所支持的数据类型。在标准 C 语言中基本的数据类型为 char、int、short、long、float 和 double，而在 C51 编译器中 int 和 short 相同，float 和 double 相同，这里就不列出说明了。

表 3－1　Keil C51 编译器所支持的数据类型

数据类型	含　义	长　度	值　域
unsigned char	无符号字符型	单字节	0～255
signed char	有符号字符型	单字节	－128～127
unsigned int	无符号整型	双字节	0～65 535
signed int	有符号整型	双字节	－32 768～32 767
unsigned long	无符号长整型	4 个字节	0～4 294 967 295
signed long	有符号长整型	4 个字节	－2 147 483 648～2 147 483 647
float	浮点型	4 个字节	±1.175 494E－38～±3.402 823E＋38
*	指针型	1～3 个字节	对象的地址
bit	位类型	位	0 或 1
sfr	专用寄存器或特殊功能寄存器	单字节	0～255
sfr16	16 位专用寄存器	双字节	0～65 535
sbit	可寻址位	1 位（bit）	0 或 1

注：数据类型中加背景色的部分为 C51 扩充数据类型。

（1）char。

char（字符型）的长度是一个字节（单字节），通常用于定义处理字符数据的变量或常量。char 可分无符号字符型 unsigned char 和有符号字符型 signed char，默认值为 signed char 类型。unsigned char 类型用字节中所有的位来表示数值，可以表达的数值范围是 0 ~ 255。signed char 类型用字节中最高位字节表示数据的符号，“0” 表示正数，“1” 表示负数，负数用补码表示（正数的补码与原码相同，负二进制数的补码等于它的绝对值按位取反后加 1），所能表示的数值范围是 -128 ~ 127。unsigned char 常用于处理 ASCII 字符或用于处理小于或等于 255 的整型数。在 51 单片机程序中，unsigned char 是最常用的数据类型。

（2）int。

int（整型）长度为两个字节（双字节），用于存放一个双字节数据。int 分无符号整型 unsigned int 和有符号整型 signed int，默认值为 signed int 类型。unsigned int 表示的数值范围是 0 ~ 65 535，signed int 表示的数值范围是 -32 768 ~ 32 767，字节中最高位表示数据的符号，“0” 表示正数，“1” 表示负数。

（3）long。

long（长整型）长度为四个字节，用于存放一个四字节数据。分无符号长整型 unsigned long 和有符号长整型 signed long，默认值为 signed long 类型。unsigned long 表示的数值范围是 0 ~ 4 294 967 295，signed int 表示的数值范围是 -2 147 483 648 ~ 2 147 483 647，字节中最高位表示数据的符号，“0” 表示正数，“1” 表示负数。

（4）float。

float（浮点型）在十进制中具有 7 位有效数字，是符合 IEEE -754 标准的单精度浮点型数据，占用 4 个字节。

（5） *。

*（指针型）本身就是一个变量，在这个变量中存放的是指向另一个数据的地址。这个指针变量要占据一定的内存单元，对不同的处理器长度也不尽相同，在 C51 中它的长度一般为 1 ~ 3 个字节。

（6）bit。

bit（位类型）标量是 C51 编译器的一种扩充数据类型，利用它可定义一个位变量，但不能定义位指针，也不能定义位数组。它的值是一个二进制位，不是“0”就是“1”。

（7）sfr。

sfr（专用寄存器或特殊功能寄存器）也是一种扩充数据类型，占用一个内存单元，值域为 0 ~ 255。利用它可以访问 51 单片机内部的所有特殊功能寄存器。如用“sfr P0 = 0x80;”语句可定义 P0 为 P0 端口在片内的寄存器，在后面的语句中用“P0 = 0xFF;”（对 P0 端口的所有引脚置高电平）之类的语句来操作特殊功能寄存器。

（8）sfr16。

sfr16（16 位专用寄存器）占用两个内存单元，值域为 0 ~ 65 535。sfr16 和 sfr 一样用于操作特殊功能寄存器，所不同的是它用于操作占用两个字节的寄存器，如定时器 T0 和 T1。

（9）sbit。

sbit（可位寻址）同样是 C51 中的一种扩充数据类型，利用它可以访问芯片内部 RAM 中的可位寻址或特殊功能寄存器中的可位寻址。如先前我们定义了：

```
sfr P0 =0x80;     // P0 端口的寄存器是可位寻址的
```

可作如下定义：

```
sbit P0_1 =P0^1; //P0_1 为 P0 中的 P0.1 引脚
```

同样也可以用 P0.1 的地址去写：

```
sbit P0_1 =0x81;
```

2. Keil C 程序的变量使用

一个单片机的内存资源是十分有限的，而变量存在于内存中，同时，变量的使用效率还要受到单片机体系结构的影响。因此，单片机的变量选择受到了很大的限制。变量的使用可遵循以下规则：

（1）采用短变量。

一个提高代码效率的最基本的方式就是减小变量的长度。使用 C 语言编程时我们都习惯于对循环控制变量使用 int 类型，这对 8 位的单片机来说是一种极大的浪费。你应该仔细考虑你所声明的变量值可能的范围，然后选择合适的变量类型。很明显，经常使用的变量应该是 unsigned char 类型，它只占用一个字节。

（2）使用无符号类型的变量。

为什么要使用无符号类型呢？原因是 MCS－51 不支持符号运算。程序中也不要使用含有带符号变量的外部代码。除了根据变量长度来选择变量类型外，你还要考虑变量是否会用于负数的场合。如果你的程序中不需要负数，那么可以把变量都定义成无符号类型。

（3）避免使用浮点数。

在 8 位的操作系统上使用 32 位浮点数是得不偿失的。这样做会浪费大量的时间，所以当你要在系统中使用浮点数的时候，你要问问自己这是否一定需要。

（4）使用位变量。

对于某些标志位，应使用位变量而不是 unsigned char，这将节省你的内存。你不用多浪费 7 位存储区。而且位变量在 RAM 中访问，它们只需要一个处理周期。常量的使用在程序中起到举足轻重的作用。常量的合理使用可以提高程序的可读性和可维护性。

二、单片机程序框架

单片机C程序的大体框架结构如下：

```
Initial(…)
 {
   …
 }
Function1(…)
 {
   …
 }
   …
Function_n(…)
 {
   …
 }
InterruptFunction1() interrupt 1
 {
   …
 }
   …
InterruptFunction() interrupt n
 {
   …
 }
void main()
 {
   Initial();
   …;              //其他在Initial()函数和while循环以外的代码
   while(1)
     {
       …
     }
 }
```

如果代码较长，可按功能把不同的函数分组放在不同的C文件中，如通常可以把Initial( ) 函数单独放在initial. c中。一个C文件的代码尽量不要太长，否则会造成查找和维护上的麻烦。

任务实施

项目四　汽车双闪灯控制系统设计

任务要求

双闪灯即危险报警闪光灯，双闪灯是一种提醒其他车辆与行人注意本车发生了特殊情况的信号灯。在驾车过程中遇到浓雾天气，当能见度低于 50 m 时，由于视线不好，司机不仅应该开启前、后雾灯，同时还应该开启危险报警闪光灯，即汽车两侧的转向灯同时闪烁，以提醒过往车辆及行人注意。特别是提醒后方行驶的车辆应保持应有的安全距离和必要的安全车速，避免紧急刹车而引起追尾事故。在本任务中，我们要利用单片机驱动左右两个发光二极管来模拟双闪灯，发光二极管的亮灭过程即双闪灯的闪烁过程，亮灭之间的时间间隔通过单片机延时 500 ms 完成。

任务分析

本任务用 AT89S51 单片机作为本系统的控制核心，利用单片机 P0 口的两个位端口控制两个发光二极管，利用延时程序来控制发光二极管亮与灭之间的时间间隔，从而模拟汽车的两个转向灯实现“双闪”功能。两个发光二极管接限流电阻，起到保护二极管的作用，使 P0.0 和 P0.7 分别接发光二极管的负极。将拨动开关 S_1 拨至位置 2 时，启动双闪功能，拨至位置 1 时，关闭双闪功能。

实训模块

一、硬件电路原理图设计

根据任务的工作内容及要求，结合任务分析，设计的汽车双闪灯控制系统硬件电路图如图 3－1 所示。

二、软件设计

根据汽车双闪灯控制系统硬件电路图和本任务的工作内容及要求，编写参考程序如下：

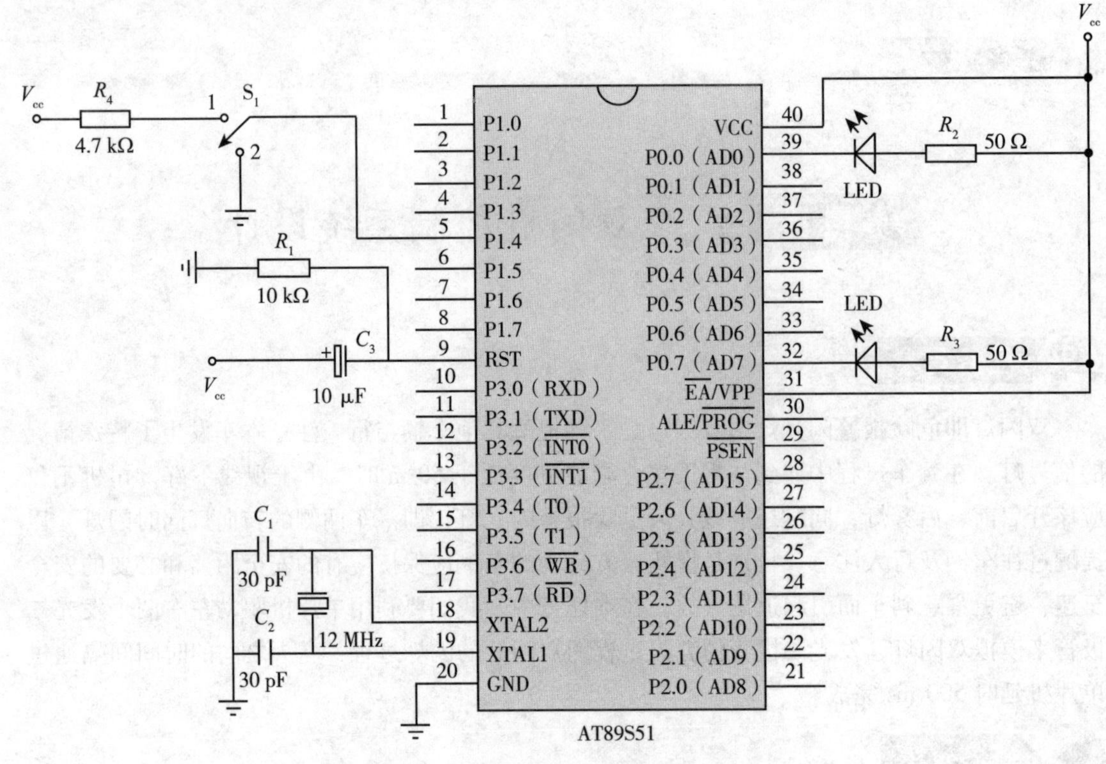

图3-1　汽车双闪灯控制系统硬件电路图

```
//ex3_1.c
//功能：汽车双闪灯控制系统程序
#include<reg51.h>      //包含单片机寄存器的头文件
sbit P00 = P0^0;
sbit P07 = P0^7;
sbit SW = P1^4;
/*******************************************
函数功能：延时一段时间
*******************************************/
void delay1ms(unsigned int i)
{
  unsigned char j;
  while(i--)
    {
     for (j=0;j<114;j++) ;//什么也不做，等待一个机器周期
    }
}
```

```
/*****************************************************
函数功能：主函数（C 语言规定必须有也只能有 1 个主函数）
*****************************************************/
void main(void)
{
  bit Flag;
  while(1)       //无限循环
   {
      Flag = SW;
      if(Flag == 0)
      {
          P00 = 0;                //P0.0 输出低电平，点亮左 LED 灯
          P07 = 0;                //P0.7 输出低电平，点亮右 LED 灯
          delay1ms (500);         //延时约 500 ms
          P00 = 1;                //P0.0 输出高电平，左 LED 灯熄灭
          P07 = 1;                //P0.7 输出高电平，右 LED 灯熄灭
          delay1ms (500);         //延时约 500 ms
      }
        else
      {
          P00 = 1;                //P0.0 输出高电平，左 LED 灯熄灭
          P07 = 1;                //P0.7 输出高电平，右 LED 灯熄灭
      }
   }
}
```

项目五 仿真调试发光二极管闪烁控制系统

任务要求

本任务通过单片机控制发光二极管闪烁系统的仿真调试，让读者了解 Keil C51 软件仿真调试功能的使用方法，学会利用 Keil C51 软件的软件仿真器 Simulator 调试单片机控制发光二极管闪烁程序，学会查看单片机硬件及存储器内容、仿真计算延时函数的延时时间等。

任务分析

为了方便程序调试，单片机开发系统一般提供以下几种程序运行方式：全速运行、单步运行、跟踪运行、断点运行等，了解每一种运行方式的特点并熟练掌握、灵活使用，可以有效地提高编程与调试效率。

程序调试是一个反复的过程，一般来讲，单片机硬件电路和程序很难一次设计成功。因此，必须通过反复调试，不断修改硬件和软件，直到运行结果完全符合要求为止。

实训模块

一、Keil C51 软件仿真调试步骤

1. 打开已有的工程

在 Keil C51 主界面中单击“Project”→“Open Project”命令项，找到工程所在目录，打开工程。

2. 配置软件仿真器

（1）将光标移到工程管理窗口的“Target”上，单击鼠标右键，在弹出的快捷菜单中选择“Options for Target‘Target 1’”命令，打开工程配置窗口，如图 3－2 所示，将“Xtal（MHz）”后文本框中的数值修改为 12. 0。

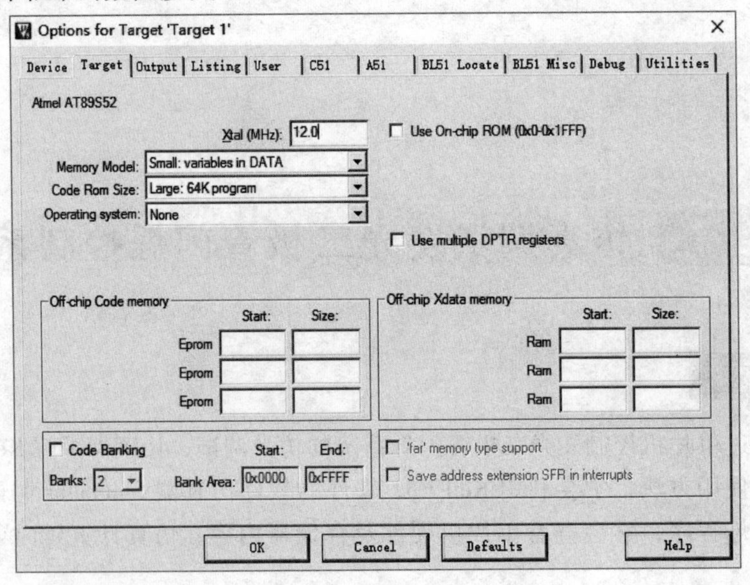

图 3－2 工程配置窗口

Xtal 选项用于设置晶振频率，其和软件模拟调试时显示程序的执行时间有关。正确设置该数值可使显示时间与电子产品实际所用时间一致，一般将其设置成实际硬件所用的晶振频率。

（2）在图 3－2 中单击“Debug”选项卡，打开如图 3－3 所示的窗口，选中“Use Simulator”选项后，单击“OK”按钮。

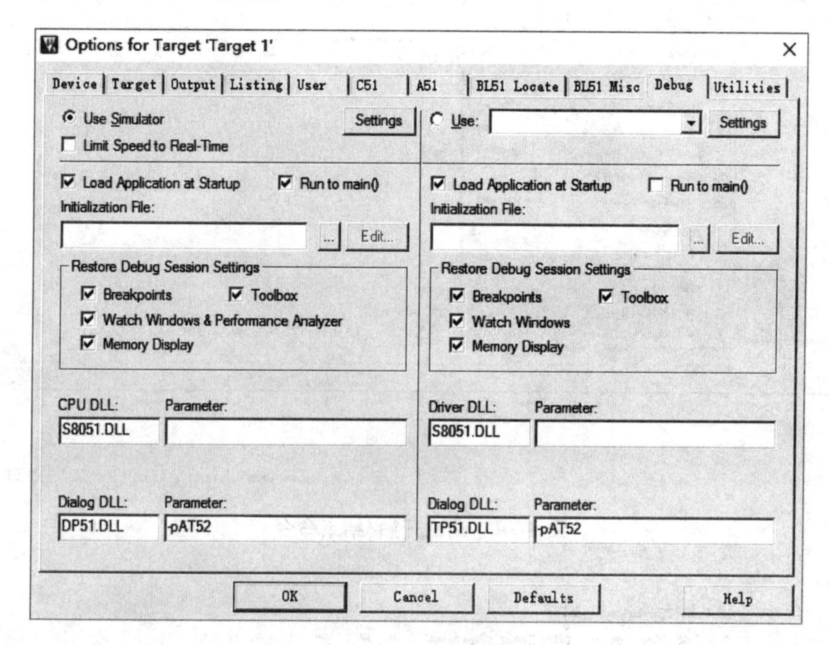

图 3－3　选择仿真方式

3. 编译工程

在主界面中单击“Project”，在下拉菜单中选择“Build target”（或按快捷键 F7），或单击工具栏中的快捷图标，对打开的工程进行编译。

4. 启动调试

在主界面中单击“Debug”，在下拉菜单中选择“Start/Stop Debug Session”命令项，如图 3－4 所示，进入调试主界面，如图 3－5 所示。

5. 程序执行

在如图 3－6 所示的调试窗口单击“Debug”下拉菜单中的 Run（全速运行，F5）、Step（单步跟踪运行，F11）、Step Over（单步运行，F10）、Run to Cursor line（全速运行至光标处，Ctrl＋F10）、Breakpoints（设置端点）等命令，可以对程序进行运行调试等。

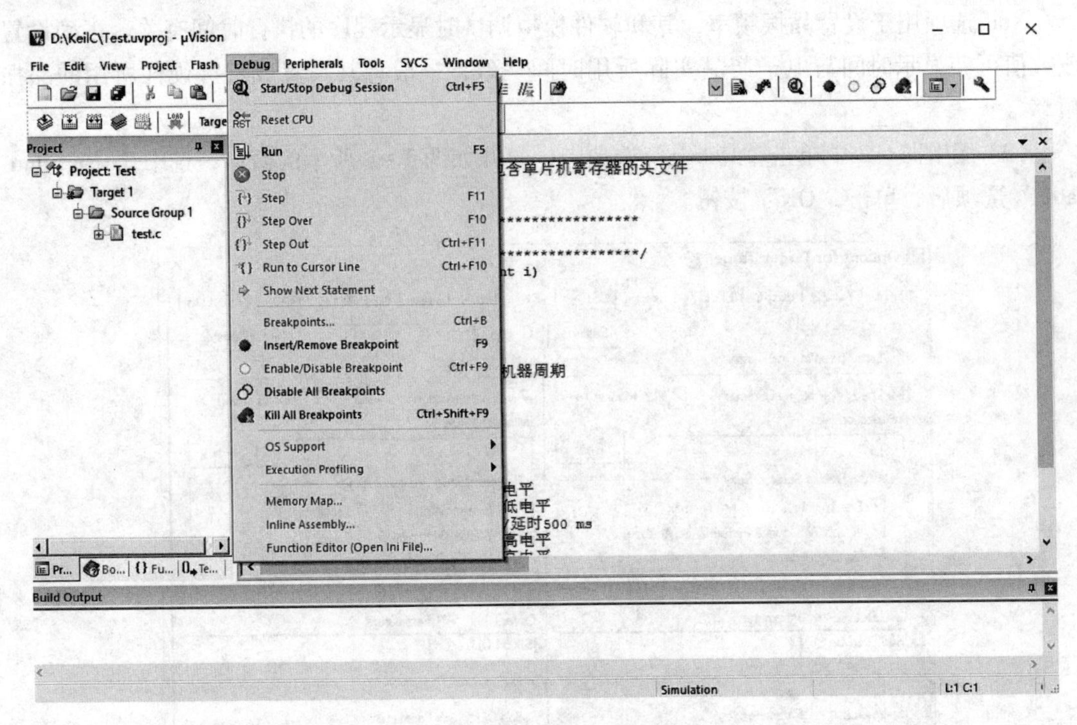

图 3－4　调试开始/结束命令

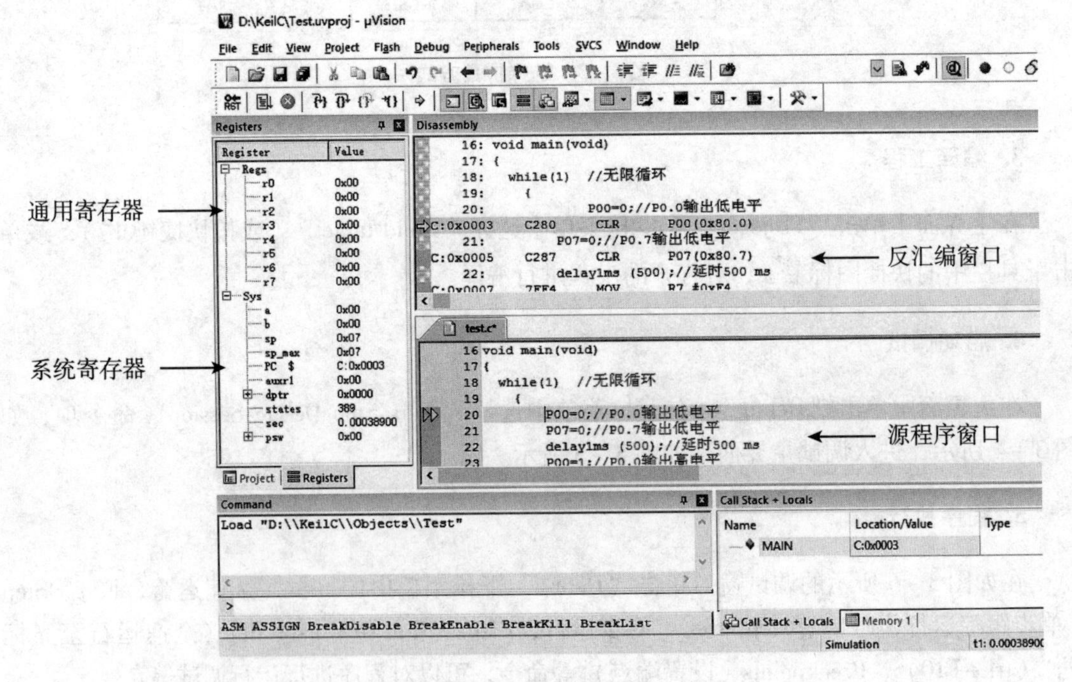

图 3－5　调试主界面

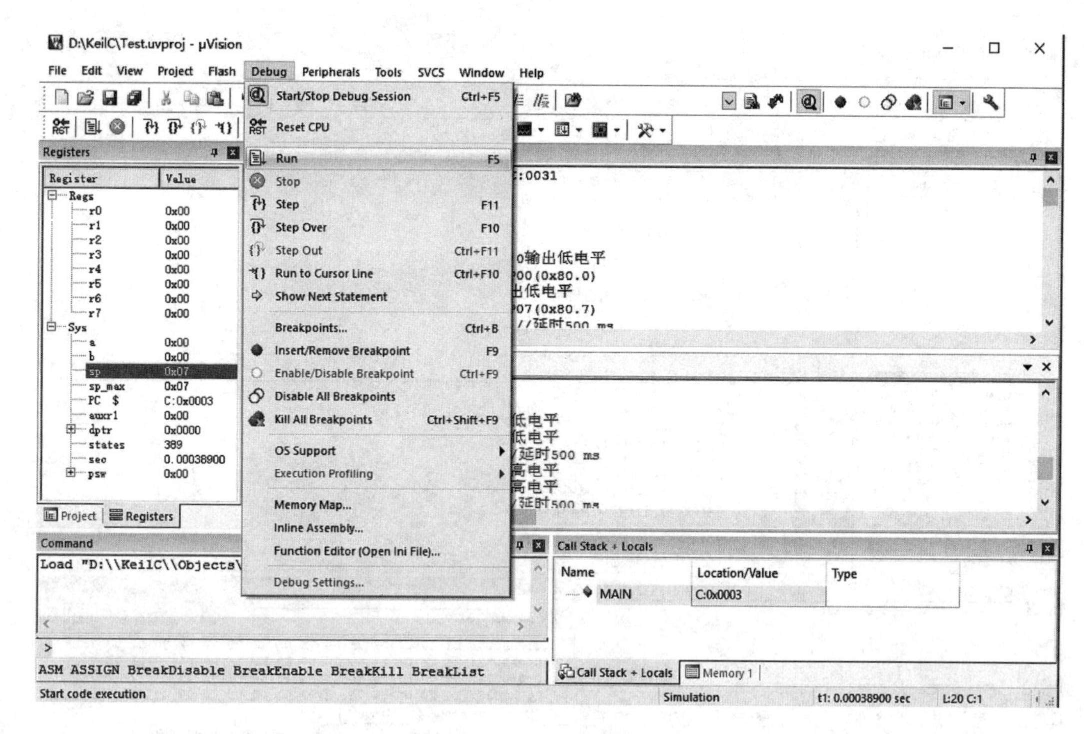

图 3－6 程序运行方式

6. 观察单片机内部资源的当前状况

在单步、跟踪、断点等运行方式下，都可以查看单片机内部资源的当前状态，这些状态对用户调试程序非常有帮助。

（1）观察存储器的内容。在调试主界面下单击“View”→“Memory Windows”→“Memory 1”菜单命令，显示存储器窗口，如图 3－7 所示。在下部的“Address”后面的文本框中输入要显示的存储器地址“C：0x0003”，然后按回车键，即可查看程序存储器中从地址 0x0003 开始的内容。

输入地址“C：0x0003”中的字母 C（C 代表 Code），观察程序存储器中的内容，如果要观察内部数据存储器中的内容，则用字母“D”开头。

（2）观察 I/O 端口当前的状态。在调试主界面下单击菜单中的“Peripherals”→“I/O－Ports”→“Port 0”命令项，打开如图 3－8 所示的 P0 口观察窗口。

在图 3－8 中，“√”表示该位为“1”，空白表示该位为“0”。当程序调试运行时，在图 3－8 中可以随时观察、修改 P0 口寄存器中的内容。

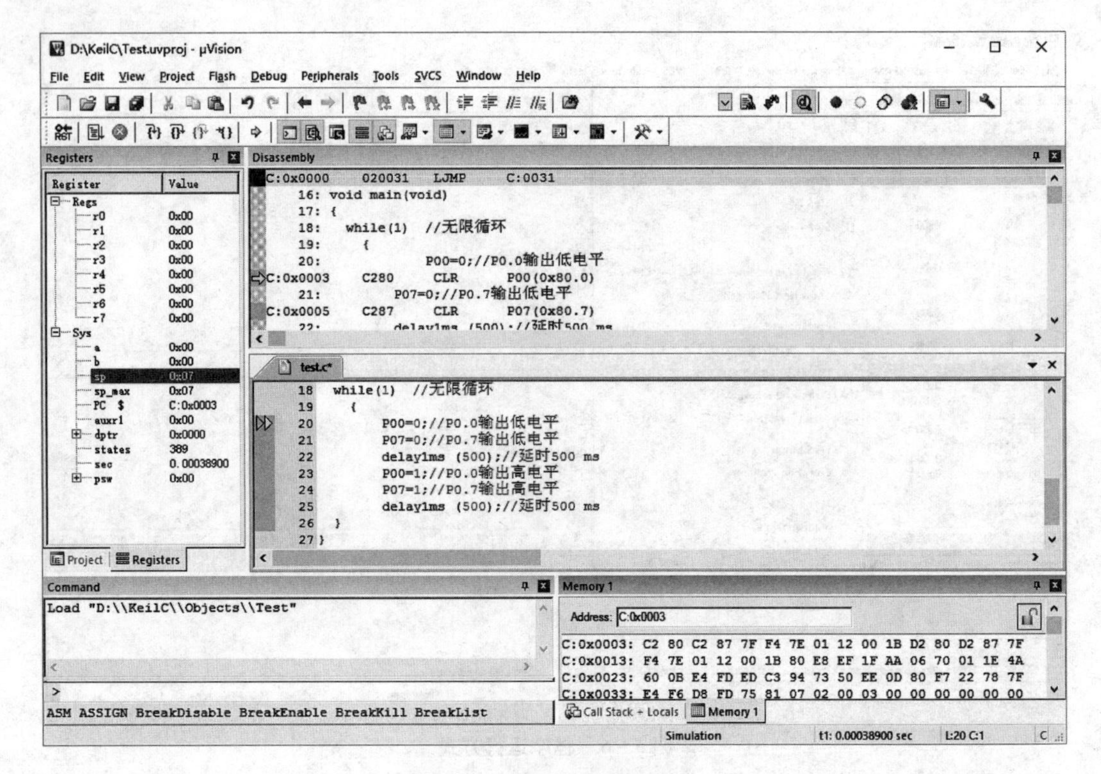

图 3-7 显示存储器窗口

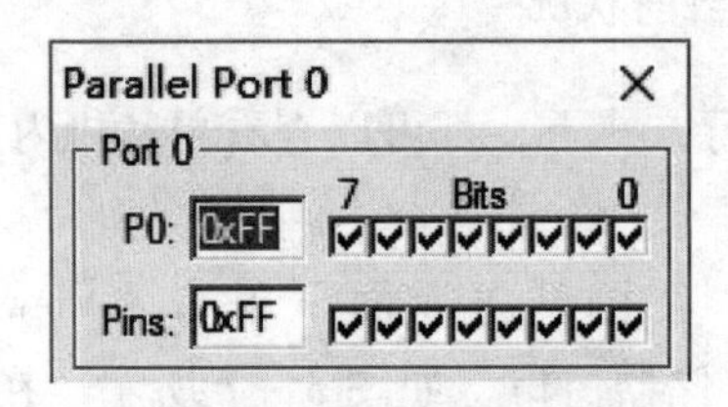

图 3-8 P0 口观察窗口

7. 利用仿真计算延时函数的延时时间

在调试主界面单击“Debug”→“Reset CPU”命令项，使系统复位。将源程序的光标定位在第一个“delay1ms (500);”语句上，按 Ctrl + F10 组合键（或单击“Debug”→“Run to Cursor Line”命令项）全速运行至光标处，主界面左侧窗口中的 sec 项自动记录程序的执行时间，单位为 s（秒）。当系统复位时，sec = 0。记录下此时 sec = 0.000 391 00 s，即程序执行到这一语句所花的时间。运行结果如图 3-9 所示。

查看 P0 口观察窗口，P0.0 位变成空白，表示该位清 0，相应引脚输出低电平，点亮 LED。

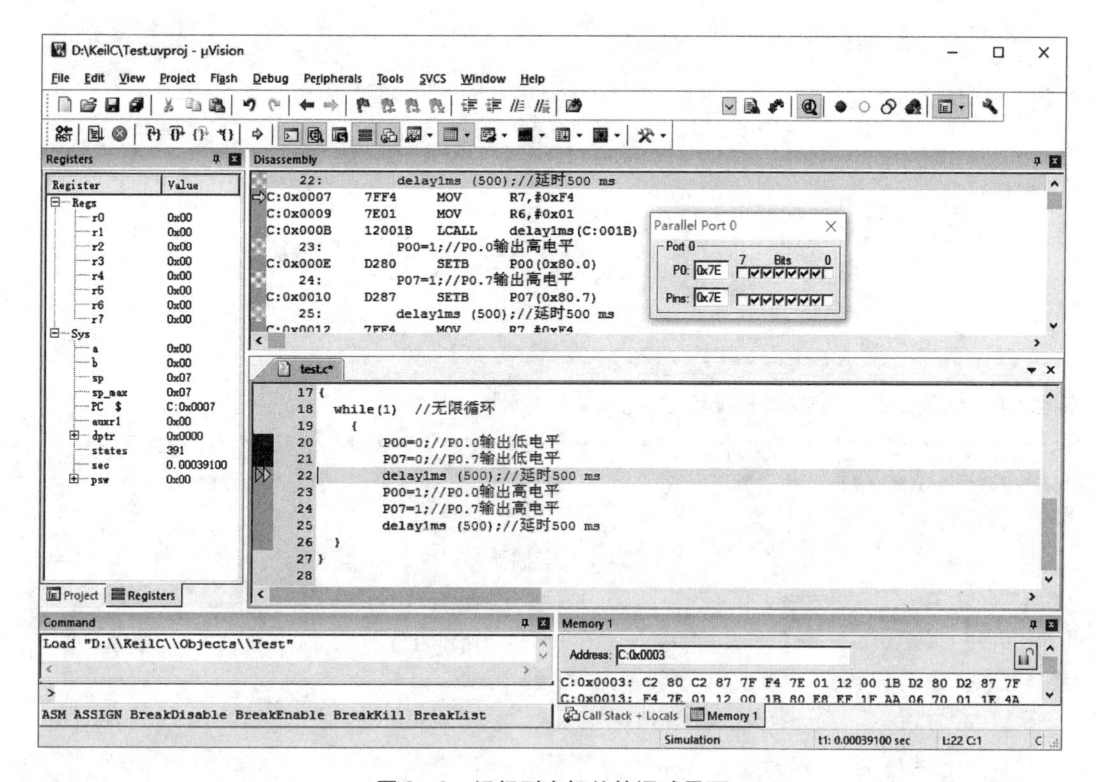

图 3-9　运行到光标处的调试界面

在如图 3-9 所示窗口中按下 F10 键单步运行程序，此时再次记录 sec = 0.500 408 00 s，两者之差则是 delay1ms（500）函数调用的执行时间，约为 0.5 s。

二、仿真调试源程序

仿真调试发光二极管闪烁控制系统源程序如下：

```
//ex3_2.c
//功能：仿真调试发光二极管闪烁控制系统程序
#include <reg51.h>     //包含单片机寄存器的头文件
sbit P00 = P0^0;
sbit P07 = P0^7;
/*****************************************
函数功能:延时一段时间
*****************************************/
void delay1ms (unsigned int i)
{
```

```
  unsigned char j;
  while(i --)
  {
     //for(j =0;j <114;j ++)                  //晶振为11.059 2 MHz 时
     for (j =0;j <123;j ++);                  //晶振为12 MHz 时
                                              //什么也不做，等待一个机器周期
  }
}
/*******************************************************
函数功能：主函数（C 语言规定必须有也只能有 1 个主函数）
*******************************************************/
void main(void)
{
  while(1)                                    //无限循环
    {   P00 =0;                               //P0.0 输出低电平
        P07 =0;                               //P0.7 输出低电平
        delay1ms (500);                       //延时约 500 ms
        P00 =1;                               //P0.0 输出高电平
        P07 =1;                               //P0.7 输出高电平
        delay1ms (500);                       //延时约 500 ms
    }
}
```

项目六 按键控制多种花样霓虹灯设计

任务要求

通过按键控制发光二极管显示不同的内容，让读者了解单片机与按键的接口设计以及按键控制程序的方法。

采用 8 个发光二极管模拟霓虹灯的显示，一个按键 S_1 控制 8 个发光二极管实现不同显示方式。当 S_1 没有被按下时，8 个 LED 灯全亮，当 S_1 被按下时，8 个 LED 灯显示流水灯的效果。

任务分析

通过单片机控制多种花样霓虹灯系统的设计，加深读者对单片机并行 I/O 端口的输出和输入控制功能的认识，同时，读者还可以了解按键的控制方法以及 if 语句的使用方法。

一、硬件电路原理图设计

根据任务要求，采用51单片机的P0口控制8个发光二极管，P1口的P1.4引脚控制按键S_1，硬件电路原理图如图3-10所示。P1.4通过上拉电阻R_{10}与+5 V电源连接，当S_1没有被按下时，P1.4引脚保持高电平，当S_1被按下时，P1.4引脚接地，因此通过读取P1.4引脚的状态，就可以得知按键S_1是否被按下。

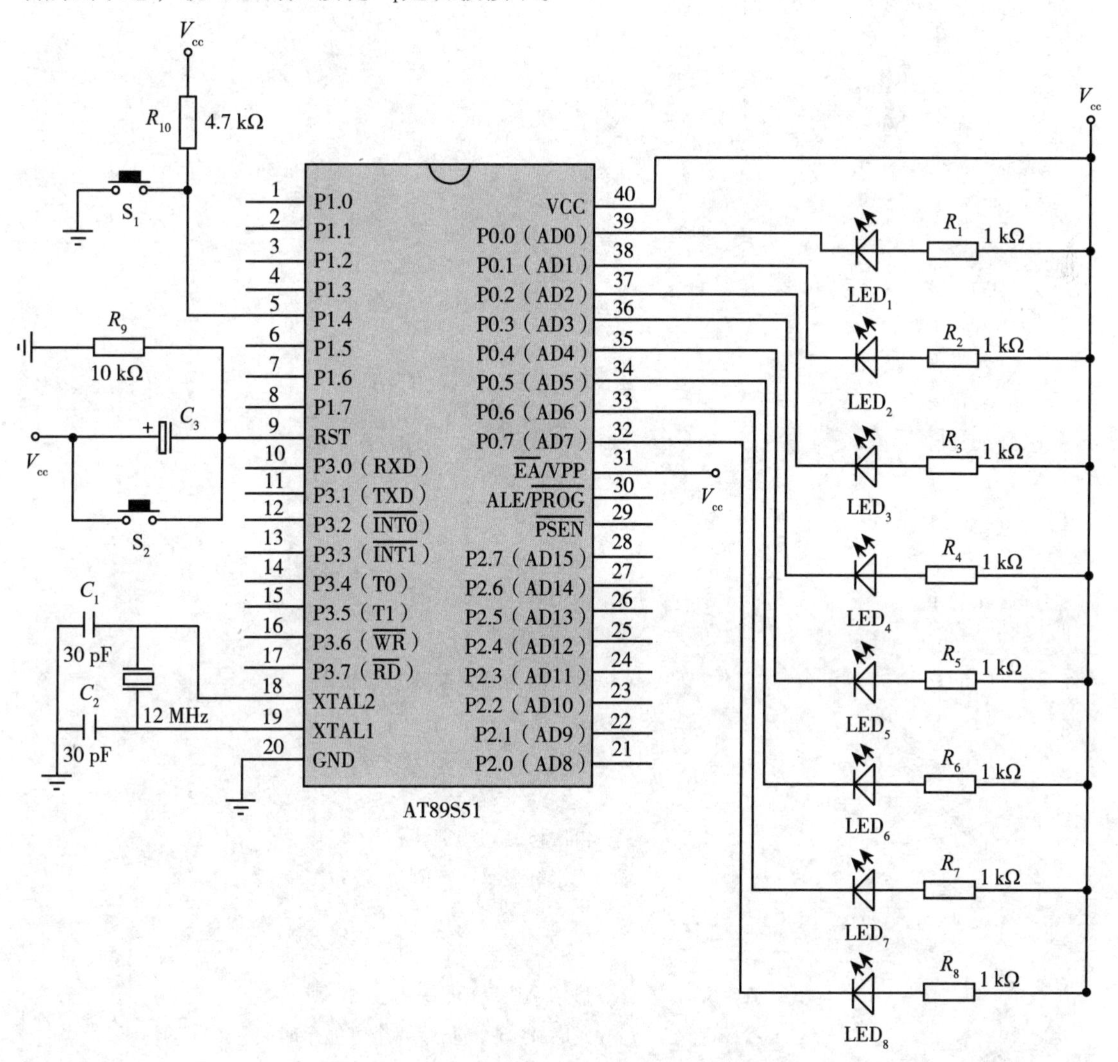

图3-10　按键控制多种花样霓虹灯电路原理图

二、软件设计

```
//ex3_3.c
//功能：按键控制多种花样霓虹灯程序
#include <reg51.h>   //包含头文件 reg51.h，定义了 51 单片机专用寄存器
sbit     K = P1^4;        //定义位名称
//函数名：delay1ms
//函数功能：实现 1 ms 软件延时
//形式参数：整型变量 i，控制循环次数
//返回值：无
void delay1ms(unsigned int i)
{
  unsigned char j;
  while(i --)
  {
     for (j =0;j <114;j ++);
  }

}
void  main()                            //主函数
{
   unsigned char i,w;
   P0 =0xff;                            //LED 灯全灭
   while(1)
    {
        if(K ==0)                       //第一次检测到按键 K 被按下
        {
              delay1ms(10);             //延时 10 ms 左右去抖动
              if(K ==0)
              {                         //再次检测到按键 K 被按下
                   w =0x01;             //流水灯显示字初值为 0x01
                   for(i =0;i <8;i ++)
                   {
                         P0 = ~w;          //显示字取反后，送 P1 口
                         delay1ms(300); //延时约 300 ms，一个灯显示时间
                         w<< =1;           //显示字左移一位
                      }
```

```
            }
        }
        else  P0 =0x00;                          //没有按键被按下，8 盏灯全部点亮
    }
}
```

图 3-10 中，直接用单片机的 I/O 端口线控制按键，一个按键单独占用一根 I/O 端口线，按键的工作不会影响其他 I/O 端口线的状态，这种连接方式称为独立式按键硬件接口方式。独立式按键硬件接口方式电路配置灵活，软件结构简单，但每个按键必须占用一根 I/O 端口线，因此，在按键较多时，I/O 端口线浪费较大，不宜采用。

机械式按键在按下或释放时通常伴随一定时间的触点机械抖动，然后触点才能稳定下来，抖动时间一般为 5～10 ms，因此需要消除机械抖动。按键的机械抖动可以通过硬件电路消除，也可以采用软件方法消除。在上述软件设计中，采用了软件去抖方法，其思路是在检测到有按键被按下时，先执行 10 ms 左右的延时程序，然后再重新检测该按键是否仍然被按下，以确认该键被按下不是因抖动引起的。检测按键时的软件去抖流程如图 3-11 所示。

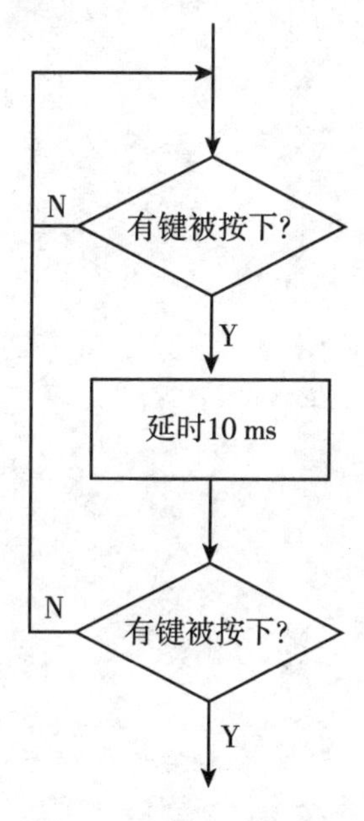

图 3-11　检测按键时的软件去抖流程

举一反三

（1）采用 8 个发光二极管模拟霓虹灯的显示，通过 4 个按键控制霓虹灯在 4 种模式之间切换，4 种模式如下：

第一种显示模式：全亮；

第二种显示模式：交叉亮灭；

第三种显示模式：高四位亮，低四位灭；

第四种显示模式：低四位亮，高四位灭。

4 个按键假定为 $S_1 \sim S_4$，由 P1 口的 P1.4 ~ P1.7 控制，当相应按键被按下时显示相应模式，参考程序如下：

```
//ex3_4.c
//功能：多个按键控制多种花样霓虹灯控制程序
#include <reg51.h>  //包含头文件 reg51.h，定义了 51 单片机专用寄存器
#define TIME 10  //定义符号常量 TIME，常数 10 代表延时约 10 ms
sbit    K1 = P1^4;     //定义位名称
sbit    K2 = P1^5;
sbit    K3 = P1^6;
sbit    K4 = P1^7;
//函数名：delay1ms
//函数功能：实现 1 ms 软件延时
//形式参数：整型变量 i，控制循环次数
//返回值：无
void delay1ms(unsigned int i)
{
  unsigned char j;
  while(i--)
  {
   for (j=0;j<114;j++);
  }


}

void    main()                       //主函数
{
   P0 =0xff;                         //LED 全灭
   while(1)
   {
      if(K1 ==0)                     //第一次检测到 K1 被按下
      {
         delay1ms(TIME);             //延时去抖动
         if(K1 ==0)  P0 =0x00;       //再次检测到 K1 被按下，第一种模式，8 盏灯全亮
      }
```

```
        else if(K2 ==0)              //第一次检测到 K2 被按下
        {
            delay1ms(TIME);          //延时去抖动
            if(K2 ==0) P0 =0x55;     //再次检测到 K2 被按下，第二种模式，8 盏灯交叉亮
        }
        else if(K3 ==0)              //第一次检测到 K3 被按下
        {
            delay1ms(TIME);          //延时去抖动
            if(K3 ==0) P0 =0x0f;     //再次检测到 K3 被按下，第三种模式，高四位亮
        }
        else if(K4 ==0)              //第一次检测到 K4 被按下
        {
            delay1ms(TIME);          //延时去抖动
            if(K4 ==0) P0 =0xf0;     //再次检测到 K4 被按下，第四种模式，低四位亮
        }
    }
}
```

（2）采用 8 个发光二极管模拟霓虹灯的显示，通过 1 个按键控制霓虹灯在 4 种模式之间切换，4 种显示模式同上。

由 P1 口的 P1.4 引脚控制按键 S_1。S_1第一次被按下，显示第一种模式；第二次被按下，显示第二种模式；第三次被按下，显示第三种模式；第四次被按下，显示第四种模式；第五次被按下，又显示第一种模式。参考程序如下：

```
//ex3_5.c
//功能：单个按键控制多种花样霓虹灯控制程序
#include <reg51.h>   //包含头文件 reg51.h，定义了 51 单片机专用寄存器
#define TIME 10      //定义符号常量 TIME，常数 10 代表延时约 10 ms
sbit    K = P1^4;    //定义位名称
//函数名：delay1ms
//函数功能：实现 1 ms 软件延时
//形式参数：整型变量 i，控制循环次数
//返回值：无
void delay1ms(unsigned int i)
{
  unsigned char j;
  while(i --)
  {
```

```
      for (j =0;j <114;j ++);
   }

}
void main()
{
    unsigned char i =0;                        //定义变量 i，记录按下次数
    P0 =0xff;                                  //LED 全灭
       while(1)
       {
         if(K ==0)                             //第一次判断有按键被按下
         {
              delay1ms(TIME);                  //延时消除抖动
              if(K ==0)                        //再次判断有按键被按下
              {
                   if( ++i ==5) i =1;          //i 增 1，且增加到 5 后，再重新赋值 1
              }
         }
         switch(i)                             //根据 i 的值显示不同模式
         {
                 case  1:P0 =0x00;break; //i =1 显示第一种模式
                 case  2:P0 =0x55;break; //i =2 显示第二种模式
                 case  3:P0 =0x0f;break; //i =3 显示第三种模式
                 case  4:P0 =0xf0;break; //i =4 显示第四种模式
                 default:break;
         }
        while(!K);                             //等待 K 键被释放，! 为逻辑非操作
        delay1ms(TIME);                        //延时消除抖动
     }
}
```

（3）通过控制与 P3.6 引脚相连的蜂鸣器，使蜂鸣器发声报警，同时红色 LED 灯亮，无报警时，绿色 LED 灯亮，源程序如下：

```
//ex3_6.c
//功能：蜂鸣器发声报警程序
#include <reg51.h>
sbit FMQ = P3^6;
```

```
sbit green = P0^1;
sbit red = P0^2;
sbit S1 = P1^4;
void delay1ms(unsigned int i)
{
  unsigned char j;
  while(i --)
  {
      for (j =0;j <114;j ++);
  }

}
void delay500us()
{
  unsigned char j;
  for (j =0;j <57;j ++) ;
}
void main()
{
  unsigned int t1 =0;
  green =0;   //点亮绿灯，熄灭红灯，正常工作状态，无报警，无声音
  red =1;
  while(1)
  {
      if(S1 ==0)  //判断按键是否被按下
       {
        delay1ms(10);  //延时去抖动
          if(S1 ==0)
          {
            green =1;//启动报警,绿灯熄灭
            for(t1 =0;t1 <1000;t1 ++)
              {
                FMQ =0;
                red =0;
                delay500us();
                red =1;
                FMQ =1;
                delay500us();
```

```
            }
          FMQ =1;
          delay1ms(1000);
        }
      }
    else
    {
      green =0;          //绿灯亮
      red =1;            //红灯灭
    }
  }
}
```

（4）通过控制与P3.7引脚相连的继电器，使继电器吸合2 s后断开，断开隔2 s后又吸合，如此循环，源程序如下：

```
//ex3_7.c
//功能：继电器控制程序
#include <reg51.h>
sbit JDQ = P3^7;
sbit LED0 = P0^0;
void delay1ms(unsigned int i)
{
  unsigned char j;
  while(i--)
  {
     for (j =0;j <114;j ++);
  }
}
void main()
{
  while(1)
  {
      JDQ =0;
      LED0 =0;
      delay1ms(2000);
      LED0 =1;
      JDQ =1;
```

```
    delay1ms(2000);
  }
}
```

小　结

本学习任务介绍了C51的基础知识，C51除了具有ANSI C的所有标准数据类型外，为更加有效地利用51单片机的硬件资源，还扩展了一些特殊的数据类型：bit、sbit、sfr、sfr16，用于访问单片机的专用寄存器。本学习任务还简要介绍了单片机程序的基本框架。

本学习任务主要有“汽车双闪灯控制系统设计”“仿真调试发光二极管闪烁控制系统”和“按键控制多种花样霓虹灯设计”三个项目。通过三个项目的学习，加深读者对单片机并行I/O端口的输出和输入控制功能的认识。

问题与思考

一、选择题

1. 在C51程序中常常把________作用于循环体，用于消耗CPU的运行时间，产生延时效果。

   A. 赋值语句　　B. 表达式语句　　C. 循环语句　　D. 空语句

2. 在C51的数据类型中，unsigned char型的数据长度为________，其值域为________。

   A. 单字节，-128~127　　B. 双字节，-32 768~32 767

   C. 单字节，0~255　　D. 双字节，0~65 535

3. 下面的while循环执行了________次空语句。

   while（i=3）；

   A. 0　　B. 1　　C. 2　　D. 无限

4. 在C51的数据类型中，int型的数据长度为________。

   A. 单字节　　B. 双字节　　C. 3字节　　D. 4字节

二、填空题

1. 一个C语言源程序中有且仅有一个________函数。
2. C51程序中定义一个可寻址的变量flag访问P3口的P3.1引脚的方法是__________。
3. C51扩充的数据类型________用来访问51单片机内部的所有专用寄存器。
4. 在Keil C51软件中，C语言工程编译连接后生成可烧写的文件扩展名是__________。

三、简答题

1. 哪些变量类型是51单片机直接支持的?

2. 简述C51对51单片机特殊功能寄存器的定义方法。

四、上机操作题

1. 利用单片机控制蜂鸣器和发光二极管设计一个声光报警系统。

2. 利用单片机控制4个按键和4个发光二极管（LED），设计一个4人抢答器，要求当有某一位参赛者首先按下抢答按键时，相应的LED灯亮，此时抢答器不再接受其他输入信号，需要复位按键才能重新开始抢答。

学习任务四

键盘接口技术应用

学习目标

■ 任务说明

通过任务的设计和制作，介绍单片机和按键、键盘等输入器件之间的接口和编程应用。通过密码锁的设计和制作，让读者理解矩阵键盘的应用，并初步了解矩阵键盘的程序设计方法。程序中的键盘扫描方法采用逐列扫描法，也可以采用行列反转法。

■ 知识和能力要求

知识要求：

- 了解键盘输入的工作原理。
- 熟悉单片机 I/O 端口的控制方法。
- 理解并行数据传送和串行数据的特点。
- 掌握七段数码管的运行特性。

能力要求：

- 能够进行时钟电路、复位电路的正确连接及调试。
- 能够进行七段数码管电路的正确连接及调试。
- 能够进行本项目单片机系统控制电路的正确连接及调试。
- 能够熟练使用 Keil C 软件编译程序。
- 能够熟练使用下载软件。

任务准备

一、七段数码管的控制

1. 七段数码管介绍

七段数码管一般由 8 个发光二极管组成，其中由 7 个细长的发光二极管组成数字显示段，它的显示段可以独立控制二极管发光或熄灭，这样不同段的组合就形成了不同的数字或英文字母；另外一个圆形的发光二极管显示小数点，如图 4－1 所示。

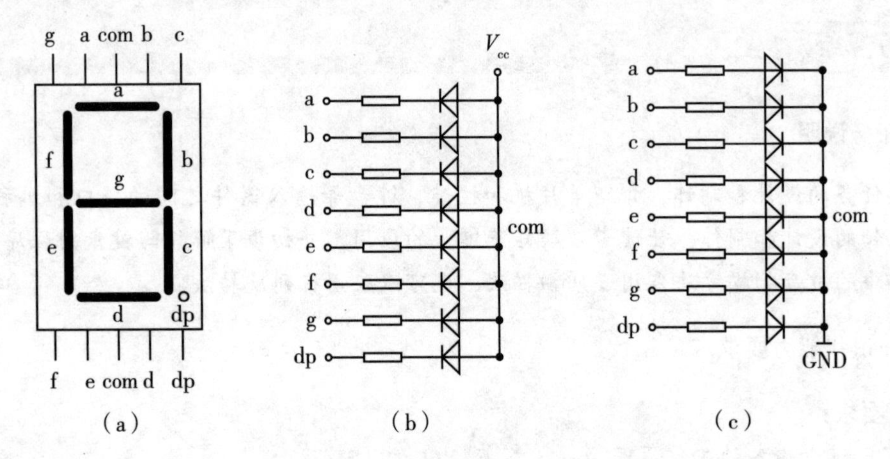

图 4－1　七段数码管外部引脚和内部结构

(a) 外部引脚；(b) 共阳极；(c) 共阴极

要使数码管显示数字或字符，直接将相应的数字或字符送至数码管的段控制端是不行的，必须使段控制端输出相应的字形编码。将单片机 P1 口的 P1.0，P1.1，…，P1.7 八个引脚依次与数码管的 a，b，…，g，dp 八个段控制引脚相连接。如果使用的是共阳极数码管，com 端接 V_{cc}（+5 V）。若要在共阳极数码管上显示数字“0”，则需要将数码管的 a，b，c，d，e，f 六个段点亮，其他段熄灭，需要向 P1 口传送数据 11000000B（0xC0），该数据就是与字符 0 相对应的共阳极字形编码。如果使用的是共阴极数码管，com 端接地，要用共阴极数码管显示数字“0”，就要把数码管的 a，b，c，d，e，f 六个段点亮，其他段熄灭，因此，要向 P1 口传送数据 00111111B（0x3F），这就是字符 0 的共阴极字形码。表 4－1 为共阳极数码管和共阴极数码管的字形码。

表 4－1　共阳极数码管和共阴极数码管的字形码

显示字符	共阳极数码管									共阴极数码管								
	dp	g	f	e	d	c	b	a	字形码	dp	g	f	e	d	c	b	a	字形码
0	1	1	0	0	0	0	0	0	0xC0	0	0	1	1	1	1	1	1	0x3F
1	1	1	1	1	1	0	0	1	0xF9	0	0	0	0	0	1	1	0	0x06
2	1	0	1	0	0	1	0	0	0xA4	0	1	0	1	1	0	1	1	0x5B
3	1	0	1	1	0	0	0	0	0xB0	0	1	0	0	1	1	1	1	0x4F
4	1	0	0	1	1	0	0	1	0x99	0	1	1	0	0	1	1	0	0x66
5	1	0	0	1	0	0	1	0	0x92	0	1	1	0	1	1	0	1	0x6D
6	1	0	0	0	0	0	1	0	0x82	0	1	1	1	1	1	0	1	0x7D
7	1	1	1	1	1	0	0	0	0xF8	0	0	0	0	0	1	1	1	0x07
8	1	0	0	0	0	0	0	0	0x80	0	1	1	1	1	1	1	1	0x7F
9	1	0	0	1	0	0	0	0	0x90	0	1	1	0	1	1	1	1	0x6F
A	1	0	0	0	1	0	0	0	0x88	0	1	1	1	0	1	1	1	0x77
B	1	0	0	0	0	0	1	1	0x83	0	1	1	1	1	1	0	0	0x7C
C	1	1	0	0	0	1	1	0	0xC6	0	0	1	1	1	0	0	1	0x39
D	1	0	1	0	0	0	0	1	0xA1	0	1	0	1	1	1	1	0	0x5E
E	1	0	0	0	0	1	1	0	0x86	0	1	1	1	1	0	0	1	0x79
F	1	0	0	0	1	1	1	0	0x8E	0	1	1	1	0	0	0	1	0x71
H	1	0	0	0	1	0	0	1	0x89	0	1	1	1	0	1	1	0	0x76
L	1	1	0	0	0	1	1	1	0xC7	0	0	1	1	1	0	0	0	0x38
P	1	0	0	0	1	1	0	0	0x8C	0	1	1	1	0	0	1	1	0x73
R	1	1	0	0	1	1	1	0	0xCE	0	0	1	1	0	0	0	1	0x31
U	1	1	0	0	0	0	0	1	0xC1	0	0	1	1	1	1	1	0	0x3E
Y	1	0	0	1	0	0	0	1	0x91	0	1	1	0	1	1	1	0	0x6E
-	1	0	1	1	1	1	1	1	0xBF	0	1	0	0	0	0	0	0	0x40
.	0	1	1	1	1	1	1	1	0x7F	1	0	0	0	0	0	0	0	0x80
熄灭	1	1	1	1	1	1	1	1	0xFF	0	0	0	0	0	0	0	0	0x00

2. 数码管的显示方式

（1）LED 数码管静态显示。

静态显示是指使用数码管显示字符时，数码管的公共端恒定接地（共阴极）或 +5 V 电源（共阳极）。将每个数码管的 8 个段控制引脚分别与单片机的一个 8 位 I/O 端口相连接。只要 I/O 端口显示字形码输出，数码管就显示给定字符，并保持不变，直到 I/O 端口输出新的段码。

采用静态显示方式，较小的电流即可获得较高的亮度，且占用 CPU 时间少，编程简单，便于监测和控制，但占用单片机的 I/O 端口线多，n 位数码管的静态显示需占用 $8\times n$ 个 I/O 端口，其限制了单片机连接数码管的个数。同时，硬件电路复杂，且成本高，因此，数码管静态显示方式适合显示位数较少的场合。

(2) LED 数码管动态显示。

在单片机应用系统设计中，往往需要采用各种显示器件来显示控制信息和处理结果。当采用数码管显示且位数较多时，一般采用数码管动态显示控制方式。

动态显示是一种按位轮流点亮各位数码管，高速交替进行显示，利用人的视觉暂留作用，使人感觉看到多个数码管同时显示的控制方式。采用动态显示时，某一时段只让其中一位数码管的“位选端”有效，并送出相应的字形显示编码。此时，其他位的数码管因“位选端”无效而处于熄灭状态，下一时段按顺序选通另外一位数码管，并送出相应的字形显示编码，按此规律循环下去，即可使各位数码管分别间断地显示相应的字符。数码管动态显示电路通常是将所有数码管的 8 个显示段分别并联起来，仅用一个并行 I/O 端口控制，称为“段选端”。各位数码管的公共端称为“位选端”，由另一个 I/O 端口控制。

与静态显示方式相比，当显示位数较多时，动态显示方式可节省 I/O 端口资源，硬件电路简单，但其显示的亮度低于采用静态显示方式。由于 CPU 要不断地依次运行扫描显示程序，将占用 CPU 更多的时间。在实际应用中，由于动态显示方式需要不断地扫描数码管才能得到稳定的显示效果，因此在程序中不能有较长时间的停止数码管扫描的语句，否则会影响显示效果，甚至无法显示。若显示位数较少，则采用静态显示方式更加简便。

二、键盘

1. 独立式按键

独立式按键是直接用 I/O 端口线构成的单个按键，其特点是每个按键单独占用一根 I/O 端口线，每个按键的工作不会影响其他 I/O 端口线的状态。独立式按键电路配置灵活，软件结构简单，但每个按键必须占用一根 I/O 端口线，因此，在按键较多时，I/O 端口线浪费较大，不宜采用。独立式按键的软件常采用查询式结构，先逐位查询每根 I/O 端口线的输入状态，如某根 I/O 端口线输入为低电平，则可确认该 I/O 端口线所对应的按键已被按下，然后再转向该键的功能处理程序即可。

2. 矩阵式键盘

在单片机应用系统中，当使用按键较多时，通常采用矩阵式（也称为行列式）键盘。矩阵式键盘由行线和列线组成，按键位于行线和列线的交叉点上，其结构如图 4－2 所示。

由图 4－2 可知，4×4 的行、列结构可以构成含有 16 个按键的键盘。显然，在按键数量较多时，矩阵式键盘较之独立式键盘要节省很多I/O端口线。在矩阵式键盘中，行线、列线分别连接到按键开关的两端。识别矩阵式键盘常用扫描法，当按键被按下时，与此键相连的行线与列线导通，其影响该键所在行线和列线的电平。

识别矩阵式键盘按键可采用逐列扫描法或行列反转法。逐列扫描法详见项目七的源程序及其说明。

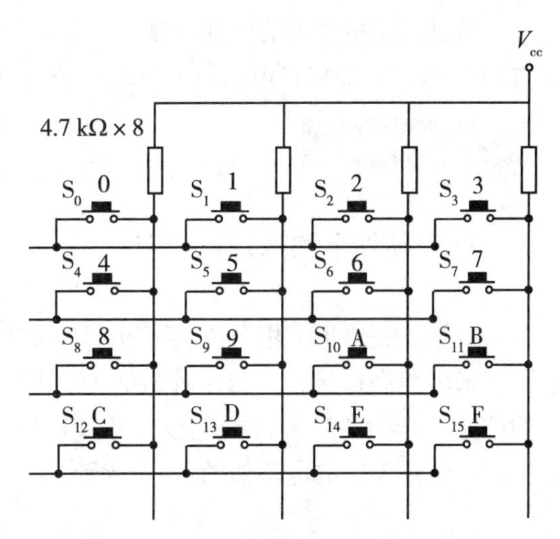

图4-2　矩阵式键盘结构图

3. 按键去抖

通常按键所用的开关为机械弹性开关。由于机械触点的弹性作用，按键在闭合及断开的瞬间均伴随有一连串的抖动。按键抖动会引起一次按键被误读多次。为了确保CPU对按键的一次闭合仅作一次处理，必须去除抖动。按键的机械抖动可采用硬件电路来消除，也可以采用软件方法进行去抖。软件去抖的编程思路为：在检测到有按键被按下时，先执行10 ms左右的延时程序，然后再重新检测该按键是否仍然被按下，以确认该按键按下不是因抖动而引起的。同理，在检测到该按键被释放时，也采用先延时再判断的方法消除抖动的影响。

任务实施

项目七　八路抢答器设计

任务要求

通过对具有8个按键输入和1个数码管显示的抢答器的设计与制作，让读者理解C语言中数组的基本概念和应用技术，初步了解单片机与LED数码管的接口电路设计和编程控制方法。

任务分析

系统要求用8个独立式按键作为抢答输入按键，序号分别为1~8，当某位参赛者首先按下抢答按钮时，在数码管上显示抢答成功的参赛者的序号，此时抢答器不再接受其他输入信号，直到按下系统复位按钮，系统再次接受下一轮的抢答输入。

通过八路抢答器的设计和制作，让读者理解 C 语言中数组的应用，并初步了解单片机与 LED 数码管的接口电路设计及编程控制方法。

一、硬件电路原理图设计

根据任务要求，用一位共阳极 LED 数码管作为显示器件，显示抢答器的状态信息，数码管采用静态连接方式与单片机的 P0 口连接；8 个按键连接到 P1 口，将与 P1.0 引脚连接的按键 S_1 作为"1"号抢答输入，与 P1.1 引脚连接的按键 S_2 作为"2"号抢答输入，以此类推。八路抢答器的电路如图 4－3 所示。

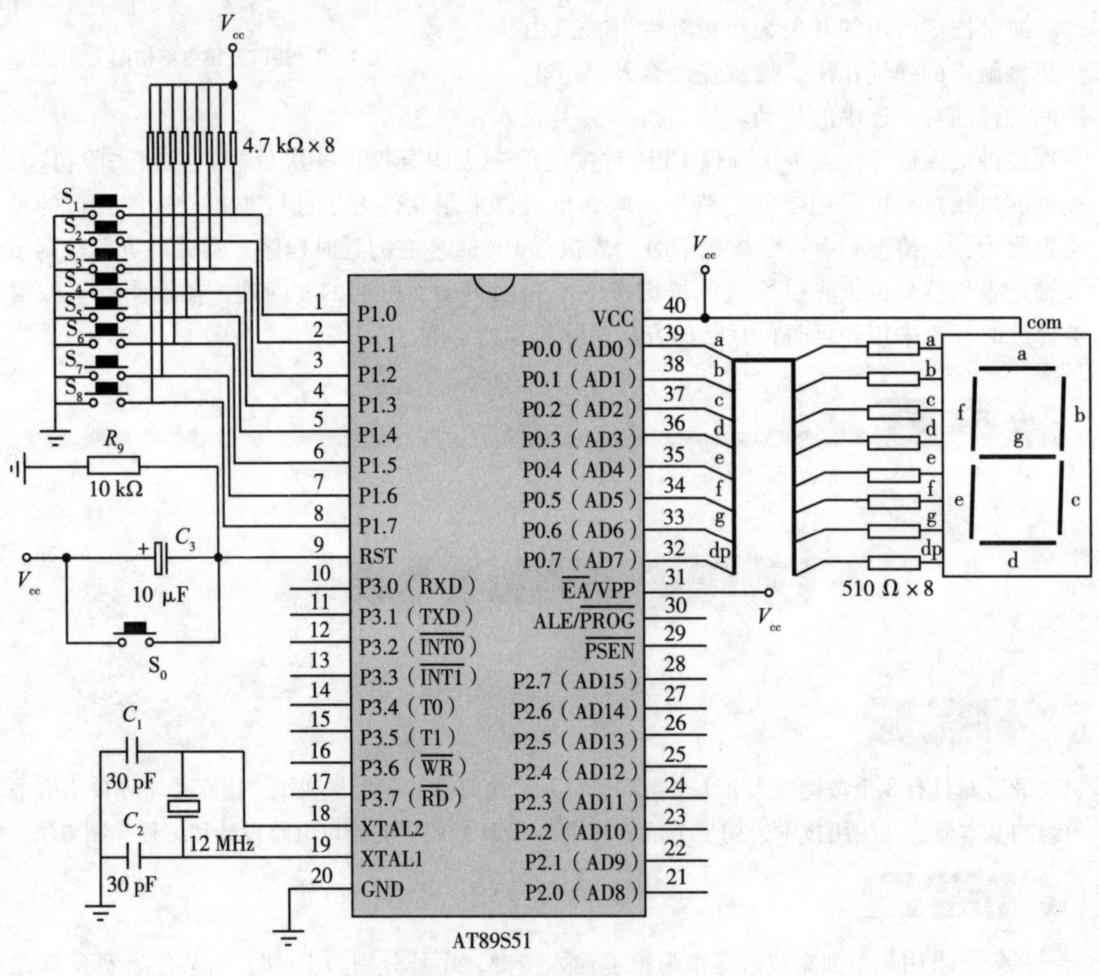

图 4－3　八路抢答器的电路

二、软件设计

程序设计思路：系统上电时，数码管显示“ - ”，表示开始抢答，当记录到最先按下的按键序号后，数码管将显示该参赛者的序号，同时无法再接受其他按键的输入；当系统按下复位按钮 S_0时，数码管显示“ - ”，表示可以接受新一轮的抢答。源程序如下：

```
//ex4_1.c
//功能：八路抢答器控制程序
#include <reg51.h> //包含头文件 reg51.h，定义了 AT89S51 单片机的专用寄存器
void delay1ms(unsigned int i);  //延时函数声明
#define TIME 100
void main()               //主函数
{
  unsigned char button;//保存按键信息
  unsigned char codedisp[] = {0xf9,0xa4,0xb0,0x99,0x92,0x82,0xf8,0x80,0xbf};
                          //定义数组 disp，依次存储包括 0 ~7 和"-"的共阳极数码管显示码表
  P1 =0xff;               //读引脚状态，需先置 1
  P0 =disp[8];            //显示"-"
  while(1)
  {
     button =P1;          //第一次读按键状态
     delay1ms(10);        //延时去抖
     button =P1;          //第二次读按键状态
     switch(button)       //根据按键的值进行多分支跳转
     {
        case 0xfe: P0 =disp[0];delay1ms(TIME);while(1);break;
                          //0 按下，显示 0，待机
        case 0xfd: P0 =disp[1];delay1ms(TIME);while(1);break;
                          //1 按下，显示 1，待机
        case 0xfb: P0 =disp[2];delay1ms(TIME);while(1);break;
                          //2 按下，显示 2，待机
        case 0xf7: P0 =disp[3];delay1ms(TIME);while(1);break;
                          //3 按下，显示 3，待机
        case 0xef: P0 =disp[4];delay1ms(TIME);while(1);break;
                          //4 按下，显示 4，待机
        case 0xdf: P0 =disp[5];delay1ms(TIME);while(1);break;
                          //5 按下，显示 5，待机
```

```
        case 0xbf: P0 =disp[6];delay1ms(TIME);while(1);break;
                       //6 按下，显示 6，待机
        case 0x7f: P0 =disp[7];delay1ms(TIME);while(1);break;
                       //7 按下，显示 7，待机
        default: break;
      }
    }
}
//delay1ms
//函数功能：实现软件延时
void delay1ms(unsigned int i)
{
  unsigned char j;
  while(i --)
  {
      for (j =0;j <114;j ++);
  }
}
```

项目八 密码锁设计

任务要求

通过对具有 16 个按键和 1 个数码管显示的密码锁设计，让读者掌握矩阵键盘的接口电路设计和控制程序设计方法。

任务分析

任务要求完成一位简易密码锁设计：输入一位密码（为 0 ~ 9，A ~ F 之间的字符），密码输入正确显示“P”并发出声音表示锁打开；否则显示“E”。

实训模块

一、硬件电路原理图设计

根据任务要求，用一位共阳极 LED 数码管作为显示器件，显示密码锁的状态信息，数码管采用静态连接方式，16 个按键采用 4 ×4 矩阵式键盘连接方式，一位密码锁的电路如

图 4 -4所示。

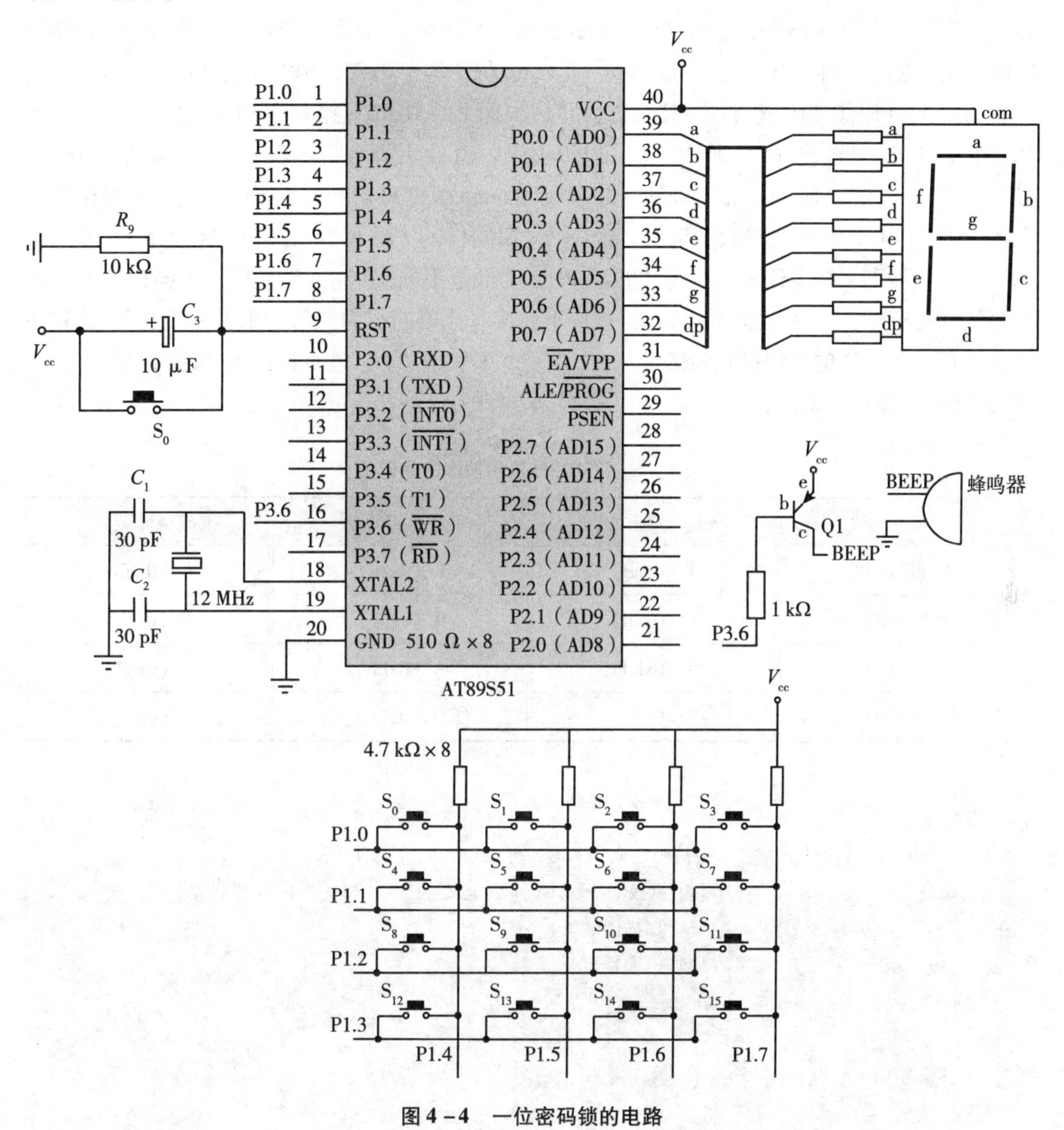

图 4 -4　一位密码锁的电路

二、软件设计

密码锁的基本功能如下：16 个按键分别代表数字 0 ~ 9 和英文字符 A ~ F。密码在程序中事先设定为“8”，系统上电时，数码管显示“ - ”，表示等待输入密码，密码输入正确时显示字符“P”约 1 s，并通过蜂鸣器发声表示锁打开，否则显示字符“E”约 1 s。

逐列扫描法按键识别的过程如下：先让行输出全部为“0”，列输出全部为“1”，以 P1 为例，则语句为“P1 = 0xF0;”，用变量 temp 保存 P1 口值，假设 S_0 被按下，则 temp 不等于 0xF0，接着延时去抖，再去读 P1 口的值，若 temp 仍不等于 0xF0，则有按键被按下；接着让第一行为“0”（P1.0 为低电平），其他行为“1”，即 P1 = 0xFE；接着读 P1 的值，即“temp = P1;”，若“0”号键被按下，则 P1.4 和 P1.0 接通，P1.4 引脚为低电平，此时 temp 值为 0xee；若按下“1”号键，则 temp 值为 0xde，通过判断 temp 值即可判断按下了哪个键。接着让第二行为“0”（P1.1 为低电平），其他行为“1”，用同样的方法可判断按键“4”“5”“6”或“7”是否被按下；接着让第三行为“0”（P1.2 为低电平），其他行为“1”，用同样的方法可判断按键“8”“9”“A”或“B”是否被按下；接着让第四行为“0”(P1.3 为低电平)，其他行为“1”，用同样的方法可判断按键“C”“D”“E”或“F”是否被按下。逐列扫描法各按键的编码值如表 4 - 2 所示。

表 4 - 2　逐列扫描法各按键的编码值

按键（编码值）	按键（编码值）	按键（编码值）	按键（编码值）
0（0xee）	4（0xed）	8（0xeb）	C（0xe7）
1（0xde）	5（0xdd）	9（0xdb）	D（0xd7）
2（0xbe）	6（0xbd）	A（0xbb）	E（0xb7）
3（0x7e）	7（0x7d）	B（0x7b）	F（0x77）

```
//程序：ex4_2.c
//功能：一位数码管显示的密码锁，假定密码为 8，可以输入的数字有 0 ~ 9 ，A ~ F
#include <reg51.h>        //包含头文件 reg51.h，定义 51 单片机的专用寄存器
char scan_key (void);     //键盘扫描函数
sbit FMQ = P3^6;          //蜂鸣代表锁打开
void delay1ms(unsigned int i)
{
   unsigned char j;
   while(i --)
   {
      for (j =0;j <114;j ++);
   }
}
void delay500us()
{
   unsigned char j;
```

```
  for (j =0;j <57;j ++);
}

void main()             //主函数
{
  unsigned char led[] ={0xc0,0xf9,0xa4,0xb0,0x99,0x92,0x82,0xf8,0x80,0x90,
    0x88,0x83, 0xc6,0xa1,0x86,0x8e};     //0 ~9、A ~F 的共阳极显示码
  unsigned char led1[] ={0xbf,0x8c,0x86};     //""、"P"和"E"的共阳极显示码
  unsigned char  i,k,t1 =0;

  P2 =0xfe;                       //位选码送位选端 P2 口
  P0 =led1[0];                    //数码管显示"-"
  P1 =0xff;                       //P0 口低四位作输入口，先输出全1
  while(1)
  {
    P2 =0xfe;                     //位选码送位选端 P2 口
    i =scan_key();                //调用键盘函数
    if(i == -1)continue;          //没有键被按下，继续循环
    else  if(i! =8)
    {                             //按键不是密码8
      P0 =led[i];                 //显示按下键的数字号
      delay1ms(1000);             //延时
      P0 =led1[2];                //显示 E
      delay1ms(1000);             //延时
      P0 =led1[0];                //显示"-"
      }
    else                          //按键是密码8
    {
      P0 =led [i];                //显示按下键的数字号
      delay1ms (1000);            //延时
      P0 =led1 [1];               //显示 P

     for (k =0; k <1; k ++)       //蜂鸣器发声
      {
      for (t1 =0; t1 <255; t1 ++)
       {
         FMQ =0;
```

```
            delay500us();
            FMQ =1;
            delay500us();
        }
        delay1ms(1000);
    }

    delay1ms(500);          //延时
    P0 = led1[0];           //数码管显示"-"
    FMQ =1;
    }
  }
}
//函数名: scan_key
//函数功能: 判断是否有键被按下, 如果有键被按下, 逐列扫描法得到键值
//形式参数: 无
//返回值: 键值0~15, -1表示无键被按下
char scan_key ( )
{
  unsigned char temp,result = -1;
  P1 =0xf0;
  temp = P1;
  if(temp! =0xf0)
  {
   delay1ms(5);            //延时去抖
   if(temp! =0xf0)
   {
    P1 =0xfe;
    temp = P1;
    switch(temp)
    {
      case(0xee):result =0;break;
      case(0xde):result =1;break;
      case(0xbe):result =2;break;
      case(0x7e):result =3;break;
    }

   P1 =0xfd;
```

```
    temp = P1;
    switch(temp)
    {
        case(0xed):result =4;break;
        case(0xdd):result =5;break;
        case(0xbd):result =6;break;
        case(0x7d):result =7;break;
    }

    P1 =0xfb;
    temp = P1;
    switch(temp)
    {
        case(0xeb):result =8;break;
        case(0xdb):result =9;break;
        case(0xbb):result =10;break;
        case(0x7b):result =11;break;
    }

    P1 =0xf7;
    temp = P1;
    switch(temp)
    {
        case(0xe7):result =12;break;
        case(0xd7):result =13;break;
        case(0xb7):result =14;break;
        case(0x77):result =15;;break;
    }
   }
  }
  return result;
}
```

小　结

本学习任务介绍了七段数码管、键盘等相关知识。在单片机系统中，经常采用七段数码管来显示单片机系统的工作状态、运算结果等信息。七段数码管也称为 LED 数码管，是单片机人机对话的一种重要输出设备。键盘是单片机系统中重要的输入设备。在单片机应用系统中，若使用的按键较多，通常采用矩阵式键盘，矩阵式键盘较独立式按键要节省很多I/O端口，但是程序设计相对复杂一些。

本学习任务主要有“八路抢答器设计”和“密码锁设计”两个项目。通过两个项目的学习，使读者初步掌握单片机与七段数码管和键盘的接口电路设计以及编程控制方法，加深对单片机并行I/O端口输出和输入控制功能的认识。

问题与思考

一、选择题

1. 某一应用系统需要扩展10个功能键，通常采用________方式更好。

A. 独立式按键　　B. 矩阵式键盘　　C. 动态键盘　　D. 静态键盘

2. 按键开关的结构通常是机械弹性元件，在按键按下和断开时，触点在闭合和断开瞬间会产生接触不稳定，为消除抖动不良后果常采用的方法有________。

A. 硬件去抖动　　B. 软件去抖动

C. 硬件、软件两种方法　　D. 单稳定电路去抖方法

二、填空题

1. 键盘抖动可以使用硬件和________两种方法消除。

2. 在检测到有键被按下时，可先执行 ________ ms 左右的延时程序，然后再重新检测该键是否仍然被按下，以确认该键被按下不是因抖动引起的。

三、简答题

1. 机械式按键组成的键盘应如何消除按键抖动?

2. 独立式按键和矩阵式键盘分别具有什么特点？各适用于什么场合?

学习任务五

显示接口技术应用

学习目标

■ 任务说明

通过任务的设计和制作，介绍单片机和点阵、LCD液晶显示模块等常见显示输出器件之间的接口和编程应用。

■ 知识和能力要求

知识要求：

- 熟悉单片机端口的控制方法。
- 理解几种常用结构的程序设计特点。
- 理解并行数据传送和串行数据的特点。
- 掌握液晶显示模块的基本使用方法。
- 掌握单片机子程序的编写及调试方法。

能力要求：

- 能够进行点阵、LCD电路的正确连接及调试。
- 能够进行显示电路的设计和数据传输程序的设计与调试。
- 能够把分解开的任务进行综合、整体分析并编译。
- 能够熟练使用相关软件将程序下载至单片机中。

任务准备

一、点阵LED

点阵LED显示屏作为一种现代电子媒体，具有灵活的显示面积（可分割、任意拼装）、高亮度、长寿命、数字化、实时性等特点，广泛应用于仪器仪表、电磁炉、电压力锅、微波炉、功放音响、空调、风扇、热水器、加湿器、消毒柜等电器。学习了 LED 灯和 LED 数码管后，再学习点阵 LED 就要轻松得多了。一个数码管由 8 个 LED 组成，同理，一个 8 ×8 点阵由 64 个 LED 小灯组成。如图 5 -1 所示为一个 LED 点阵最小单元，一个 8 ×8 点阵 LED。

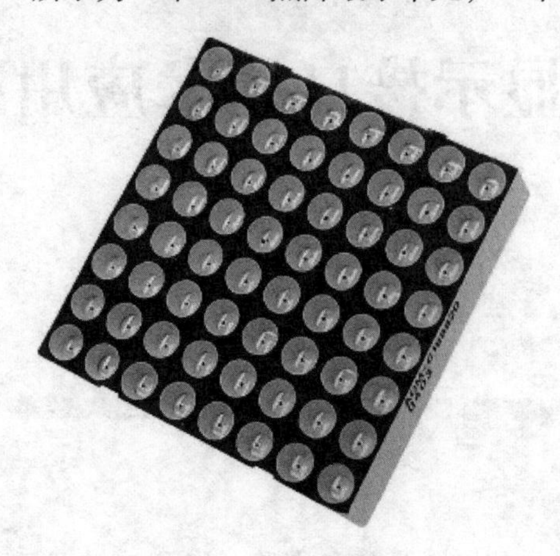

图 5 -1　8 ×8 点阵 LED

8 ×8 点阵 LED 内部原理图如图 5 -2 所示，点阵 LED 点亮原理比较简单。图 5 -2 中方框左侧的 8 个引脚接的是内部 LED 的阳极，上侧的 8 个引脚接的是内部 LED 的阴极。若第 9 引脚如果是高电平、第 13 引脚是低电平，则左上角的 LED 灯就会亮。

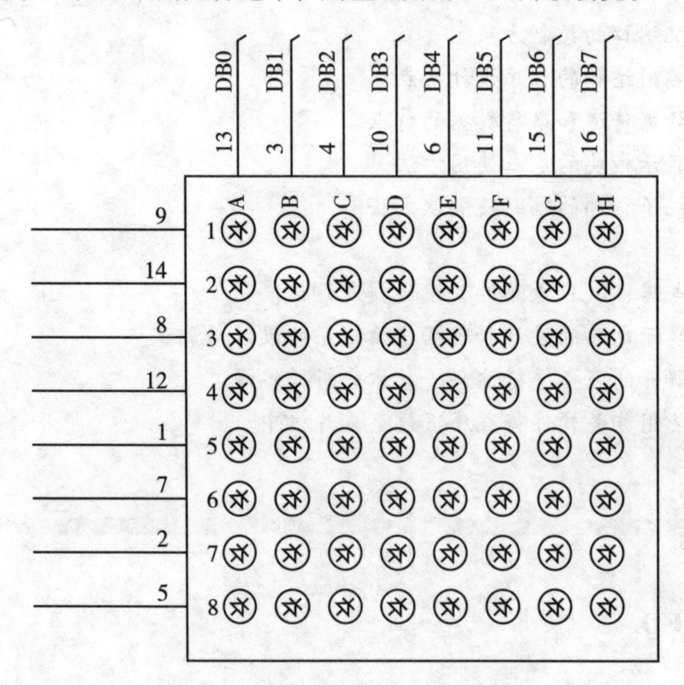

图 5 -2　8 ×8 点阵 LED 内部原理图

如图 5 - 3 所示，假设显示数字“0”，形成的列代码为 00H，00H，3EH，41H，3EH，00H，00H；只要把这些代码分别送到相应的列线上面，即可实现“0”的数字显示。

图 5 - 3　8 × 8 点阵 LED 显示字符“0”

二、字符型液晶显示模块

字符型液晶显示模块是一种专门用于显示数字、字母、图形符号以及少量自定义符号的点阵式 LCD。这类显示器把 LCD 控制器、点阵驱动器、字符存储器等做在一块板上，再与液晶屏一起组成一个显示模块。目前字符型 LCD 常用的有 16 字 × 1 行、16 字 × 2 行、20 字 × 2 行、20 字 × 4 行等液晶模块，通常使用 XXX1602、XXX1604、XXX2002、XXX2004 等型号，其中 XXX 为厂家商标名称，如 1602 中的“16”代表液晶每行可以显示 16 个字符，“02”代表共有 2 行，也就是说这个液晶一共可以显示 32 个字符。一般 1602 字符型液晶显示器如图 5 - 4 所示。

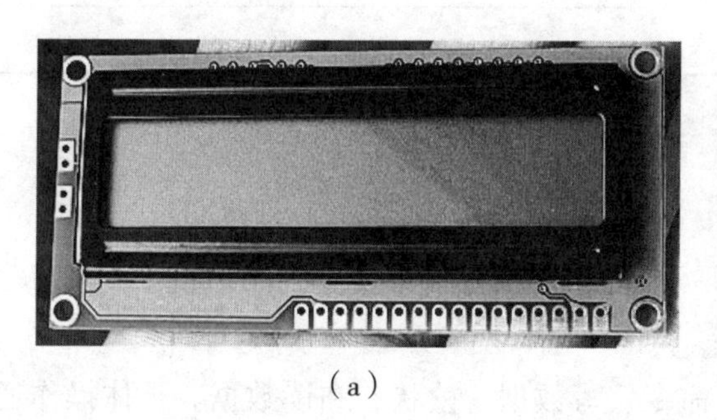

(a)

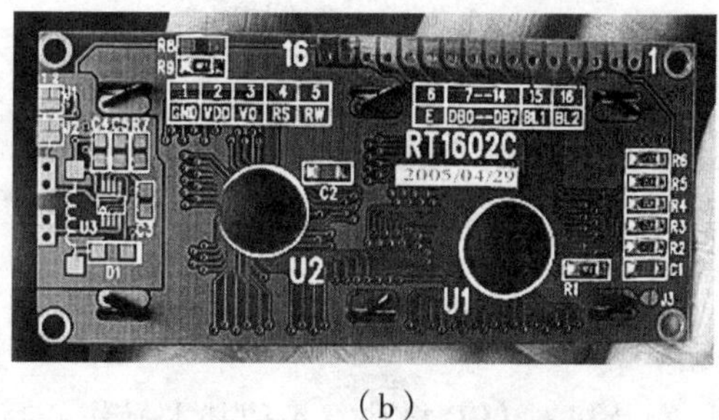

(b)

图 5 - 4　一般 1602 字符型液晶显示器

(a) 正面；(b) 背面

LCD1602 模块分为带背光和不带背光两种。其控制器大部分为 HD44780，其中不带背光的为 14 引脚接口，带背光的为 16 引脚接口。带背光的 LCD1602 外部引脚如图 5 - 5 所示。

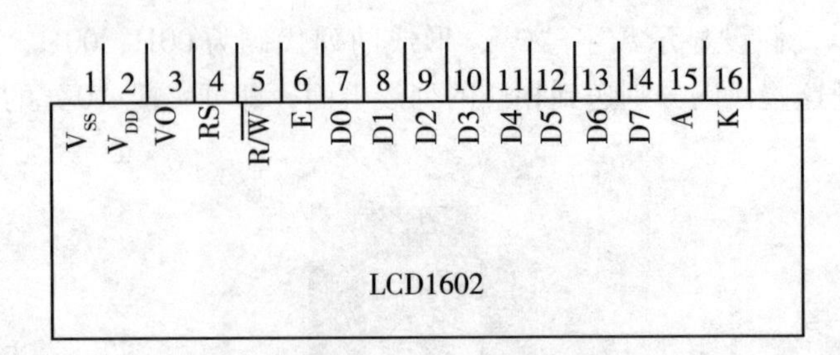

图 5－5　带背光的 LCD1602 外部引脚

LCD1602 液晶显示模块各引脚的功能含义如表 5－1 所示。

表 5－1　LCD1602 液晶显示模块各引脚的功能含义

引脚号	引脚名称	引脚的功能含义
1	V_{SS}	接地（GND）
2	V_{DD}	+5 V 电源引脚
3	VO	对比度调整端，LCD 驱动电压范围为 0～5 V。当 VO 接地时，对比度最强
4	RS	数据和指令选择控制端，RS＝0：命令/状态；RS＝1：数据
5	$R/\overline{W}$	读、写控制端，为 1 时，读操作；为 0 时，写操作
6	E	数据读、写操作控制位，E 线向 LCD 模块发送一个脉冲，LCD 模块与单片机之间将进行一次数据交换
7～14	D0 ～ D7	数据线
15	A	背光控制正电源
16	K	背光控制地

三、字符型 LCD 液晶显示器的应用

1. 字符型 LCD1602 的基本操作

单片机对 LCD 模块有 4 种基本操作：写命令、写数据、读状态和读数据。具体操作通过 LCD1602 模块三个控制引脚 RS 、$R/\overline{W}$ 和 E 的不同组合状态确定，如表 5－2 所示。

表 5－2　LCD1602 模块三个控制引脚的状态对应的基本操作

LCD 模块控制端			LCD 基本操作
RS	$R/\overline{W}$	E	
0	0	⎍	写命令操作：用于初始化、清屏、光标定位等
0	1	⎍	读状态操作：读忙状态，当忙标志为“1”时，表明 LCD 正在进行内部操作，此时不能进行其他三类操作；当忙标志为“0”时，表明 LCD 内部操作已经结束，可以进行其他三类操作，一般采用查询方式
1	0	⎍	写数据操作：写入要显示的内容
1	1	⎍	读数据操作：将显示存储区中的数据反读出来，一般比较少用

值得注意的是：在进行写命令、写数据和读数据三种操作前，必须先进行读状态操作，查询忙标志。当忙标志为“0”时，才能进行这三种操作。

2. LCD1602 主要指令及说明

LCD1602 液晶模块内部的主要控制指令如表 5－3 所示。

表 5－3　LCD1602 液晶模块内部的主要控制指令

序号	指令	控制信号		命令字							
		RS	$R/\overline{W}$	DB7	DB6	DB5	DB4	DB3	DB2	DB1	DB0
1	清显示	0	0	0	0	0	0	0	0	0	1
2	光标返回	0	0	0	0	0	0	0	0	1	×
3	光标和显示模式设置	0	0	0	0	0	0	0	1	I/D	S
4	显示开/关控制	0	0	0	0	0	0	1	D	C	B
5	光标或显示移位	0	0	0	0	0	1	S/C	R/L	×	×
6	功能设置命令	0	0	0	0	1	DL	N	F	×	×
7	CGRAM 地址设置	0	0	0	1	A5	A4	A3	A2	A1	A0
8	DDRAM 地址设置	0	0	1	A6	A5	A4	A3	A2	A1	A0
9	读忙信号和光标地址	0	1	BF	AC	AC	AC	AC	AC	AC	AC

LCD1602 控制指令的具体含义如下：

指令 1：清显示。指令码 01H，光标复位到地址 00H 位置。

指令 2：光标返回。光标返回到地址 00H。

指令 3：光标和显示模式设置。I/D 为光标移动方向，高电平右移，低电平左移；S 为屏幕上所有文字是否左移或右移，高电平表示有效，低电平表示无效。

指令4：显示开/关控制。D为控制整体显示的开与关，高电平表示开显示，低电平表示关显示；C为控制光标的开与关，高电平表示有光标，低电平表示无光标；B为控制光标闪烁，高电平闪烁，低电平不闪烁。

指令5：光标或显示移位。S/C为高电平时移动显示的文字，低电平时移动光标。

指令6：功能设置命令。DL为高电平时，为8位总线，为低电平时，为4位总线；N为低电平时，则为单行显示，为高电平时，则为双行显示；F为低电平时显示5×7的点阵字符，为高电平时则显示5×10的点阵字符。

指令7：字符发生器随机存储器（CGRAM）地址设置。

指令8：显示数据随机存储器（DDRAM）地址设置。

指令9：读忙信号和光标地址。BF为忙标志位，高电平则表示忙，此时模块不能接收命令或者数据；低电平则表示不忙。

3. LCD1602读写操作时序

LCD1602读写操作时序如图5－6所示。

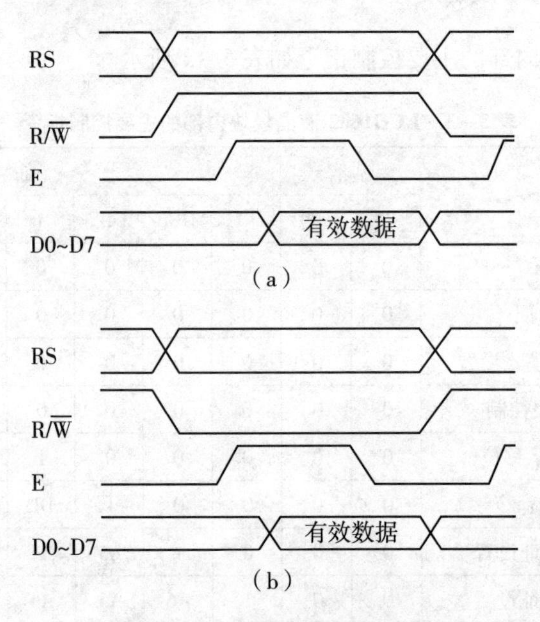

图5－6　LCD1602读写操作时序

（a）LCD读操作时序；（b）LCD写操作时序

对LCD的读写操作必须符合LCD的读写操作时序，在读操作时，使能信号E的高电平有效，所以在软件设置顺序上，先设置RS和R/$\overline{W}$状态，再设置E信号为高电平，这时从数据口读取数据，然后将E信号置为低电平，最后复位RS和R/$\overline{W}$状态；在写操作时，使能信号E的下降沿有效，在软件设置顺序上，先设置RS和R/$\overline{W}$状态，再设置数据，然后产生E信号的脉冲，最后复位RS和R/$\overline{W}$状态。

4. LCD1602 的 RAM 地址映射及标准字库

液晶显示模块是一个慢显示器件，所以在执行每一条指令之前一定要确认模块的忙标志是否为低电平，若为低电平，则表示不忙。若要显示字符，则需先输入显示字符地址，也就是告诉模块在哪里显示字符。表 5－4 给出了 LCD1602 的内部显示地址。

表 5－4　LCD1602 的内部显示地址

行＼列	1	2	3	4	5	6	7	8	9	10	11	12	13	14	15	16
1	00	01	02	03	04	05	06	07	08	09	0A	0B	0C	0D	0E	0F
2	40	41	42	43	44	45	46	47	48	49	4A	4B	4C	4D	4E	4F

按照表 5－4，第二行第一个字符的地址为 40H，那么是否直接写入 40H 就可以将光标定位在第二行第一个字符的位置呢？这样不行。因为写入显示地址时要求最高位 D7 恒定为 1，所以实际写入的数据应该是 01000000B（40H）＋10000000B（80H）＝11000000B（C0H）。

LCD1602 液晶显示模块内部的字符发生存储器（CGROM）已经存储了若干不同的点阵字符图形，如表 5－5 所示。这些字符有阿拉伯数字、英文字母的大小写和常用符号等，每个字符都有一个固定的代码，比如大写英文字母“A”的代码是 01000001B（41H），显示时模块把地址 41H 中的点阵字符图形显示出来，就能看到字母“A”。

表 5－5　LCD1602 字符码与字符字模对照表

低4位＼高4位	0000	0001	0010	0011	0100	0101	0110	0111	1000	1001	1010	1011	1100	1101	1110	1111
xxxx0000	CGRAM (1)			0	@	P	`	p				ー	タ	ミ	α	p
xxxx0001	(2)		!	1	A	Q	a	q			。	ア	チ	ム	ä	q
xxxx0010	(3)		"	2	B	R	b	r			「	イ	ツ	メ	β	θ
xxxx0011	(4)		#	3	C	S	c	s			」	ウ	テ	モ	ε	∞
xxxx0100	(5)		$	4	D	T	d	t			、	エ	ト	ヤ	μ	Ω
xxxx0101	(6)		%	5	E	U	e	u			・	オ	ナ	ユ	σ	ü

续表

高4位 低4位	0000	0001	0010	0011	0100	0101	0110	0111	1000	1001	1010	1011	1100	1101	1110	1111
xxxx0110	(7)		&	6	F	V	f	v			ヲ	カ	ニ	ヨ	ρ	Σ
xxxx0111	(8)		'	7	G	W	g	w			ァ	キ	ヌ	ラ	q	π
xxxx1000	(1)		(	8	H	X	h	x			ィ	ク	ネ	リ	√	x̄
xxxx1001	(2)		)	9	I	Y	i	y			ゥ	ケ	ノ	ル	⁻¹	y
xxxx1010	(3)		*	:	J	Z	j	z			ェ	コ	ハ	レ	j	千
xxxx1011	(4)		+	;	K	[	k	{			ォ	サ	ヒ	ロ	×	万
xxxx1100	(5)		,	<	L	¥	l	|			ャ	シ	フ	ワ	¢	円
xxxx1101	(6)		-	=	M	]	m	}			ュ	ス	ヘ	ン	£	÷
xxxx1110	(7)		.	>	N	^	n	→			ョ	セ	ホ	゛	ñ	
xxxx1111	(8)		/	?	O	_	o	←			ッ	ソ	マ	゜	ö	█

任务实施

项目九 LED数码管字符显示控制

任务要求

利用单片机控制8个共阳极数码管，采用动态显示方式稳定显示小李的生日1996年12月10日，显示效果为“19961210”，让读者理解LED数码管动态显示程序的设计方法。

本任务采用单片机并行 I/O 端口 P0 口、P2 口控制 8 个共阳极数码管显示，进一步训练应用单片机并行 I/O 端口开发程序的能力，熟练掌握数码管动态显示接口技术。

一、硬件电路原理图设计

由于静态显示方式占用较多 I/O 端口，这将大大增加硬件电路的复杂性及成本，因此本任务采用动态显示方式控制 8 个共阳极数码管，电路如图 5－7 所示。将各位共阳极数码管相应的段选控制端并联在一起，仅用一个 P0 口控制，用 P2 口控制各数码管的“位选端”。

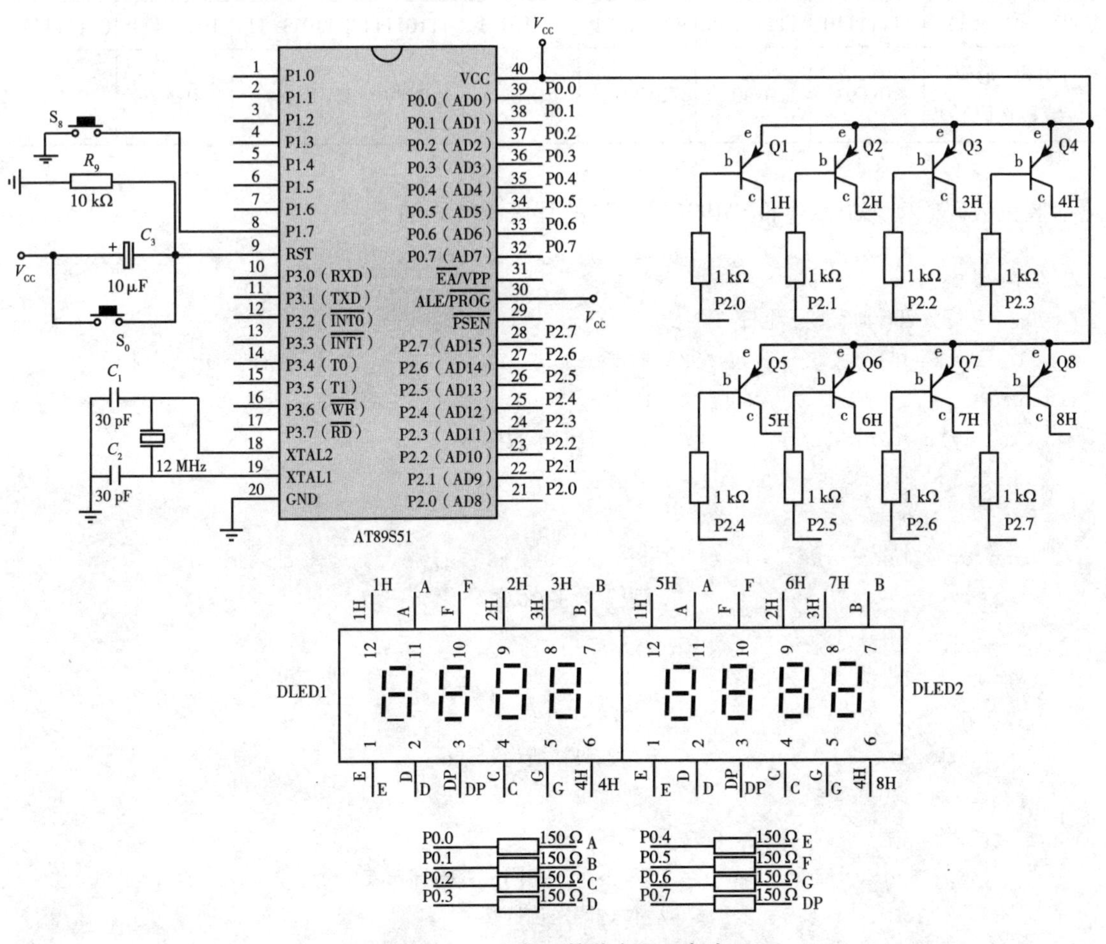

图 5－7　8 位数码管动态显示电路

二、软件设计

动态显示方式就是按位顺序轮流点亮各位数码管，即在某一时段，只让其中一位数码管的“位选端”有效，并送出相应的字符显示编码。例如，首先让左边第一个数码管显示字符1，单片机的P2口送出位选码，即语句“P2 =0xFE;”，使P2.0引脚输出低电平，则最左侧数码管的位选端为高电平，点亮该数码管，同时单片机的P0口送出“1”的字形编码，即语句“P0 =0xF9;”，数码管显示字符1。然后，采用相同的方法编程，依次显示第2到第8个数码管。表5 -6列出了“19961210”8个显示字符在P2、P0口依次要输出的数据。

表5 -6 “19961210”8个显示字符在P2、P0口依次输出的数据

显示字符	1	9	9	6	1	2	1	0
P2（位选码）	11111110	11111101	11111011	11110111	11101111	11011111	10111111	01111111
P0（字形码或段选码）	0xF9	0x90	0x90	0x82	0xF9	0xA4	0xF9	0xC0

8位数码管动态显示生日“19961210”的程序源代码如下：

```
//程序：ex5_1.c
//功能：8位数码管动态显示生日"19961210"
#include <reg51.h>      //包含头文件reg51.h，定义了AT89S51单片机的专用寄存器
#include <intrins.h>    //包含头文件intrins.h，使用了内部函数_crol_()
void delay1ms(unsigned int i);      //延时函数声明
void main()                         //主函数
{
    unsigned char led[] ={0xf9,0x90,0x90,0x82,0xf9,0xa4,0xf9,0xc0};
                                    //设置数字901225字形码
    unsigned char i,w;
    while(1)
    {
        w =0xfe;                    //位选码初值为0xfe
        for(i =0;i <8;i ++)
        {
            //P0 =0xff;             //关显示，共阳极数码管0xff熄灭
            P2 =w;                  //位选码送位选端P2口
            w =_crol_(w,1);         //位选码左移一位，选中下一位LED
            P0 =led[i];             //显示字形码并送P0口
```

```
            delay1ms(1);          //延时约 1 ms
        }
    }
}
//delay1ms
//函数功能：实现软件延时
void delay1ms(unsigned int i)
{
   unsigned char j;
   while(i --)
   {
      for (j =0;j <114;j ++);
   }
}
```

举一反三

（1）采用 8 个数码管以多屏方式交替显示小李的生日“19961210”和学号“15233101”，实现分屏交替显示不同字符信息的参考程序如下：

```
//程序：ex5_2.c
//功能：八位数码管动态交替固定显示"19961210" 和"15233101"两屏内容
#include <reg51.h>    //包含头文件 reg51.h，定义 51 单片机的专用寄存器
#define COUNT 100
/*****************************************************/
//delay1ms
//函数功能：实现软件延时
void delay1ms(unsigned int i)
{
    unsigned char j;
    while(i --)
     {
       for (j =0;j <114;j + +);
     }
}
//函数名：display
//函数功能：实现八个数码管动态交替显示"19961210" 和"15233101"两屏内容
//形式参数：无
```

```
//返回值：无
void display()
{ unsigned char lednum[2][8] = { {0xf9,0x90,0x90,0x82,0xf9,0xa4,0xf9,0xc0},
                          {0xf9,0x92,0xa4,0xb0,0xb0,0xf9,0xc0,0xf9}};
                          //二维数组存储19961210、15233101的字形码
  unsigned  char com[] = {0xfe,0xfd,0xfb,0xf7,0xef,0xdf,0xbf,0x7f};
                          //一维数组存储位选码
  unsigned char i,j,num;

  for(num = 0;num < 2;num + +)          //显示两屏字符
      for(j = 0;j < COUNT;j + +)        //循环显示一屏字符COUNT次，达到稳定显示作用
        for(i = 0;i < 8;i + +)
          {
            P0 = 0xff;                  //关显示
            P2 = com[i];                //位选码送位控制口P2口
            P0 = lednum[num][i];        //显示字形码送P0口
            delay1ms(1);                //延时
          }
}
void main()                             //主函数
{
  while(1) display();
}
```

(2) 实用移动显示广告屏设计。采用单片机控制6个数码管以移动显示的方式显示“HELLO”字样，由右往左移动显示的过程如图5-8所示。

图5-8 “HELLO”字样由右往左移动显示的过程

本任务只要能依次显示出6屏不同的内容，即可达到移动显示的效果，参考程序如下：

```
//程序：ex5_3.c
//功能：6 位数码管动态移动显示"HELLO"
#include <reg51.h>      //包含头文件 reg51.h，定义 51 单片机的专用寄存器
#define COUNT 100
/***************************************************/
//delay1ms
//函数功能：实现软件延时
void delay1ms(unsigned int i)
{
  unsigned char j;
  while(i--)
  {
     for (j=0;j<114;j++);
  }
}

//函数名：display
//函数功能：实现 6 个数码管移动显示"HELLO"
//形式参数：无
//返回值：无
void display()
{unsigned charledmove[] =
   {0xff,0xff,0xff,0xff,0xff,0x89,0x86,0xc7,0xc7,0xc0,0xff};
                                    //存储移动字符 XXXXHELLOX 的字形码
 unsigned  char com[]={0xfe,0xfd,0xfb,0xf7,0xef,0xdf};//存储位选码
 unsigned char i,j,num;
 for(num=0;num<6;num++)                  //显示六屏字符
     for(j=0;j<COUNT;j++)                //循环显示一屏字符 100 次，达到稳定显示作用
         for(i=0;i<6;i++)
         {
               P0=0xff;                  //关显示
               P2=com[i];                //位选码送位控制口 P2 口
               P0=ledmove[num+i];        //显示字形码送 P1 口
               delay1ms(1);              //延时
         }
}
```

```
void main()   //主函数
{
   while(1)
      display();
}
```

项目十 简易点阵 LED 系统设计

任务要求

通过对点阵 LED 的程序设计，让读者掌握点阵 LED 与单片机的接口电路设计和控制程序设计方法。任务要求在点阵 LED 上循环显示 0 ~9。

任务分析

设计一个能显示数字 0 ~9 的 8 ×8 点阵 LED 简易应用系统，通过本项目的制作过程，让读者熟悉 8 ×8 点阵 LED 的显示原理及应用能力。

实训模块

一、硬件电路原理图设计

8 ×8 点阵 LED 连接电路如图 5 －9 所示。单片机的 P1. 4、P1. 5、P1. 6 与由两片 74HC595 移位寄存器芯片构成的列驱动电路相连，用来传送时钟信号和列显示数据。

二、软件设计

在 8 ×8 点阵 LED 上循环显示数字 0 ~9 的源代码如下：

```
//程序：ex5_4.c
//功能：在 8 能：在 4.c 点阵式上循环显示数字 0 ~9
#include  "reg51.h"//包含头文件 reg51.h，定义了 AT89S51 单片机的专用寄存器
#include  "intrins.h"
#include  "74HC595.H"
```

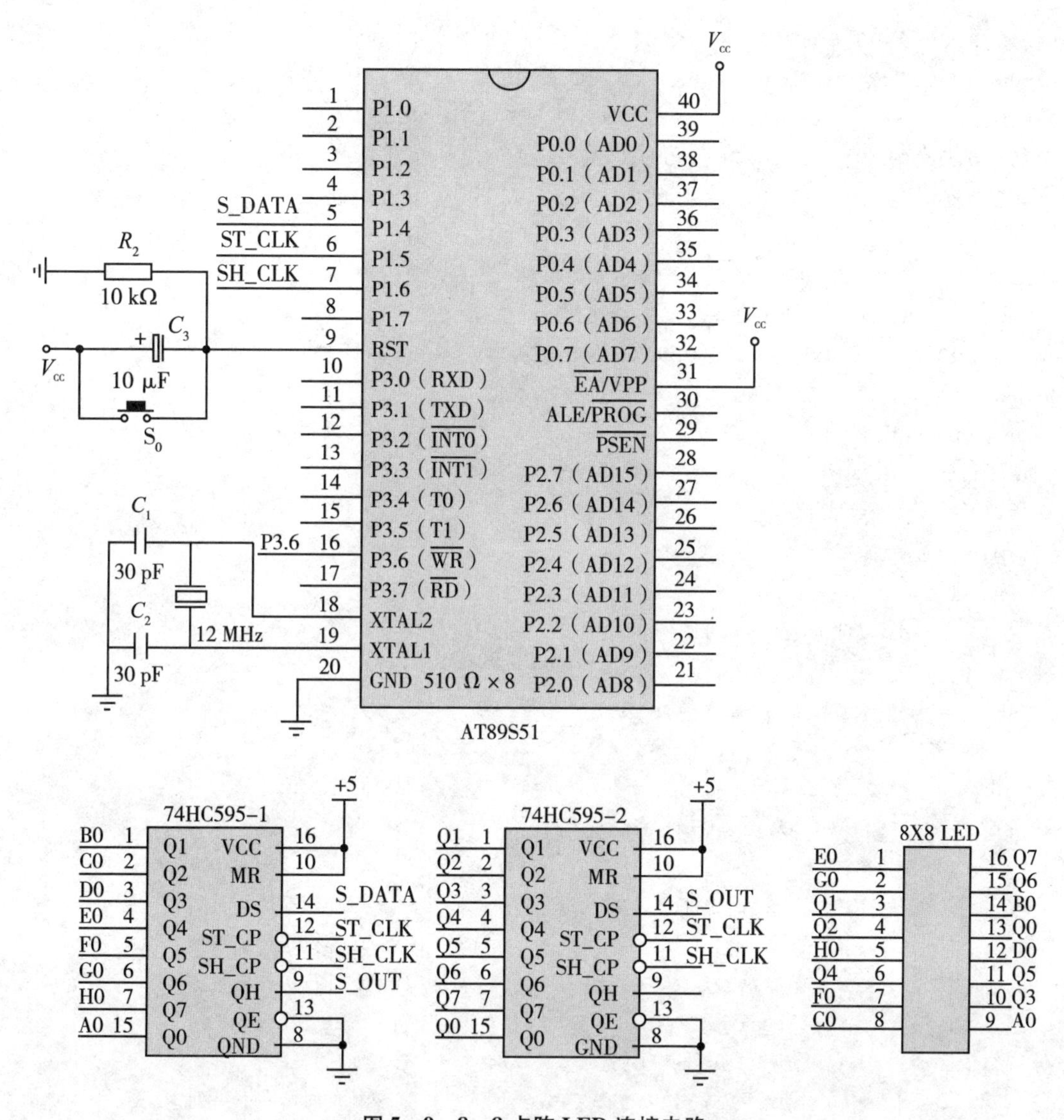

图 5-9　8×8 点阵 LED 连接电路

```
void delay1ms(unsigned int i);    //延时函数声明
void main()           //主函数
{
//unsigned char code led[] =
        {0x00,0x00,0x3E,0x41,0x41,0x3E,0x00,0x00};
                              //"0"的字形显示码，阴码、逐列式、逆向
unsigned char code digittab[10][8] = {    //字模取模方式阴码逆向逐列式
{0x00,0x00,0x7C,0x82,0x82,0x82,0x7C,0x00},/* "0",0* /
```

```
{0x00,0x00,0x00,0x84,0xFE,0x80,0x00,0x00},/* "1",1* /
{0x00,0x00,0xC4,0xC2,0xA2,0x92,0x8C,0x00},/* "2",2* /
{0x00,0x00,0x44,0x82,0x92,0x92,0x6C,0x00},/* "3",3* /
{0x00,0x00,0x30,0x28,0x26,0xFE,0xA0,0x20},/* "4",4* /
{0x00,0x00,0x4E,0x8A,0x8A,0x8A,0x72,0x00},/* "5",5* /
{0x00,0x00,0x7C,0x92,0x92,0x92,0x60,0x00},/* "6",6* /
{0x00,0x00,0x06,0x02,0xF2,0x0E,0x02,0x00},/* "7",7* /
{0x00,0x00,0x6C,0x92,0x92,0x92,0x6C,0x00},/* "8",8* /
{0x00,0x00,0x0C,0x92,0x92,0x92,0x7C,0x00},/* "9",9* /
};
  unsigned char w;
  unsigned int i,k,m;

  while(1)
       {
            for (k=0;k<10;k++)
            {
                 for(m=0;m<30;m++)
                  {
                       w=0xfe;                              //列初值为0xfe
                       for(i=0;i<8;i++)
                         {
                          Ser_IN(w);                        //8X8 点阵列扫描
                          Ser_IN(digittab[k][i]);           //8X8 点阵行送扫描数据
                          //Ser_IN(0xff);                   //8X8 点阵行送扫描数据
                          Par_OUT();                        //74HC595 输出显示
                          delay1ms(1);
                          w=_crol_(w,1);                    //列变量左移指向下一列
                         }
                  }
            }
       }
}
//函数名：delay1ms
//函数功能：实现软件延时
//形式参数：无符号整型变量 i，控制空循环的循环次数
//返回值：无
void delay1ms(unsigned int i)
```

```
{
   unsigned char j;
   while(i--)
   {
      for(j=0;j<114;j++);
   }
}
```

项目十一　字符型液晶显示设计

本任务要求用单片机控制 LCD1602 液晶模块，在液晶屏第一行显示“WWW. SZJM. EDU. CN”，第二行显示“STUDY MCU HARD!”接着做各种显示控制，最后在液晶屏第一行第 5 位显示自定义字符“℃”。

通过对字符型 LCD 液晶显示屏的控制，让读者了解字符型 LCD 显示模块与单片机的接口方法，理解 LCD 显示控制程序的设计思路及设计方法。

一、硬件电路原理图设计

单片机与 LCD1602 液晶显示模块连接电路如图 5－10 所示。单片机的 P0 口与液晶模块的 8 条数据线相连，P3 口的 P2. 0、P2. 1、P2. 2 分别与液晶模块的三个控制端 RS、$R/\overline{W}$、E 连接。点位器 R_1 为 VO 提供可调的液晶驱动电压，用于调节显示对比度。

二、软件设计

程序功能为系统上电后，先在 LCD1602 液晶屏第一行显示“WWW. SZJM. EDU. CN”，第二行显示“STUDY MCU HARD!”；延时 1 s 后，将两行字符从右侧整屏左移进液晶屏；延时 1 s 后关闭显示；延时 3 s 后，打开显示（显示两行字符）；再延时 3 s 后，光标闪烁；

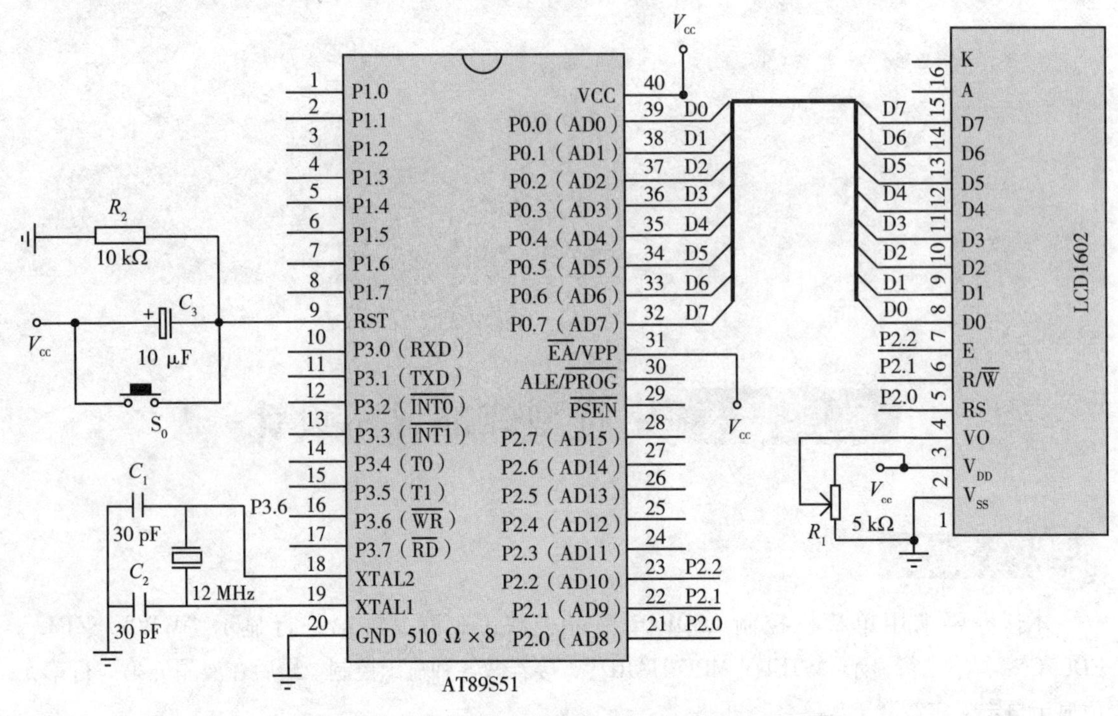

图 5－10　单片机与 LCD1602 液晶显示模块连接电路

接着延时 1 s 后，两行字符整体右移，移出液晶屏；在液晶屏第一行第 5 位显示自定义字符“℃”。LCD1602 的控制程序如下：

```
//程序：ex5_5.c
//功能：在 LCD1602 上按各种方式显示字符及自定义字符“℃”
#include <reg51.h>       //包含单片机寄存器的头文件
#include <intrins.h>     //包含_nop_()函数定义的头文件
sbit RS = P2^0;          //寄存器选择位，将 RS 位定义为 P2.0 引脚
sbit RW = P2^1;          //读写选择位，将 RW 位定义为 P2.1 引脚
sbit E = P2^2;           //使能信号位，将 E 位定义为 P2.2 引脚
sbit BF = P0^7;          //忙碌标志位，将 BF 位定义为 P0.7 引脚
unsigned char code string[ ] = {"WWW.SZJM.EDU.CN"};
unsigned char code string1[ ] = {"STUDY MCU HARD!"};
unsigned char code User[ ] = {0x10,0x06,0x09,0x08,0x08,0x09,0x06,0x00};
                         //自定义字符℃ * /
/*******************************************************
函数功能:延时约 1 ms
*******************************************************/
```

```
void delay1ms (unsigned int i)
{
  unsigned char j;
  while (i--)
  {
     for (j=0; j<114; j++);
  }
}
/*****************************************************
函数功能：判断液晶模块的忙碌状态
返回值：result。result=1，忙碌；result=0，不忙
*****************************************************/
bit BusyTest(void)
 {
     bit result;
     RS=0;          //根据规定，RS为低电平，RW为高电平时，可以读状态
     RW=1;
     E=1;           //E=1，才允许读写
     _nop_();       //空操作
     _nop_();
     _nop_();
     _nop_();       //空操作4个机器周期，给硬件反应时间
     result=BF;     //将忙碌标志电平赋给result
     E=0;
     return result;
 }
/*****************************************************
函数功能：将模式设置指令或显示地址写入液晶模块
入口参数：dictate
*****************************************************/
void Write_com (unsigned char dictate)
{
   while(BusyTest()==1); //如果忙就等待
   RS=0;                 //根据规定，RS和R/W同时为低电平时，可以写入指令
   RW=0;
   E=0;                  //E置低电平(写指令时，
                         //就是让E从0到1发生正跳变，所以应先置"0")
   _nop_();
```

```
    _nop_();                      //空操作两个机器周期，给硬件反应时间
    P0 =dictate;                  //将数据送入 P0 口，即写入指令或地址
    _nop_();
    _nop_();
    _nop_();
    _nop_();                      //空操作 4 个机器周期，给硬件反应时间
    E =1;                         //E 置高电平
    _nop_();
    _nop_();
    _nop_();
    _nop_();                      //空操作 4 个机器周期，给硬件反应时间
   E =0;                          //当 E 由高电平跳变成低电平时，液晶模块开始执行命令
}
/*****************************************************
函数功能：指定字符显示的实际地址
入口参数：x
*****************************************************/
void WriteAddress(unsigned char x)
{
     Write_com(x|0x80); //显示位置的确定方法规定为"80H + 地址码 x"
}
/*****************************************************
函数功能：将数据（字符的标准 ASCII 码）写入液晶模块
入口参数：y（为字符常量）
*****************************************************/
void WriteData(unsigned char y)
{
    while(BusyTest() ==1);
      RS =1;            //RS 为高电平，RW 为低电平时，可以写入数据
      RW =0;
      E =0;             //E 置低电平(写指令时，
                        //就是让 E 从 0 到 1 发生正跳变，所以应先置"0")
      P0 =y;            //将数据送入 P0 口，即将数据写入液晶模块
      _nop_();
      _nop_();
      _nop_();
      _nop_();          //空操作 4 个机器周期，给硬件反应时间
      E =1;             //E 置高电平
```

```
    _nop_();
    _nop_();
    _nop_();
    _nop_();                    //空操作4个机器周期，给硬件反应时间
    E=0;                        //当E由高电平跳变成低电平时，液晶模块开始执行命令
}
/*******************************************************
函数功能：对LCD的显示模式进行初始化设置
*******************************************************/
void LcdInt(void)
{
    delay1ms(15);               //延时15 ms，首次写指令时应给LCD一段较长的反应时间
    Write_com(0x38);            //显示模式设置：16×2显示，5×7点阵，8位数据接口
    delay1ms(5);                //延时5 ms
    Write_com(0x38);
    delay1ms(5);
    Write_com(0x38);            //3次写设置模式
    delay1ms(5);
    Write_com(0x0F);            //显示模式设置：显示开，有光标，光标闪烁
    delay1ms(5);
    Write_com(0x06);            //显示模式设置：光标右移，字符不移
    delay1ms(5);
    Write_com(0x01);            //清屏幕指令，将以前的显示内容清除
    delay1ms(5);
}
void main(void)                 //主函数
  {
    unsigned char i,j;
    LcdInt();                   //调用LCD初始化函数
    delay1ms(10);
    while(1)
        {
            Write_com(0x01);//清显示：清屏幕指令
            delay1ms(5);
            WriteAddress(0x00);  // 设置显示位置为第一行的第1个字
            delay1ms(5);
            i=0;
            while(string[i]!='\0')      //'\0'是数组结束标志
```

```
            {    // 显示字符 WWW. SZJM. EDU. CN
            WriteData(string[i]);
            i ++;
            delay1ms(100);
           }

       WriteAddress(0x40);  // 设置显示位置为第二行的第 1 个字
       i =0;
      while(string[i] ! = '\0')   //'\0'是数组结束标志
       {    // 显示字符 STUDY MCU HARD!
       WriteData(string1[i]);
        i ++;
       delay1ms(100);
      }
    //while(1);
    delay1ms(1000);
    //右侧移位进来
    Write_com(0x01);    //清显示:清屏幕指令
    delay1ms(5);
    WriteAddress(0x10);  // 设置显示位置为第一行的第 1 个字
    delay1ms(5);
    i =0;
  while(string[i] ! = '\0')     //'\0'是数组结束标志
    {                              // 显示字符 WWW. SZJM. EDU. CN
    WriteData(string[i]);
    i ++;
    }
    WriteAddress(0x50);  // 设置显示位置为第二行的第 1 个字
      i =0;
    while(string[i] ! = '\0')   //'\0'是数组结束标志
  {    // 显示字符 STUDY MCU HARD!
      WriteData(string1[i]);
      i ++;
    }
  for(j =0;j <16;j ++ )
    {
      Write_com(0x18); //左移指令
      for(i =0;i <10;i ++)
```

```
            delay1ms(30);
          }

      //while(1);
      delay1ms(1000);
      Write_com(0x08);                  //关闭显示

      //while(1);
      delay1ms(3000);                   //延时3s，维持显示一段时间
      Write_com(0x0c);                  //开显示
      //while(1);
      delay1ms(3000);                   //延时3s，维持显示一段时间
      Write_com(0x0f);                  //开光标

      // while(1);
      delay1ms(1000);                   //延时1s，维持显示一段时间
      for(j=0;j<16;j++)
        {
            Write_com(0x1c);            //右移移出
            for(i=0;i<10;i++)
            delay1ms(30);
        }

      //while(1);
      Write_com(0x40);                  //设定 CGRAM 地址
      delay1ms(5);
      for(j=0;j<8;j++)
        {
          WriteData(User[j]);           //写入自定义图形℃
        }
          WriteAddress(0x05);           //设定屏幕上的显示位置
          delay1ms(5);
          WriteData(0x00);              //从 CGRAM 里取出自定义图形显示
          while(1);
    }
}
```

小　结

本学习任务介绍了点阵LED、字符型液晶显示模块等相关知识。在单片机系统中，经常采用点阵LED、字符型液晶显示模块显示单片机系统的工作状态和运算结果等信息。点阵LED、字符型液晶显示模块都是单片机人机对话的重要输出设备。

本学习任务主要有“LED数码管字符显示控制”“简易点阵LED系统设计”和“字符型液晶显示设计”三个项目。通过对这三个项目的学习，使读者掌握单片机与点阵LED、字符型液晶显示模块的接口电路设计以及编程控制方法，进一步加深对单片机并行I/O端口输出和输入控制功能的认识。

问题与思考

一、选择题

1. 在单片机应用系统中，LED数码管显示电路通常有________显示方式。

A. 静态　　B. 动态　　C. 查询　　D. 静态和动态

2. LED数码管________显示方式编程简单，但占用I/O端口线多，其一般适用显示位数较少的场合。

A. 静态　　B. 动态　　C. 查询　　D. 静态和动态

3. LED数码管若采用动态显示方式，下列说法错误的是________。

A. 将各位数码管的段选线并联

B. 将段选线用一个8位I/O端口控制

C. 将各位数码管的公共端直接连在+5 V或者GND

D. 将各位数码管的位选线用各自独立的I/O控制

4. 共阳极LED数码管加反相器驱动时显示字符“6”的段码是________。

A. 0x06　　B. 0x70　　C. 0x82　　D. 0xFA

5. 一个单片机应用系统用LED数码管显示字符“8”的段码是0x80，可以断定该显示系统用的是________。

A. 不加反相驱动的共阴极数码管

B. 加反相驱动的共阴极数码管或不加反相驱动的共阳极数码管

C. 加反相驱动的共阳极数码管

D. 以上都不对

6. 在共阳极数码管使用中，若仅显示小数点，则其相应的字形码是________。

A. 0x10　　B. 0x40　　C. 0x7F　　D. 0x80

二、填空题

1. 七段 LCD 数码管按照公共端不同可分为________和________两类。

2. 字符型显示器把 LCD 控制器、________、字符存储器等做在一块板上，再与液晶屏一起组成一个显示模块。

三、简答题

1. 七段 LED 静态显示和动态显示在硬件连接上分别具有什么特点？实际设计时应如何选择使用？

2. 简要说明字符型 LCD1602 的基本操作。

四、上机操作题

1. 利用单片机控制 4 个按键和 4 个发光二极管设计一个 4 人抢答器，要求当有某位参赛者首先按下抢答开关时，相应的 LED 灯亮，此时抢答器不再接受其他输入信号，须按复位按键才能重新开始抢答。

2. 利用单片机控制 8 个共阳极数码管，采用动态显示方式稳定显示自己的生日，如小李的生日为 1997 年 11 月 20 日，则显示效果为“19971120”。

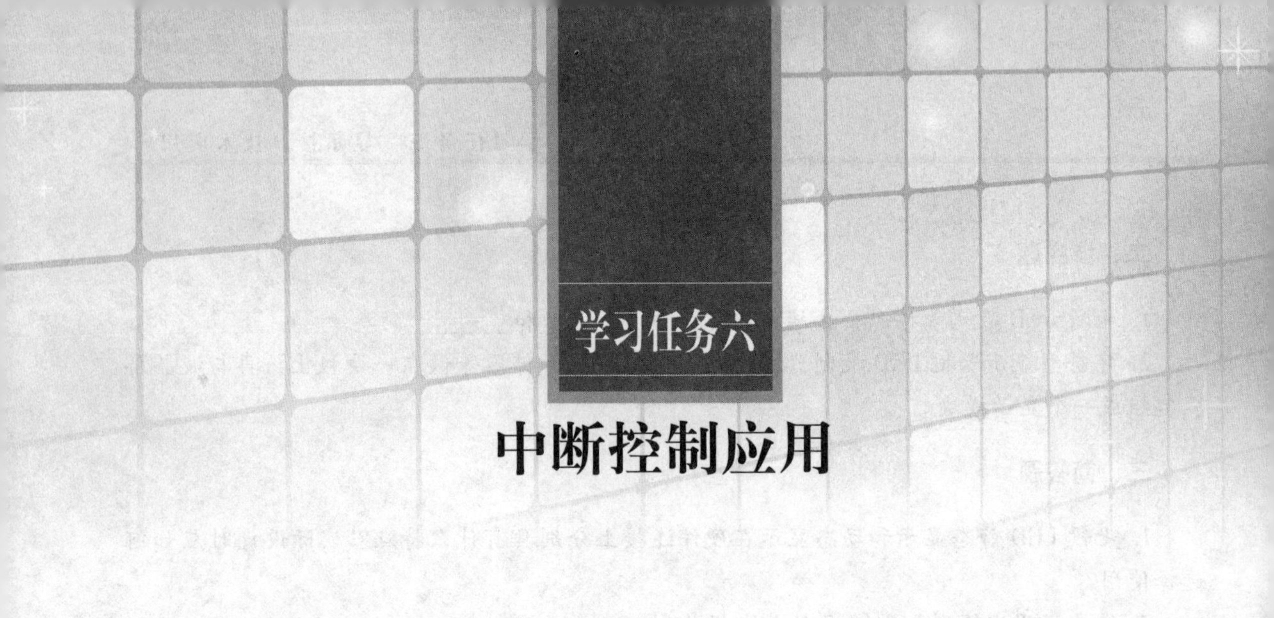

学习任务六

中断控制应用

学习目标

■ 任务说明

数码管是常用的电子元件。在本任务中，将利用单片机的一个重要功能——中断控制功能完成对数码管的不同显示控制。

本学习任务主要采用单片机的中断功能控制数码管按照用户要求进行显示。为了熟悉和掌握单片机的中断系统，本学习任务分为以下两个部分：

(1) 可中断控制的循环彩灯系统。

(2) 由中断控制数码管的不同显示。

通过实训模块的操作训练和相关知识的学习，使学生熟悉单片机中断系统的工作原理，掌握单片机中断的控制方法，提高单片机的开发水平。

■ 知识和能力要求

知识要求：

- 掌握单片机中断源和中断标志的概念。
- 熟悉单片机的中断类型号，理解中断入口地址。
- 掌握 IE 寄存器和 IP 寄存器的功能。
- 掌握单片机中断初始化程序的编写。

能力要求：

- 能灵活运用单片机中断请求来源。
- 能使用 Keil 编程软件编写程序并进行调试和编译。
- 能进行 LED 流水灯系统正确连接及调试。
- 能根据项目要求进行 IE 寄存器的设置。
- 能根据项目要求进行 IP 寄存器的设置。

- 能进行单片机中断入口函数头的编写。
- 能进行单片机中断程序的编写。
- 能使用编译器下载程序到单片机中。

任务准备

中断是计算机中的一个重要概念，中断系统是计算机的重要组成部分。为使单片机具有对外部或内部随机发生的事件进行实时处理的功能而设置中断。中断功能的存在，在很大程度上提高了单片机处理外部和内部事件的能力。

一、中断的概念

在计算机中，由于计算机内部、外部的原因或软、硬件的原因，使 CPU 暂停当前的工作，转到需要处理的中断源的服务程序入口，在入口处执行一个跳转指令去处理中断事件，执行完中断服务后，再回到原来程序被中断的地方继续处理执行程序，这个过程被称为中断，如图 6－1所示。

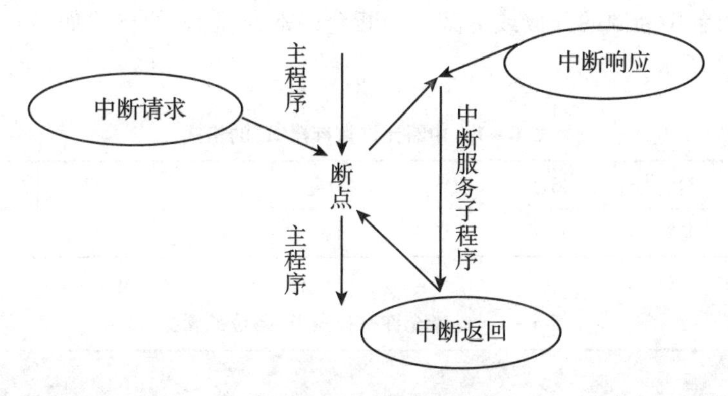

图 6－1　中断过程示意图

实现中断功能的软、硬件统称为“中断系统”。能向 CPU 发出请求的事件称为“中断源”。“中断源”向 CPU 提出的处理请求称为“中断请求”。CPU 暂停自身事务转去处理中断请求的过程，称为“中断响应”。对事件的整个处理过程称为“中断服务”或“中断处理”。处理完毕后回到原来被中断的地方，称为“中断返回”。若有多个中断源同时提出请求，或 CPU 正在处理某个中断请求时，又有另一事件发出中断请求了，CPU 将根据中断源的优先级对其进行排序，然后按优先顺序处理中断源的请求。

二、与中断控制有关的寄存器

中断控制主要解决如下三类问题：

（1）中断的屏蔽控制，即何时允许 CPU 响应中断。

（2）中断优先级控制，即多个中断同时提出请求时，先响应哪个中断请求。

（3）中断的嵌套，即 CPU 正在响应一个中断时，是否允许响应另一个中断请求。

中断控制是指单片机所提供的中断控制手段，通过对控制寄存器的操作有效地管理中断系统。以 MCS51 为代表的单片机设置了 4 个与中断控制相关的控制寄存器：定时/计数器控制寄存器 TCON、串行口控制寄存器 SCON、中断允许寄存器 IE 和中断优先级控制寄存器 IP。其中，定时/计数器控制寄存器 TCON 和串行口控制寄存器 SCON 将在学习任务七和学习任务八中分别进行详细介绍。本学习任务重点介绍中断允许寄存器 IE 和中断优先级控制寄存器 IP。

1. 中断允许寄存器 IE

51 单片机的 5 个中断源都是可以屏蔽中断的。中断系统内部设有一个专用寄存器 IE，用于控制 CPU 对各中断源的开放或屏蔽。中断允许寄存器 IE 的格式如表 6－1 所示，各位的含义如表 6－2 所示。

表 6－1　中断允许寄存器 IE 的格式

位序号	D7	D6	D5	D4	D3	D2	D1	D0
位符号	EA	X	X	ES	ET1	EX1	ET0	EX0

表 6－2　中断允许寄存器 IE 各位的含义

中断允许位		说　明
EA	总中断允许控制位	EA＝1，开放所有中断，各中断源的允许和禁止可通过相应的中断允许位单独加以控制；E＝0，禁止所有中断
ES	串行口中断允许位	ES＝1，允许串行口中断；ES＝0 禁止串行口中断
ET1	T1 中断允许位	ET1＝1，允许 T1 中断；ET1＝0，禁止 T1 中断
EX1	外部中断 1 允许位	EX1＝1，允许外部中断 1 中断；EX1＝0，禁止外部中断 1 中断
ET0	T0 中断允许位	ET0＝1，允许 T0 中断；ET0＝0，禁止 T0 中断
EX0	外部中断 0 允许位	EX0＝1，允许外部中断 0 中断；EX0＝0，禁止外部中断 0 中断

2. 中断优先级控制寄存器 IP

51 单片机有两个中断优先级：高优先级和低优先级。同一优先级的中断源采用自然优先级。

中断优先级寄存器 IP 用于锁定各中断源优先级控制位。IP 中的每一位均可由软件置位或清零。1 表示高优先级，0 表示低优先级。其格式及各位的含义如表 6－3 和表 6－4 所示。

表 6－3　中断优先级寄存器 IP 的格式

位序号	D7	D6	D5	D4	D3	D2	D1	D0
位符号	X	X	X	PS	PT1	PX1	PT0	PX0

表 6－4　中断优先级寄存器 IP 各位的含义

中断优先级控制位		说　明
PS	串行口中断优先级控制位	PS＝1，设定串行口为高优先级中断；PS＝0，设定串行口为低优先级中断
PT1	T1 中断优先级控制位	PT1＝1，设定定时器 T1 为高优先级中断；PT1＝0，设定定时器 T1 为低优先级中断
PX1	外部中断 1 优先级控制位	PX1＝1，设定外部中断 1 为高优先级中断；PX1＝0，设定外部中断 1 为低优先级中断
PT0	T0 中断优先级控制位	PT0＝1，设定定时器 T0 为高优先级中断；PT0＝0，设定定时器 T0 为低优先级中断
PX0	外部中断 0 优先级控制位	PX0＝1，设定外部中断 0 为高优先级中断；PX0＝0，设定外部中断 0 为低优先级中断

以 89C51 为代表的嵌入式计算机有 5 个中断源：外部中断 0（INT0）、外部中断 1（INT1）、定时/计数器 0（T0）、定时/计数器 1（T1）和串行口中断（RI/TI）。

中断的自然优先级从高到低依次为：外部中断 0、定时器 0 中断、外部中断 1、定时器 1 中断、串行口中断。

三、中断响应

1. 中断响应的条件

（1）有中断源发出中断请求。

（2）中断总允许位 EA =1，即 CPU 开放所有中断；且申请中断的中断源对应的中断允许位为1，即没被屏蔽。

（3）没有更高级或同级的中断正在处理中。

（4）执行完当前指令。若当前指令为返回指令或访问 IP、IE 指令，则 CPU 必须在执行完当前指令后再继续执行一条指令，然后才响应中断。

2. 中断响应的过程

中断响应的过程就是自动调用并执行中断服务程序即中断函数的过程。

3. 中断响应时间

中断响应时间是指从中断请求标志位置到 CPU 开始执行中断服务程序的第一条语句所需的时间。

四、中断服务程序函数头的书写方法

C51 编译器支持在 C 源程序中直接以函数形式编写中断服务程序。中断函数的定义形式如下：

```
void 函数名() interrupt  n
```

其中，n 为中断类型号，C51 编译器允许 0 ~ 31 个中断，故 n 的取值范围为 0 ~ 31。

51 系列单片机中断源的中断请求标志位、自然优先级及中断类型号、入口地址如表 6 – 5所示。

表 6 – 5　51 系列单片机中断源的中断请求标志位、自然优先级及中断类型号和入口地址

中断源	中断请求标志位	中断类型号 n 取值	入口地址	自然优先级
外部中断 0	IE0	0	0003H	最高级
定时/计数器 T0 中断	TF0	1	000BH	
外部中断 1	IE1	2	0013H	↓
定时/计数器 T1 中断	TF1	3	001BH	
串行口接收/发送中断	RI、TI	4	0023H	最低级

任务实施

项目十二　由中断控制的流水灯系统

任务要求

本任务要求完成的工作是在流水灯的基础上加上中断控制功能。LED 流水灯正常工作时循环点亮，按下中断按钮时，8 个 LED 灯同时闪烁 8 次。本任务旨在使学生熟悉单片机中断系统及中断控制功能的实现方法。中断源采用的是外部中断 0，接在 P3.2 上的按钮实现中断触发。当 P3.2 为低电平时发出中断请求，单片机在接到中断请求后，根据中断控制方式找到相应的中断服务程序执行，当中断服务程序执行完毕后，CPU 回到主程序的原来断点处接着继续执行。本任务在实施过程中，学生应重点掌握中断的初始化方法，掌握中断服务程序的编程方法，熟悉中断的执行过程。

任务分析

根据“由中断控制的流水灯系统”的工作内容和要求，流水灯采用 8 个发光二极管模拟，接在 P1 口上，系统上电时，流水灯左移。由于采用单片机外部中断 0 实现中断控制，实现的方法是通过连接在 P3 口的第二功能完成，即 P3.2 就是外部中断 0 的输入端。由于外部中断 0 的输入信号是低电平有效，所以在 P3.2 管脚上接一个上拉电阻，再串上一个按钮，按钮的另一端接地，当按下按钮时，即发出中断请求信号。单片机的其他管脚连接方式不变，应为最小系统的连接方法。

实训模块

一、硬件电路原理图设计

根据项目的任务分析，“由中断控制的流水灯系统”电路除了单片机工作的最小系统外，在 P1 口接 8 个发光二极管，每盏 LED 灯分别串接一个 300 Ω 电阻后连接 5 V 电源。P3.2 即外部中断 0 外接一个上拉电阻后与电源相连，同时与按钮相连，按钮的另一端接地。“由中断控制的流水灯系统”的电路如图 6－2 所示。“由中断控制的流水灯系统”电路的元器件如表 6－6 所示。

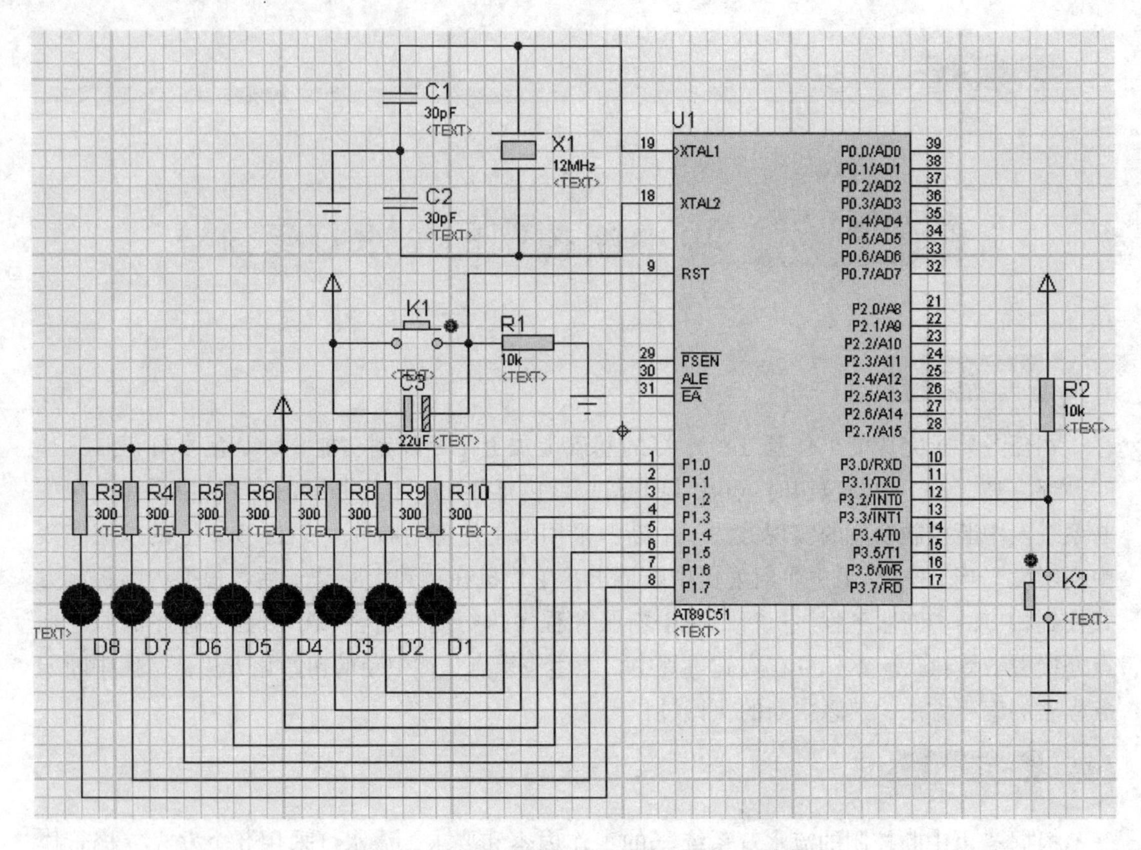

图 6－2 “由中断控制的流水灯系统”电路图

表 6－6 “由中断控制的流水灯系统”电路元器件表

元器件名称	型　号	数　量
单片机	AT89C51	1
发光二极管	LED－RED	8
晶振	12 MHz	1
电容	30 pF	2
电解电容	22 μF/16 V	1
电阻	10 kΩ	2
电阻	300 Ω	8
按钮	—	2

二、软件设计

1. 主程序设计

在主程序中首先初始化一些参数，比如，总中断允许、外部中断0允许、流水灯初始化时第一个被点亮。在主程序的while循环中，通过P1端口0的位置左移的方法轮流点亮LED灯，每次点亮后调用delay（int num）函数延时一段时间。

```
void main(){
  EA =1;          //总中断允许
  EX0 =1;         //允许外部中断0中断
  IT0 =0;         //外部中断0触发方式为低电平触发
  P1 =0xfe;       //点亮第一盏灯
  while(1){
     delay(100);              //延时
       P1 =P1 <<1;            //左移一位
       P1 =P1 +1;             //点亮左移后的灯
       if(P1 ==0xff){         //处理第一个灯的状态
         P1 =0xfe;
       }
   }
}
```

2. 外部中断程序设计

一旦连在外部中断0上的按钮被按下，P3.2为低电平，则触发外部中断0产生中断请求，CPU一旦响应后，就进入外部中断程序。利用for循环控制LED灯闪烁8次的程序如下：

```
void myint0()  interrupt  0 {
  for(n =0;n <8;n ++){       //循环8次
    P1 =0xff;                //灯全灭
    delay(100);              //延时
    P1 =0x00;                //灯全亮
    delay(100);              //延时
  }
}
```

3. 整个程序代码

```
//ex6 -1.c
#include <reg51.h>      //导入头文件
int i,j;                //延时函数中循环变量
unsigned n;             //循环次数变量
/*********************************************
                 延时函数
*********************************************/
void delay(int num){
  for( i =0;i <num;i ++)
     for( j =0;j <200;j ++);
}
/*********************************************
              外部中断 0 程序
*********************************************/
void myint0()  interrupt 0 {
  for(n =0;n <8;n ++){  //循环 8 次
    P1 =0xff;           //灯全灭
    delay(100);         //延时
    P1 =0x00;           //灯全亮
    delay(100);         //延时
  }
}
/***********************************************
                 主程序
***********************************************/
void main(){
  EA =1;                //总中断允许
  EX0 =1;               //允许外部中断 0 中断
  IT0 =0;               //外部中断 0 触发方式为低电平触发
  P1 =0xfe;             //点亮第一盏灯
  while(1){
     delay(100);        //延时
     P1 = P1 <<1;       //左移一位
     P1 = P1 +1;        //点亮左移后的灯
     if(P1 ==0xff){     //处理第一盏灯的状态
       P1 =0xfe;
```

```
        }
    }
}
```

程序调试与仿真

把“由中断控制的流水灯系统”程序在 Proteus 仿真软件中进行调试与仿真，当调试成功后，将其下载到开发板上运行。

项目十三　由外部中断控制数码管的不同显示

任务要求

本任务要求完成的工作是在“由中断控制的流水灯系统”的基础上完成对数码管显示的控制。正常情况下，数码管的 a 段 LED 到 g 段 LED 轮流点亮，按手写“8”的顺序依次点亮数码管。当按下中断按钮开关后，数码管显示“8”闪烁 8 次，然后又回到正常状态。

任务分析

根据任务要求，我们知道，八段数码管就是由 8 个 led 构成的，正常情况下，数码管的 a 段 LED 到 g 段 LED 和小数点 LED 轮流点亮，其实就是在项目十二的流水灯轮流点亮的基础上，按照手写“8”的顺序点亮 LED。按不带小数点的数码管七段码的排列即为 a－f－g－c－d－e－g－b－a 的顺序。当按下中断按钮开关后，数码管显示“8”闪烁 8 次，然后又回到正常状态，就是上一个任务的流水灯同时闪烁 8 次。这次使用外部中断 1 来产生中断请求，需要修改主程序中关于中断的一些寄存器的设置和中断函数头的书写方法。

实训模块

一、硬件电路原理图设计

数码管的八段 LED 排列方式如图 6－3 所示。共阳极和共阴极数码管的八段 LED 排列方式如图 6－4 所示，其中，图 6－4（a）所示为共阳极数码管的 LED 排列方式，图 6－4（b）所示为共阴极数码管的 LED 排列方式。

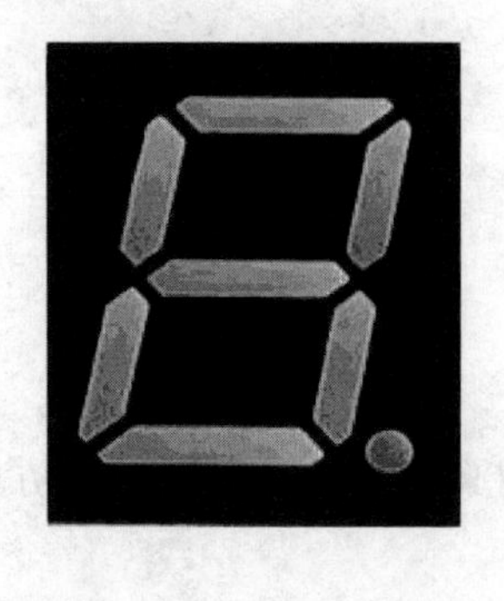

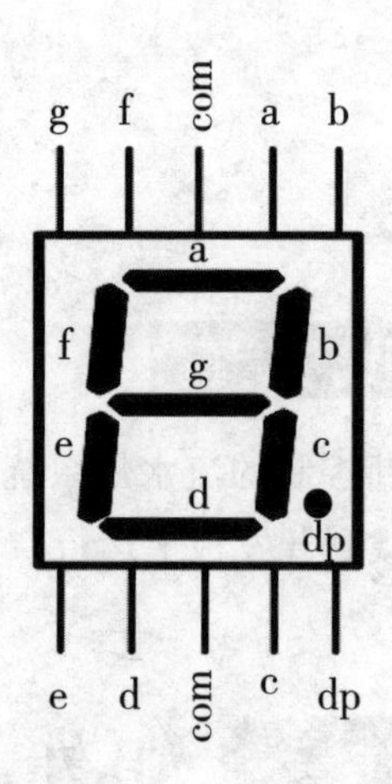

图 6-3 数码管的八段 LED 排列方式

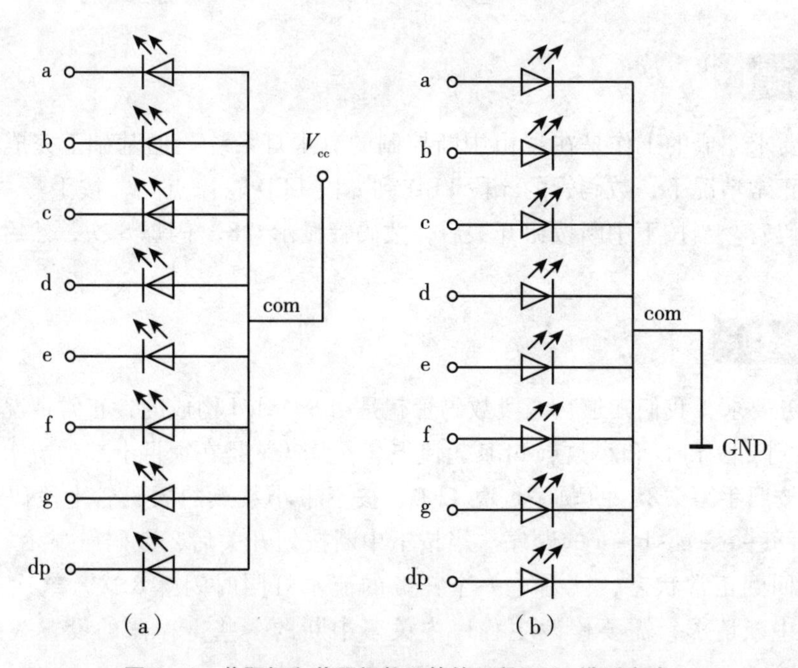

图 6-4 共阳极和共阴极数码管的八段 LED 排列方式

(a) 共阳极数码管的 LED 排列方式；(b) 共阴极数码管的 LED 排列方式

如果按照常规的连接方法，将 P1.0 连接 a 段，P1.1 连接 b 段，以此类推。不带小数点的数码管为七段 LED，那么，共阳极数码管与单片机的正常连接方式如图 6-5 所示。

因为此处只有 7 盏 LED 灯，所以只需将项目十二中的 P1.7 悬空即可。

本项目的电路元器件清单如表 6-7 所示。

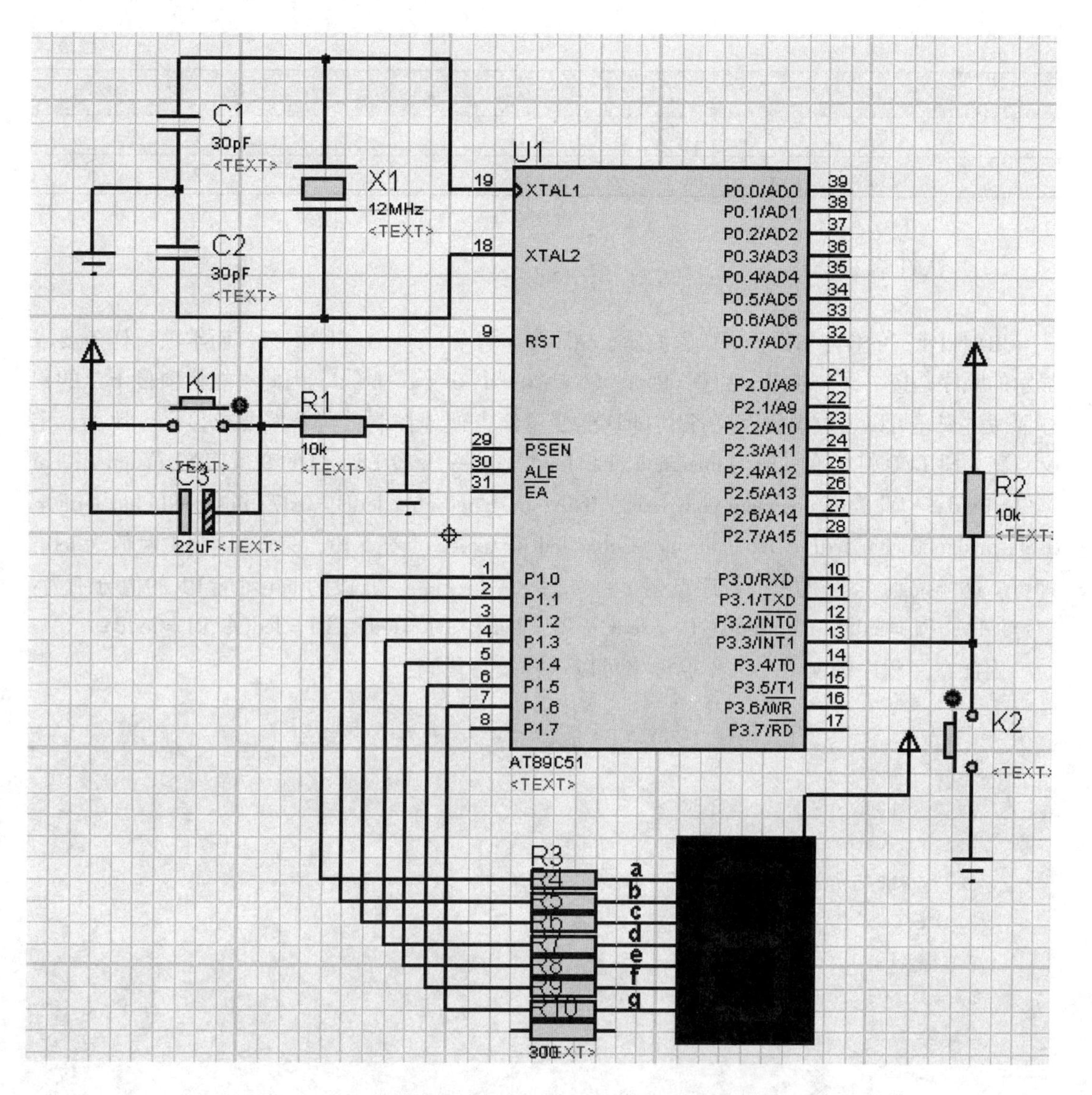

图 6-5　共阳极数码管与单片机的正常连接方式

表 6-7　由外部中断控制数码管的不同显示的电路元器件表

元器件名称	型　号	数　量
单片机	AT89C51	1
共阳极数码管	—	1
晶振	12 MHz	1
电容	30 pF	2
电解电容	22 μF/16 V	1
电阻	10 kΩ	2

续表

元器件名称	型　号	数　量
电阻	300 Ω	7
按钮	—	2

二、软件设计

由项目十二的程序可以使数码管的显示顺序为 a - b - c - d - e - f - g - a，而本项目任务要求显示的顺序是按“8”的书写顺序，即 a - f - g - c - d - e - g - b - a，因此不能将项目十二的程序照搬过来，可以通过设置点亮各个 LED 的变量值方便地控制数码管按要求显示。比如，定义点亮 a 段 LED 灯的变量值为 unsigned char ledA = 0xfe；b 段 LED 灯的变量值为 unsigned char ledB = 0xfd；以此类推 unsigned char ledC = 0xfb；unsigned char ledD = 0xf7；unsigned char ledE = 0xef；unsigned char ledF = 0xdf；unsigned char ledG = 0xbf。点亮 a 段，只需要给 P1 赋值为 ledA 即可。这样按照“8”的书写顺序点亮 a - f - g - c - d - e - g - b 段的 led 对应 P1 的值分别为：P1 = ledA；P1 = ledF；P1 = ledG；P1 = ledC；P1 = ledD；P1 = ledE；P1 = ledG；P1 = ledB；

因此在主程序的 while（1）循环中可以这样编写代码：

```
while(1){                //a-f-g-c-d-e-g-b-a 顺序点亮 LED 灯
    P1 = ledA;
    delay(100);          //延时
    P1 = ledF;
    delay(100);          //延时
    P1 = ledG;
    delay(100);          //延时
    P1 = ledC;
    delay(100);          //延时
    P1 = ledD;
    delay(100);          //延时
    P1 = ledE;
    delay(100);          //延时
    P1 = ledG;
    delay(100);          //延时
    P1 = ledB;
    delay(100);          //延时
}
```

当然，我们可以将 ledA，ledB，…，ledG 的值存在数组 disp［ ］中，然后通过 for 循环实现上面的功能，如此可简化上面的代码，具体如下：

```
unsigned char disp[] ={0xfe,0xdf,0xbf,0xfb,0xf7,0xef,0xbf,0xfd};
//分别点亮 a-f-g-c-d-e-g-b 段 LED 灯的码值
while(1){
  for(k =0;k <8;k ++){
     P1 =disp[k];     //分别点亮 a-f-g-c-d-e-g-b 段 LED 灯
     Delay(100);
  }
}
```

主函数中与外部中断相关的寄存器设置如下：

```
EA =1;        //总中断允许
EX1 =1;       //允许外部中断 1 中断
IT1 =0;       //外部中断 1 触发方式为低电平触发
```

中断函数头的书写方法为：

```
void myint1() interrupt  2
```

外部中断 1 的中断类型号 n 为 2。

其他部分的代码可以参考项目十二。

如果完全利用项目十二的代码，那么只需要改变数码管的各个 led 与 P1 端口的连接顺序即可。这部分的硬件仿真电路，读者可以自行完成。在改变硬件连接时，需要考虑制作 PCB 板的走线复杂度，如果利用现有的开发板实现项目十三的功能，则只能通过修改代码实现。

程序调试与仿真

把“由中断控制数码管显示方式”的程序在 Proteus 仿真软件中进行调试与仿真，当调试成功后，将其下载到开发板上运行。

小　结

本学习任务详细介绍了单片机中断系统的基本概念、中断系统的结构组成、中断控制寄存器及中断初始化程序的编写，最后介绍了实现中断程序的设计与具体应用。

AT89C51 单片机共有 5 个中断源，分别是外部中断 0、外部中断 1、定时/计数器 T0 溢出中断、定时/计数器 T1 溢出中断和串行口中断。单片机的中断控制由中断允许控制寄存器 IE、中断优先级控制寄存器 IP 完成。中断请求的建立由各自中断的数值状态及 IE 的位状态共同完成，处理过程为接收中断请求→查询中断级别及判断优先级顺序——转入中断服务程序执行——返回上级程序断点处。

本学习任务主要有项目十二“由中断控制的流水灯系统”和项目十三“由外部中断控制数码管的不同显示”两个项目。项目十二的中断源采用的是外部中断0，接在P3.2上的按钮实现中断触发。当P3.2为低电平时发出中断请求，单片机接到中断请求后，根据中断控制方式找到相应的中断服务程序执行，当中断服务程序执行完毕后，CPU回到主程序的原来断点接着继续执行。项目十三是对项目十二学习内容的巩固，利用外部中断1解决问题。

结合项目实施，通过软件仿真并将程序移植到开发板上运行，观察结果，以帮助学生更好地掌握单片机外部中断的使用，为后面的定时/计数器中断的学习打下坚实的基础。硬件电路在开发板上实施可以帮助读者直观地了解单片机在控制方面的应用。

问题与思考

一、选择题

1. 当外部中断0发出中断请求后，中断响应的条件是________。

   A. ET0 = 1　　B. EX0 = 1　　C. IE = 0X81　　D. IE = 0X61

2. 51单片机CPU关中断语句是________。

   A. EA = 1　　B. ES = 1　　C. EA = 0　　D. EX0 = 1

二、填空题

1. 51单片机的中断系统由________、________、________、________等寄存器组成。
2. 51单片机的中断源有________、________、________、________、________。
3. 外部中断0的类型号为________。

三、简答题

1. 简述中断、中断源、中断优先级及中断服务程序的含义。
2. 51系列单片机有几个中断源？它们所对应的中断类型号分别是什么？
3. 如何确定51系列单片机各中断源的优先级？同一优先级中各个中断源的优先级又是如何确定的？

四、上机操作题

可控霓虹灯设计。系统中8个发光二极管，在P3.2和P3.3的引脚上分别连接一个按键，通过按键改变霓虹灯的显示方式。要求在正常情况下8个霓虹灯同时亮灭。按下P3.2连接的按键后8个霓虹灯顺时针方向依次点亮；循环3次后回到正常状态；按下P3.3连接的按键后8个霓虹灯逆时针方向依次点亮，循环3次后回到正常状态。

定时 / 计数器应用

——交通信号灯控制系统设计

学习目标

■ 任务说明

随着科技的飞速发展，嵌入式计算机不断深入我们的生活。本学习任务利用典型的AT89S51为核心元件，根据实际情况设计一套交通信号灯控制系统，实现智能控制路面上的交通信号灯。假设该十字路口分为南北向和东西向，在任一时刻，只有一个方向通行，则另一方向禁行，持续一段时间后，经过短暂过渡，将通行方向和禁行方向对换，该系统的运行情况如下：

东西向绿灯亮，南北向红灯亮，同时在东西南北4个方向都由两位七段共阳极数码管显示30 s倒计时，当倒计时到5 s时，东西向绿灯闪烁3 s，倒计时到2 s时，东西向黄灯亮，表示进入路口的车继续通行，未进入路口的车辆禁止超越标志线，黄灯亮2 s后熄灭；然后是东西向和南北向反过来进行如上循环，以此类推，不断循环。可以通过两个按钮控制信号灯的状态及倒计时开始或停止，以应对特殊的交通情况，比如在交通拥堵时，警察可以人为控制交通信号灯点亮的时间。

通过实训模块的操作训练和相关知识的学习，使学生熟悉单片机端口控制的工作原理，掌握定时/计数器的控制方法，巩固外部中断的控制方法，熟悉单片机开发的基本过程。

■ 知识和能力要求

知识要求：

- 掌握单片机端口的控制方法。
- 掌握常用单片机定时/计数器的使用方法。
- 熟悉几种结构的程序设计特点。
- 掌握单片机定时/计数器初始化的方法。
- 掌握基于单片机的倒计时电路设计。
- 掌握单片机倒计时程序的编写与调试方法。

能力要求：

- 根据项目要求分解任务并设计硬件电路。
- 熟练应用 Keil 51 进行编程调试和运行。
- 熟练应用 Proteus 设计控制电路。
- 能够把分解的任务进行综合、整体分析并编写连接程序。
- 能够熟练使用编程器下载程序到开发板中并进行调试。

任务准备

定时/计数器是单片机中重要的功能模块之一，也可用于对外部事件进行计数。以 51 系列为代表的单片机内部有两个 16 位可编程定时/计数器，即定时器 T0 和定时器 T1。它们都具有定时和计数的功能，并有 4 种工作方式可以选择。

一、定时/计数器的工作原理

定时/计数器 T0 和 T1 实质上是加 1 计数器，即每输入一个脉冲，计数器加 1，当加到计数器全为 1 时，再输入一个脉冲，使计数器归零，且计数器溢出使 TCON 中的标志位 TF1 或 TF0 置 1，向 CPU 发出中断请求。根据输入的计数脉冲来源不同，可将其分为定时与计数两种功能。作定时器时，脉冲来自于内部时钟振荡器；作计数器时，脉冲来自于外部引脚。定时/计数器的工作原理如图 7－1 所示。

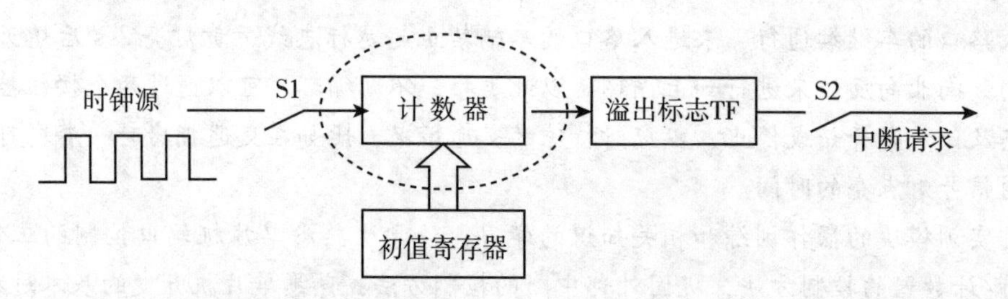

图 7－1　定时/计数器的工作原理图

1. 定时器模式

在作定时器使用时，输入脉冲由内部振荡器的输出经过 12 分频后送来，因此也可将定时器看作机器周期的计数器。若晶振为 12 MHz，则一个机器周期为 1 μs，即定时器每接收一个输入脉冲的时间为 1 μs；若晶振频率为 6 MHz，则一个机器周期为 2 μs，即定时器每接收一个输入脉冲的时间为 2 μs。因此，确定定时时间，其实只需要对脉冲进行计数即可。

2. 计数器模式

在作计数器使用时，输入脉冲是由外部引脚 P3.4（T0）或 P3.5（T1）输入计数器的。在每个机器周期的 S5P2 期间采样 T0，T1 引脚电平。当某周期采样到一个高电平输入，而下一个周期又采样到一个低电平时，则计数器加 1。

3. 计数器位数

计数器位数确定了计数器的最大计数值 M 和计数范围。n 位计数器的最大计数值 $M=2^n$，计数范围为 $0\sim2^n-1$。比如 8 位计数器的最大计数值为 $M=256$，计数范围为 0～255。

二、定时/计数器的组成

以 51 系列为代表的单片机内部有两个 16 位的可编程定时/计数器 T0 和 T1。其逻辑结构如图 7－2 所示。

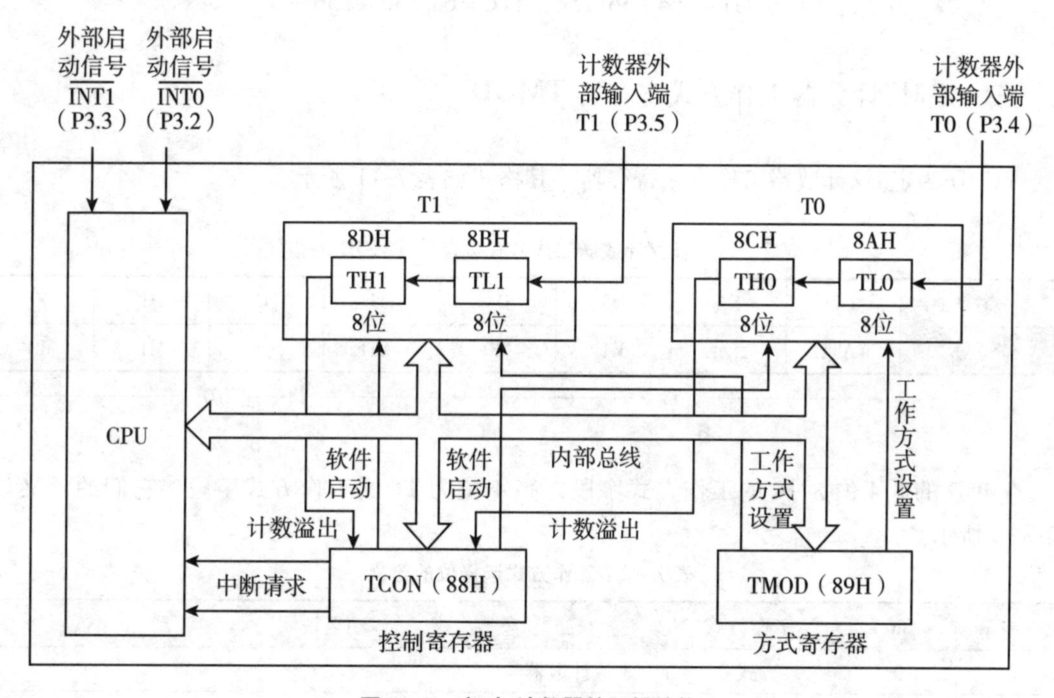

图 7－2　定时/计数器的逻辑结构

T0、T1 是 16 位加法计数器，分别由两个 8 位专用寄存器组成，T0 由 TH0 和 TL0 组成，T1 由 TH1 和 TL1 组成。每个寄存器均可被单独访问，因此可以被设置为 8 位、13 位或 16 位计数器使用。

定时/计数器允许用户编程设定开始计数的数值，称为赋初值。初值不同，则计数器产生溢出时计数的个数也不同。例如：对于8位计数器，计数最大值为256。当初值设为100时，再加1计数156个，计数器就产生溢出；当初值设为200时，再加1计数56个，计数器产生溢出。

初值的计算方法如下：

假设晶振频率为12 MHz，那么：

计数频率$f_{计数}=12\ \text{MHz}/12=1\ \text{MHz}$；

计数周期为$T_{计数}=1/f_{计数}=1\ \mu s$；

如果需要定时1 ms，那么：

$$计数个数\ count=1\ ms/1\ \mu s=1\ 000$$

假设使用16位计数器，则：

$$初值=2^{16}-1\ 000=65\ 536-1\ 000=64\ 536$$

假设由定时/计数器T0进行定时/计数，则两个寄存器的初值分别为：

$$TH0=64\ 536/256；TL0=64\ 536\%\ 256$$

三、定时/计数器工作方式寄存器TMOD

TMOD为定时/计数器工作方式寄存器，其格式如表7-1所示。

表7-1 定时/计数器工作方式寄存器TMOD的格式

位序号	D7	D6	D5	D4	D3	D2	D1	D0
位符号	GATE	$C/\overline{T}$	M1	M0	GATE	$C/\overline{T}$	M1	M0
	← T1 →				← T0 →			

TMOD的低4位为T0的工作方式字段，高4位为T1的工作方式字段，它们的含义如表7-2所示。

表7-2 工作方式选择位的含义

M1	M0	工作方式	功能说明
0	0	方式0	13位计数器
0	1	方式1	16位计数器
1	0	方式2	初值自动重载8位计数器
1	1	方式3	T0：分成两个独立的8位计数器 T1：停止计数

（1）工作方式 0 为由 THx 的高 8 位和 TLx 的低 5 位组成 13 位计数器（x 取值为 0 或 1）。

（2）工作方式 1 为由 THx 的高 8 位和 TLx 的低 8 位组成 16 位计数器（x 取值为 0 或 1）。

（3）工作方式 2 为 8 位定时/计数器，初值由 TLx 决定，THx 的值和 TLx 一致。每次中断结束后都会将 THx 的值自动冲载到 TLx 寄存器中（x 取值为 0 或 1）。

（4）当工作在方式 3 时，定时/计数器 T0 被拆成两个独立的 8 位定时/计数器使用，T1 停止计数。TL0 所对应的定时/计数器使用 T0 原来的资源，即使用 TR0 控制启动，TF0 作为溢出标志。TH0 对应的定时/计数器借用 T1 的资源 TR1 和 TF1。只有 T0 可以设置为工作方式 3，T1 设置为工作方式 3 时不工作。

说明：当 T0 在工作方式 3 时，T1 仍然可以设置为方式 0、方式 1 和方式 2。但由于 TR1、TF1 和 T1 的中断源已被 T0 占用，因此，定时器 T1 仅由控制位 C/T 切换其定时或计数功能。当计数器计满溢出时，只能将输出送往串行口。在这种情况下，T1 一般用作串行口波特率发生器或不需要中断的场合。因 T1 的 TR1 被占用，当设置好工作方式后，T1 自动开始计数，当送入一个设置 T1 为工作方式 3 的方式后，T1 停止计数。

每种工作方式的逻辑电路如图 7－3 至图 7－5 所示。

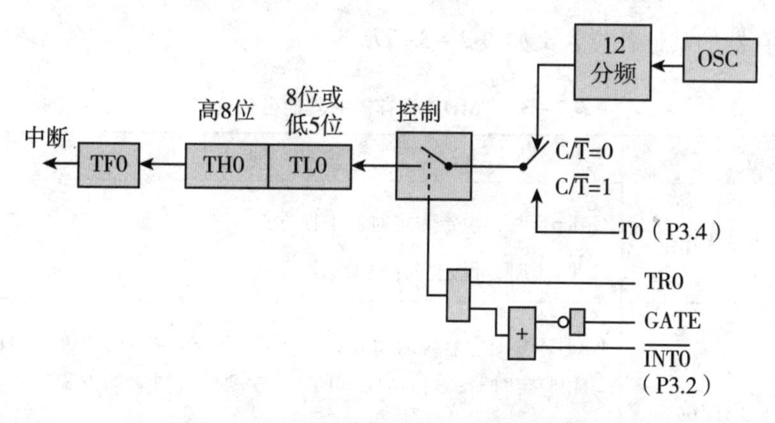

图 7－3　定时器工作方式 0 和方式 1 示意图

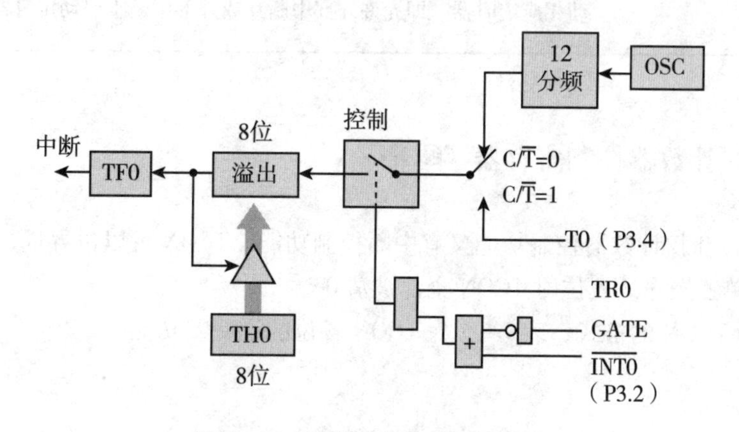

图 7－4　定时器工作方式 2 示意图

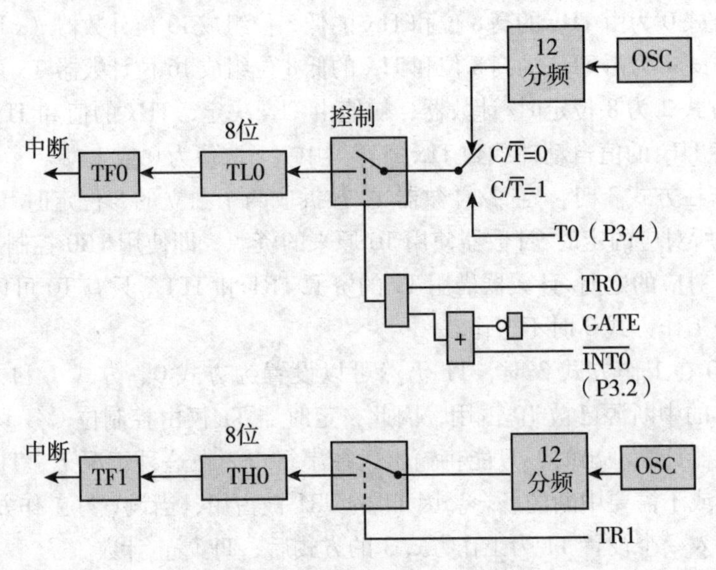

图 7－5　定时器工作方式 3 示意图

TMOD 寄存器的其他各位含义如表 7－3 所示。

表 7－3　TMOD 寄存器的其他各位含义

控制位		功 能 说 明
C/$\overline{T}$	功能选择位	C/$\overline{T}$ = 0 时，设定为定时器工作方式 C/$\overline{T}$ = 1 时，设定为计数器工作方式
GATE	门控位	GATE = 0 时，软件启动方式，将 TCON 寄存器中的 TR0 或 TR1 置 1 即可启动相应定时器；当 GATE = 1 时，软硬件共同启动方式，软件控制 TR0 或 TR1 置 1 的同时，还需要$\overline{INT0}$（P3.2）或$\overline{INT1}$（P3.3）为高电平才可启动相应定时器，即允许外部中断 0 或外部中断 1 启动定时器

四、定时/计数器控制寄存器 TCON

TCON 既有定时/计数器控制功能又有中断控制功能。TCON 可以位寻址，即对寄存器的每一位可进行单独操作。复位时 TCON 全部被清 0。

表 7－4 为 TCON 的格式，表 7－5 为 TCON 各位的说明及功能。

表 7-4　定时/计数器控制寄存器 TCON 的格式

位序号	D7	D6	D5	D4	D3	D2	D1	D0
位符号	TF1	TR1	TF0	TR0	IE1	IT1	IE0	IT0

表 7-5　定时/计数器控制寄存器 TCON 各位的说明及功能

位符号	说　明	功　能
TF1	T1 溢出标志位	T1 被启动计数后，从初值开始加 1 计数，计数溢出后由硬件置位 TF1，同时向 CPU 发出中断请求，此标志一直保持到 CPU 响应中断后才由硬件自动清零。也可由软件查询该标志，并由软件清零
TR1	T1 运行控制位	由软件清零关闭定时器 1，即 TR1 =0，关闭定时器 1。 当 GATE =0 时，TR1 软件置 1，即启动定时器 1； 当 GATE =1 时，且 INT1 为高电平时，TR1 置 1，启动定时器 1
TF0	T0 溢出标志位	T0 被启动计数后，从初值开始加 1 计数，计数溢出后由硬件置位 TF0，同时向 CPU 发出中断请求，此标志一直保持到 CPU 响应中断后才由硬件自动清零。也可由软件查询该标志，并由软件清零
TR0	T0 运行控制位	由软件清零关闭定时器 0，即 TR0 =0，关闭定时器 0。 当 GATE =0 时，TR0 软件置 1，即启动定时器 0； 当 GATE =1 时，且 INT0 为高电平时，TR0 置 1，启动定时器 0
IE1	外部中断 1 请求标志位	IE1 =1，外部中断 1 向 CPU 申请中断（硬件置 1），当 CPU 响应中断后，由硬件自动清零
IT1	外部中断 1 触发方式选择位	IT1 =1，下降沿触发方式； IT1 =0，低电平触发方式，该位由软件置位或清除
IE0	外部中断 0 请求标志位	IE0 =1，外部中断 0 向 CPU 申请中断（硬件置 1），当 CPU 响应中断后，由硬件自动清零
IT0	外部中断 0 触发方式选择位	IT0 =1，下降沿触发方式； IT0 =0，低电平触发方式，该位由软件置位或清除

五、定时/计数器的工作过程

1. 设置定时/计数器工作方式

通过设置 TMOD，确定相应的定时/计数器是定时功能还是计数功能，并确定工作方式及启动方式。

2. 设置计数初值

定时时间的计算公式为

$$定时时间 = (2^n - X) \times 12 / f_{osc}$$

式中：n ——计数位数；

X ——初始值；

f_{osc}——晶振频率。

寄存器 TH_M和 TL_M的计算公式为：

$$TH_M = X/256;\ TL_M = X\%256,\ M 为 0 或 1$$

3. 启动定时/计数器

根据第 1 步中设置的启动方式启动定时/计数器。

4. 计数溢出

一旦计数溢出，溢出标志位 TF1 或 TF0 会置 1，通知用户定时/计数器已经计满，用户可以通过查询溢出标志位的状态或者中断方式进行操作。

任务实施

项目十四　60 s 倒计时秒表设计

任务要求

在计时抢答类娱乐节目中，通常会使用两位数码管显示计时时间，或者使用一分钟倒计时，用时最短的选手获胜。主持人按下计时按钮开始倒计时，选手按下停止按钮，停止计时，数码管显示的时间即为剩余时间。一旦倒计时为 0，没有选手按下停止按钮，则会点亮某个 LED 灯以示报警。

本项目要求完成的工作是分解出 60 s 倒计时的工作过程及控制方法，完成硬件电路设计和软件编程。通过单片机的两个外部中断和定时器中断实现 60 s 倒计时控制，模拟仿真生活中真实的倒计时显示效果。本项目主要采用中断方式进行外部中断和定时器中断控制，由此使学生加深对中断的理解，为后面的综合应用打下夯实的基础。

任务分析

利用共阳极数码管 SMG1 显示十位数，SMG2 显示个位数。按键 K2 连接在外部中断 INT0（P3.2）端口，按下 K2 键，启动倒计时；按键 K3 连接在外部中断 INT1（P3.3）端口，按下 K3 键，倒计时显示停止。当倒计时为 0 时，点亮 LED 灯以示报警。

实训模块

一、硬件电路原理图设计

根据本项目的工作内容及要求，通过具体分析，设计如图 7－6 所示的电路。电路元器件清单如表 7－6 所示。

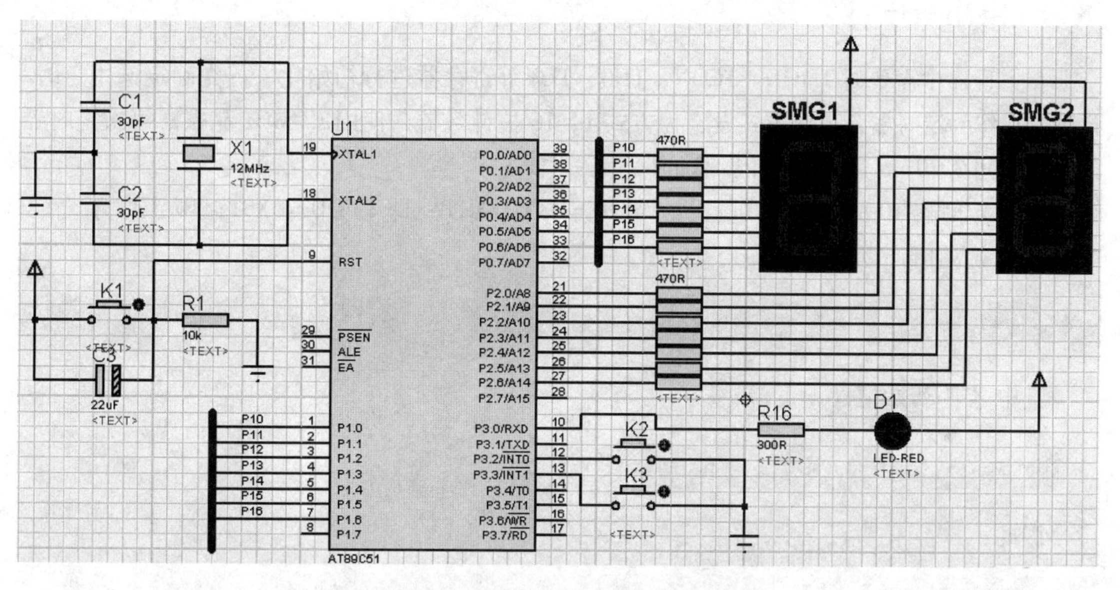

图 7－6　"60 s 倒计时秒表设计"电路图

表 7－6　"60 s 倒计时秒表设计"电路元器件表

元器件名称	型　号	数　量
单片机	AT89C51	1
晶振	12 MHz	1
电容	30 pF	2
电解电容	22 μF/16 V	1
按钮	—	3

续表

元器件名称	型　号	数　量
电阻	10 kΩ	1
电阻	470 Ω	14
电阻	300 Ω	1
发光二极管	—	1
共阳极数码管	—	2

二、软件设计

1. 主程序设计

在主程序中需要对TMOD、TCON、TH0、TL0等寄存器进行初始化。首先确定选用定时/计数器0作为定时器，工作方式设定为方式1，16位计数器，使用12 MHz晶振，每次定时器的定时时间为10 ms。程序设计步骤如下：

（1）定时器T0的工作方式设置：TMOD＝0000 0001B；即TMOD＝0X01；T0工作方式1。

（2）初始值计算：

```
10 ms = (2^16 -X) * 12/12 MHz;
```

其中X为初始值。

```
X=65536-10*10-3/(1*10-6) =55536;
```

因此：

```
TH0 =55536/256;
TL0 =55536%256;
```

（3）优先级设定。

考虑到实际应用情况，当按下连接在外部中断1上的K3键后，应立即停止计时，因此外部中断1的优先级最高；外部中断0和定时/计数器0按自然优先级排序即可。

```
PX1 =1;PX0 =0;PT0 =0;
```

（4）打开中断总开关，同时允许外部中断0和外部中断1，定时器T0中断。

```
EA =1; EX1 =1; EX0 =1; ET0 =1;
```

（5）P1 和 P2 端口输出全为 0，使得数码管 SMG1、SMG2 分别显示 8。

```
P1 =0X00; P2 =0X00;
```

（6）设定时间显示的初始值为 60。

```
seconds =60;
```

（7）循环体设计。

主程序除了进行一些寄存器的初始化设置和一些变量初始化外，就进入 while（1）的死循环，循环显示当前的时间秒数，并等待外部中断 0、外部中断 1 和定时器中断的产生。

2. 外部中断 0 程序设计

当按下 K2 键触发外部中断 0 提出请求时，启动 T0 开始计时，即 TR0 =1；每次按下 K2 键都是从 60 s 开始倒计时，因此 seconds =60。

3. 外部中断 1 程序设计

当按下 K3 键触发外部中断 1 提出请求时，停止 T0 计时，即 TR0 =0。

4. 定时器 T0 中断程序设计

T0 的定时时间为 10 ms，就是说每 10 ms 定时器会触发一次定时中断。如果需要定时 1 s，就需要触发 100 次，因此用变量 n 来统计触发的次数，当 $n \geq 100$，表示 1 s 时间到，此时需要将显示秒数减 1，并获取显示的十位和各位数字。若定义 shi 表示十位数，ge 表示个位数，则 shi = seconds/10，ge = seconds% 10。

5. 数码管显示数字的程序设计

考虑到用共阳极七段数码管，将数码管显示 0 ~ 9 的码值存放到数组 table 中，数字 0 的码值为 0xc0，则 table[0] = 0xc0。那么如果希望 SMG1 显示 0 的话，则只需要设置 P1 = table[0]，以此类推。

三、整个程序代码

```
#include <reg51.h>            //导入头文件
unsigned char table[] =
{0xc0,0xf9,0xa4,0xb0,0x99,0x92,0x82,0xf8,0x80,0x90 };
                              //共阳极数码管 0 ~9 的码值
```

```
unsigned char seconds;          //显示时间变量
unsigned char shi ,ge;          //显示的十位数和个位数变量
unsigned char n;                //定时器中断次数变量
sbit led = P3^0;                //定义报警灯连接的端口
/***************************************************
              外部中断 1 中断程序
***************************************************/
void int1() interrupt 2 using 1{
  TR0 =0;                       //定时器 T0 停止计时
  led =1;                       //关闭报警灯，正常情况下，不需要报警
}
/***************************************************
              外部中断 0 中断程序
***************************************************/
void int0() interrupt 0 using 0{
  TR0 =1;                       //启动定时器 T0 开始计时
  seconds =60;                  //显示初始值设为 60 s
  n =0;                         //中断次数从 0 开始
  led =1;                       //关闭报警灯
}
/***************************************************
              定时器 T0 中断程序
***************************************************/
void myt0() interrupt 1 using 0{
  TH0 =55536/256;               //重新设置初始值，也可以不设
  TL0 =55536% 256;
  n ++;                         //定时中断次数加 1
  if(n > =100){                 //满 1 秒
    seconds --;                 //显示时间秒数减 1
    shi = seconds/10;           //显示十位数数值
    ge = seconds% 10;           //显示个位数数值
    P1 =table[shi];             //SMG1 显示十位数数字
    P2 =table[ge];              //SMG2 显示个位数数字
    n =0;                       //下次定时中断次数从 0 开始
  }
}
```

```
/***********************************************
                  主程序设计
***********************************************/
void main(){
  TMOD = 0x01;                  //0000 0001    t0 工作方式 0
  TH0 =55536/256;               //定时器初始值设置
  TL0 =55536% 256;
  IT1 =1;                       //外部中断 1 触发方式为下降沿触发
  IT0 =1;                       //外部中断 0 触发方式为下降沿触发
  PX1 =1;                       //外部中断 1 优先级为高
  EA =1;                        //开中断总开关
  ET0 =1;                       //允许定时器 T0 产生中断
  EX0 =1;                       //允许外部中断 0 产生中断
  EX1 =1;                       //允许外部中断 1 产生中断
  shi =8;                       //数码管初始显示 8
  ge =8;
  seconds =60;                  //显示时间初始值为 60 s
  n =0;
  led =1;                       //不报警
  while(1){
    P1 =table[shi];             //数码管显示十位数字
    P2 =table[ge];              //数码管显示个位数字
    if(seconds ==0) {           //一旦显示时间倒计时为 0
      TR0 =0;                   //定时器 T0 停止工作
      led =0;                   //点亮报警灯
    }
  }
}
```

程序调试与仿真

把“60 s 倒计时秒表设计”的程序放在 Proteus 仿真软件中进行调试与仿真，当调试成功后，因为开发板上数码管的连接方式和图 7 -6 不同，所以需要根据开发板的硬件连接对程序进行修改后下载到开发板上运行才能得到想要的结果。

如图 7 -7 所示为开发板的硬件电路图。

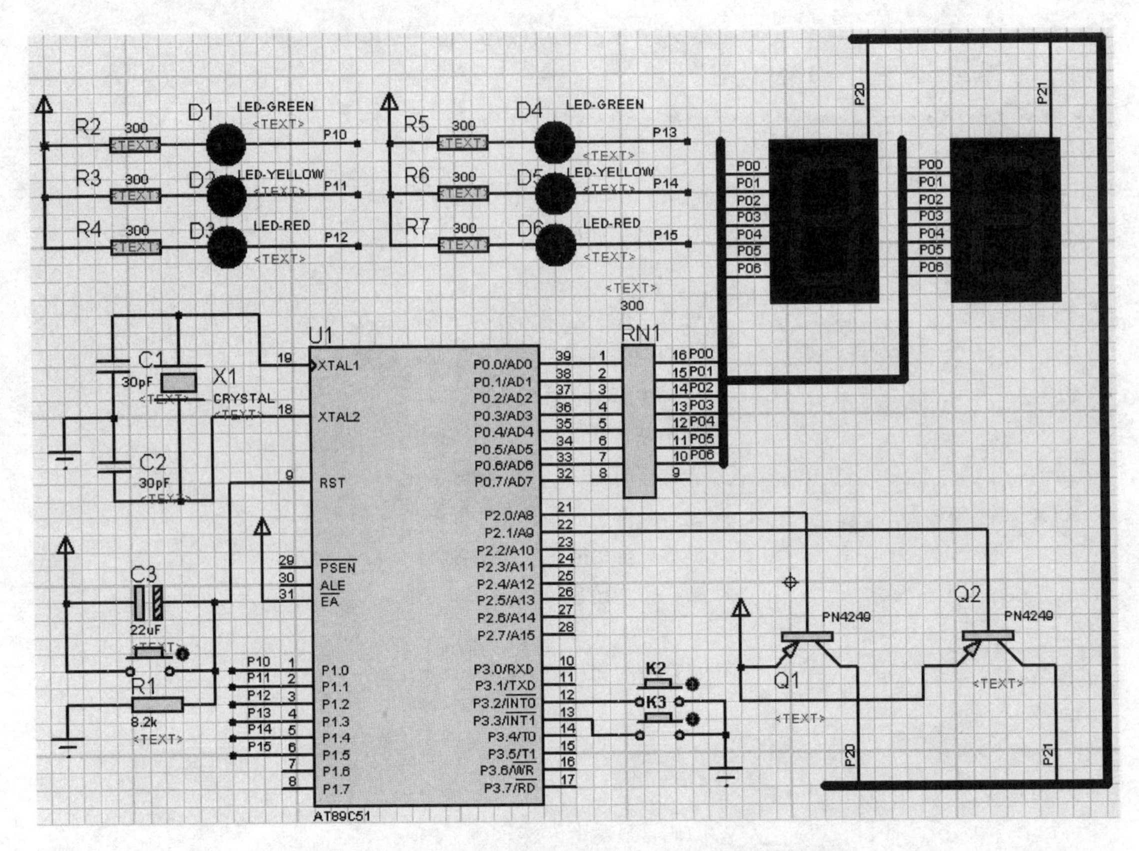

图 7－7 “60 s 倒计时秒表设计”开发板的硬件电路图

将显示时间的十位和个位数字的两个数码管的七段 LED 同时连接在 P0 端口上，十位数字数码管的电源连接在三极管 Q1（PN4249）的集电极上，个位数字数码管的电源连接在三极管 Q2（PN4249）的集电极上。Q1 的基极连接在 P20 端口，Q2 的基极连接在 P21 端口。当 P20 端口输出低电平时，Q1 导通，Q1 的集电极为高电平，显示时间的十位数字数码管接通电源，显示的数字由 P0 端口的状态决定。同理，当 P21 为低电平时，显示时间的个位数字的数码管电源接通，由 P0 端口的状态决定个位数字的显示。只要控制 P20 和 P21 轮流为低电平，十位和个位数字的数码管就轮流被接通电源，可以轮流显示数字。控制轮流显示的频率大于 50 Hz，由于人眼的视觉暂留，会感觉到两个数码管是同时显示数字的。本项目中的定时器 50 ms 中断一次，可以设置一个位变量 label_display，在定时器中断程序中使得此变量取反，即每隔 50 ms，该变量取反一次。此变量为 1 时，选择十位数字数码管显示；为 0 时，个位数字数码管显示，如此来实现两个显示时间的数码管轮流显示。

将主程序中数码管显示部分的代码修改后如下：

```
while(1){
  if(label_display){          //显示十位数字
    P2 =0xfe;                 //1111 1110 选择时间的十位数字数码管显示
    P0 = table[shi];          //数码管显示十位数字
  }
  else{                       //显示个位数字
    P2 =0xfd;                 //1111 1101 选择时间的个位数字数码管显示
    P0 =table[ge];            //数码管显示个位数字
    if(seconds ==0) {         //一旦显示时间倒计时为 0,
      TR0 =0;                 //定时器 T0 停止工作
      led =0;                 //点亮报警灯
    }
  }
}
```

在定时器 0 的中断程序中加一句：

```
label_display = !label_display;
```

最后对修改后的程序进行编译，将生成的 HEX 文件下载到开发板中运行。

项目十五　交通信号灯硬件电路和软件设计

任务要求

本项目要完成的工作是对交通信号灯的工作顺序和控制状态方式进行分解，完成交通信号灯的硬件设计和软件设计。通过单片机控制外围电路点亮发光二极管，模拟仿真生活中真实的交通信号灯显示效果。

本项目在对交通信号灯控制的过程中主要采用位操作，通过对某一位的置位或清零来完成基本信号灯的亮灭控制，由此加深学生对位操作的理解，为以后的应用打下夯实的基础。由于接在端口的各个信号灯状态不同，所以采用位操作优势明显。因此，本项目注重对位操作的使用，同时提高对项目任务的分析能力，抓住解决问题的关键点。

任务分析

根据交通信号灯控制系统的任务说明及本项目的任务要求，通过具体的路口交通信号灯状态的演示分析，把生活中真实的交通信号灯归纳为以下 6 个状态：

状态1：东西向绿灯亮，南北向红灯亮，倒计时30 s。此状态下，东西向运行通行，南北向禁止通行。

状态2：剩余5 s时，东西向绿灯闪烁，持续3 s，起提示作用。南北向依然为红灯亮，禁止通行。此状态下，未进入路口标志线的车注意减速，采取必要的措施。

状态3：剩余2 s时，东西向黄灯亮，持续2 s。此时南北向依然为红灯亮，禁止通行；给东西向的驾驶者一个警示，东西向已进入路口标志线的车辆继续行进，驶离路口，未进入路口的车辆禁止进入路口，不得超越路口标志线。

状态4：南北向绿灯亮，东西向红灯亮，倒计时30 s重新开始。此状态下，南北向允许通行，东西向禁止通行。

状态5：剩余5 s时，南北向绿灯闪烁，持续3 s，起提示作用。东西向依然为红灯亮，禁止通行。此状态下未进入路口标志线的车注意须减速行驶，采取必要的措施。

状态6：倒计时到2 s时，南北向黄灯亮，持续2 s。此时东西向依然为红灯亮，禁止通行；给南北向驾驶者一个警示，南北向已进入路口标志线的车辆继续行进，驶离路口，未进入路口的车辆禁止进入路口，不得超越路口标志线。

完成以上6个状态后，再进入大循环，重复下去。东西南北4个路口均有红绿黄3盏灯和2个数码管显示器，在任何一个路口，遇红灯时禁止通行，转绿灯时运行通行，黄灯警示通行与禁止状态将变换。

同时交警手上有遥控器可以根据当时的交通状态延长或缩短绿灯和红灯亮的时间。

交通信号灯状态和通行状态关系表如表7－7所示。

表7－7　交通信号灯状态和通行状态关系表

交通信号灯＼状态	状态1	状态2	状态3	状态4	状态5	状态6
东西向绿灯	0	闪烁	1	1	1	1
东西向黄灯	1	1	0	1	1	1
东西向红灯	1	1	1	0	0	0
南北向绿灯	1	1	1	0	闪烁	1
南北向黄灯	1	1	1	1	1	0
南北向红灯	0	0	0	1	1	1
东西向方向	通行	提示通行	警示	禁行	禁行	禁行
南北向方向	禁行	禁行	禁行	通行	提示通行	警示

一、硬件电路设计思路

根据上面的分析，东西南北每个方向各有 3 盏灯，一共有 12 盏灯，可以分别连接到单片机 P0 的 8 个端口和 P3 的 4 个端口。但是在实际应用中考虑到单片机的带负载能力，通常需要在端口和 LED 灯之间连接反相器或其他驱动电路。也可以将南北方向的灯串联起来，东西方向的灯串联或并联起来，但是需要在每个端口外面加上驱动电路，比如 74LS05 反相器，这样可以省去 6 个端口。当然也可以采用可编程通用并行接口 8255 作为驱动来实现单片机对信号灯的控制。有兴趣的同学，可以考虑单片机加了驱动后的硬件电路设计。利用可编程通用并行接口 8255 实现单片机对信号灯的控制示意图如图 7－8 所示。

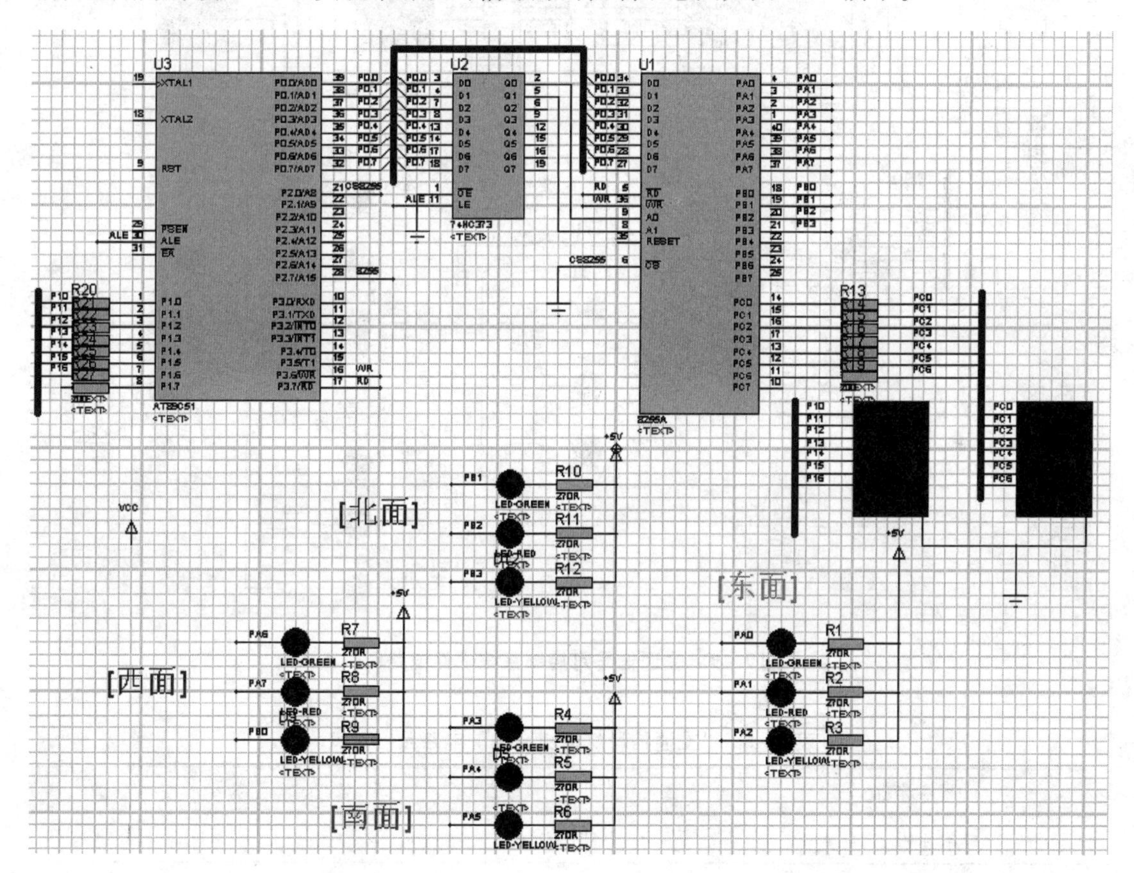

图 7－8　利用可编程通用并行接口 8255 实现单片机对信号灯的控制示意图

二、硬件电路设计

本项目通过使用单片机的端口直接连接 LED 灯来模拟仿真交通信号灯控制。如图 7－9 所示为交通信号灯控制系统硬件电路图。电路图元器件清单如表 7－8 所示。

将与数码管连接的电阻参数设置为 470 Ω，和 LED 串联的电阻参数设置为 300 Ω。P0 端口接 300 Ω 的排阻后，连接 +5 V 电源。

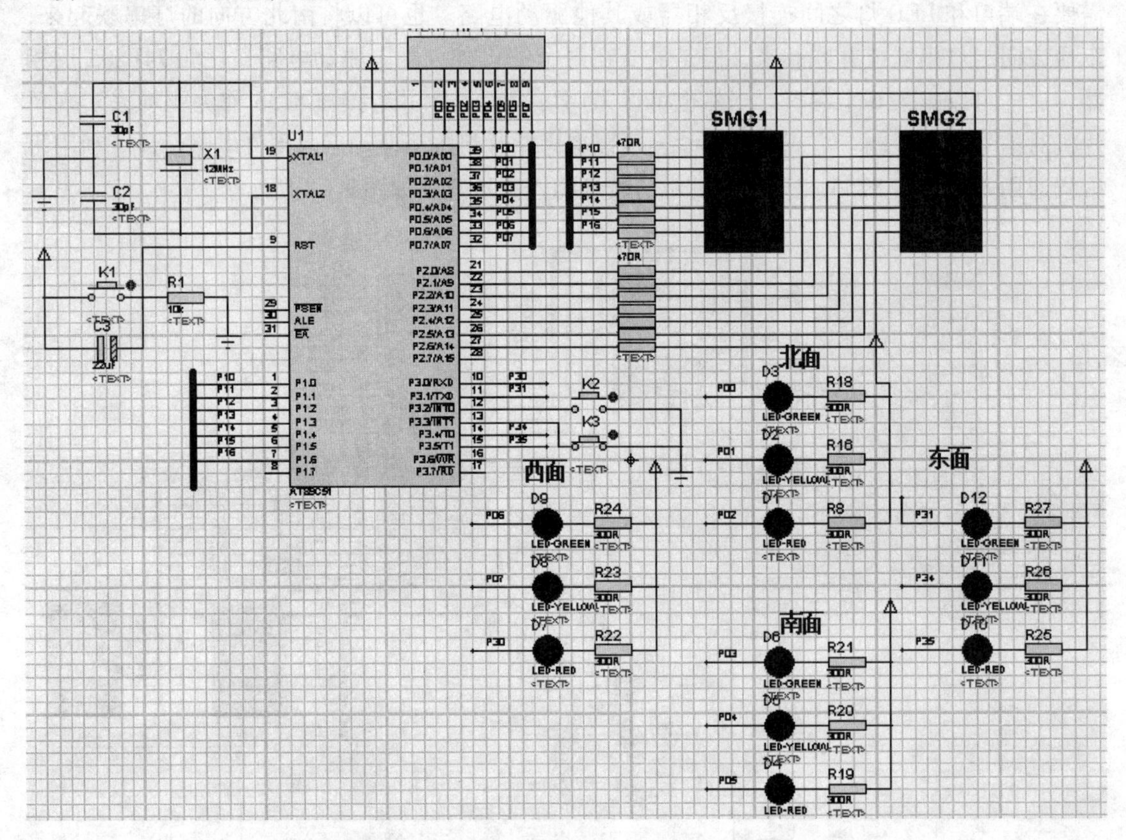

图 7－9　交通信号灯控制系统硬件电路图

表 7－8　“交通信号灯控制系统”电路元器件表

元器件名称	型　　号	数　　量
单片机	AT89C51	1
晶振	12 MHz	1
电容	30 pF	2
电解电容	22 μF/16 V	1

续表

元器件名称	型　号	数　量
按钮	—	3
电阻	10 kΩ	1
电阻	470 Ω	14
电阻	300 Ω	1
发光二极管	红色、绿色、黄色	各4个
共阳极数码管	—	2
排阻	300 Ω	1

三、软件设计

1. 设计思路

由表7-7可知，交通信号灯的控制状态有6种，即东西方向和南北方向两组信号灯有6种工作形式，表中“0”对应灯点亮，“1”对应灯熄灭。由于单片机的并行端口都可以进行位操作，因此采用 sbit ledR_N = P0^2；来定义北面的红灯连接的是P0的2号端口。表7-9列出了信号灯与端口连接的位定义。

表7-9 信号灯与端口连接的位定义

路口信号灯	位变量名	对应端口
东面绿灯	ledG_E	P3.1
东面黄灯	ledY_E	P3.4
东面红灯	ledR_E	P3.5
西面绿灯	ledG_W	P0.6
西面黄灯	ledY_W	P0.7
西面红灯	ledR_W	P3.0
南面绿灯	ledG_S	P3.3
南面黄灯	ledY_S	P3.4
南面红灯	ledR_S	P3.5
北面绿灯	ledG_N	P0.0
北面黄灯	ledY_N	P0.1
北面红灯	ledR_N	P0.2

2. 各状态的程序

（1）状态1：东西向绿灯亮，南北向红灯亮，其他灯都不亮。

```
ledR_N =0;ledR_S =0;ledG_E =0;ledG_W =0;
```

其他位变量均为1。

（2）状态3：东西向黄灯亮，南北向红灯亮，其他灯都不亮。

```
ledY_E =0;ledY_W =0;ledR_N =0;ledR_S =0;
```

其他位变量均为1。

（3）状态4：东西向红灯亮，南北向绿灯亮，其他灯都不亮。

```
ledR_E =0;ledR_W =0;ledG_N =0;ledG_S =0;
```

其他位变量均为1。

（4）状态6：东西向红灯亮，南北向黄灯亮，其他灯都不亮。

```
ledR_E =0;ledR_W =0;ledY_N =0;ledY_S =0;
```

其他位变量均为1。

（5）状态2：东西向绿灯闪烁；南北向红灯亮，其他灯都不亮。状态5的情况和状态2类似，此处仅分析状态2的设计思路：利用定时器计时0.5 s灯亮、0.5 s灯灭来实现绿灯闪烁，利用12 MHz晶振，定时/计数器T0工作方式1（16位计数器），定时时间为50 ms。

① 设置定时器工作方式1：

```
TMOD =0000 0001b;
```

② 设置定时初值：

```
X:50 ms =(216 -X)* 12/12 MHz;
```

得到：

```
X =65536 -50000 =15536;
```

因此：

```
TH0 =15536/256;TL0 =15536% 256;
```

③0.5 s为10个50 ms，因此10次定时器T0中断即为0.5 s，所以10次中断后控制灯亮，再10次中断后控制灯灭，灯亮灭3次所需时间为3 s。

定时器T0的中断程序为：

```
void myt0() interrupt 1 using 0{
   TH0 =15536/256;          //对于12 MHz晶振，定时50 ms的初始值
   TL0 =15536% 256;         //50000 =65536 -X
   n1 ++;                   //统计中断次数，n1为0.5 s的计数次数，
   n2 ++;                   //n2为1 s的计数次数
   if(n1 > =10){            //0.5 s计时到，控制黄灯状态的标志位翻转
      label = !label;
      n1 =0;
   }
   if(n2 > =20){            //1 s计时到，时间变量减1
     n2 =0;
     seconds --;            // 时间秒数减1

     if(seconds ==5){
        step ++;            //进入第2个或第5个状态
     }
     if(seconds ==2){
       step ++;             //进入第3个或第6个状态
     }
     if(seconds < =0){      //进入第4个或第1个状态
        step ++;
        if(step > =7){
            step =1;
        }
        seconds =30;
     }
   }
}
```

定时器T0的中断程序负责状态的切换。6个状态下灯的亮、灭在主程序的while()循环中完成，根据注释，不难理解程序的含义。

6个状态下灯亮、灭控制程序如下：

```
while(1){
      switch(step){  //step标志交通信号灯所处在的状态
```

```
  case 1:  //状态1
    //东西向绿灯亮,南北向红灯亮
      ledR_N = 0;
      ledR_S = 0;
      ledG_E = 0;
      ledG_W = 0;
    //东西向和南北向黄灯熄灭
      ledY_E = 1;
      ledY_W = 1;
      ledY_N = 1;
      ledY_S = 1;
    //东西向红灯灭，南北向绿灯灭
      ledG_N = 1;
      ledG_S = 1;
      ledR_W = 1;
      ledR_E = 1;
      break;
  case 2:
    //东西向绿灯闪烁，南北向红灯亮
      ledR_N = 0;
      ledR_S = 0;
      if(label){
        ledG_E = 0;
        ledG_W = 0;
      }
      else {
        ledG_E = 1;
        ledG_W = 1;
      }
      //东西向和南北向黄灯熄灭
        ledY_E = 1;
        ledY_W = 1;
        ledY_N = 1;
        ledY_S = 1;
      //南北向绿灯和东西向红灯熄灭
        ledG_N = 1;
        ledG_S = 1;
        ledR_W = 1;
```

```
        ledR_E =1;
      break;
    case 3:
      //东西向黄灯亮，南北向红灯亮，其他灯熄灭
        ledY_E =0;
        ledY_W =0;
        ledR_N =0;
        ledR_S =0;
      //东南向和西北向绿灯熄灭
        ledG_E =1;
        ledG_W =1;
        ledG_N =1;
        ledG_S =1;
      //东西向红灯灭，南北向黄灯灭
        ledR_E =1;
        ledR_W =1;
        ledY_N =1;
        ledY_S =1;
        break;
    case 4:
      //南北向绿灯亮，东西向红灯亮
        ledR_E =0;
        ledR_W =0;
        ledG_N =0;
        ledG_S =0;
      //东西向和南北向黄灯熄灭
        ledY_E =1;
        ledY_W =1;
        ledY_E =1;
        ledY_W =1;
      //南北向红灯灭，东西向绿灯灭
        ledG_W =1;
        ledG_E =1;
        ledR_N =1;
        ledR_S =1;
        break;
    case 5:
      //南北向绿灯闪烁，东西向红灯亮
```

```
        ledR_E =0;
        ledR_W =0;
        if(label){
          ledG_N =0;
          ledG_S =0;
        }
        else {
          ledG_N =1;
          ledG_S =1;
        }
          ledY_N =1;
          ledY_S =1;
          ledY_E =1;
          ledY_W =1;
          ledR_N =1;
          ledR_S =1;
          ledG_E =1;
          ledG_W =1;
          break;
      case 6:
        //南北向黄灯亮，东西向红灯亮，其他灯熄灭
          ledY_N =0;
          ledY_S =0;
          ledR_E =0;
          ledR_W =0;
        //东南向和西北向绿灯熄灭
          ledG_E =1;
          ledG_W =1;
          ledG_N =1;
          ledG_S =1;
        //南北向红灯灭，东西向黄灯灭
          ledR_N =1;
          ledR_S =1;
          ledY_E =1;
          ledY_W =1;
          break;
      default: break;
    }
}
```

项目十六　交通信号灯控制系统调试

任务要求

本任务是进行交通信号灯控制系统软、硬件联调，实现交通信号灯控制系统的设计要求。根据项目十四“60 s 倒计时秒表设计”和项目十五“交通信号灯硬件电路和软件设计”，将两部分的硬件电路连接起来，进行系统软件的整体设计及调试，在 Proteus 仿真环境中模拟实现交通信号灯控制系统，并将程序下载到开发板模拟生活中真实交通信号灯的工作状态，达到设计要求。在整个任务中，学生可逐步提高理论知识水平和实践能力。通过拓展单片机的应用，激发学生学习本课程的积极性，同时提高分析问题和解决问题的能力。

任务分析

根据交通信号灯控制系统的任务说明及本任务的任务要求，把交通信号灯控制系统设计分解成以下几部分：

（1）根据前面的任务，将信号灯的工作状态和显示电路连接起来，构成一个完整的交通信号灯控制系统的硬件电路。

（2）交通信号灯控制系统整体程序设计及仿真调试。

（3）下载程序到开发板，完成交通信号灯控制系统软、硬件联调，完成系统设计，达到设计要求。

实训模块

一、硬件电路原理图设计

将项目十四和项目十五的硬件电路连接起来，完成交通信号灯控制系统硬件电路设计。

二、软件设计

项目十四和项目十五是先将任务分解，再完成分解的任务所需要的程序。当时只考虑单个任务所需要的程序，现在需要将倒计时显示和交通信号灯状态这两部分的程序结合起来。我们只需要在项目十五的主程序的 while（1）循环中加入显示的内容。考虑到特殊的交通情况，交警可以遥控交通信号灯显示的时间，实现方法可以用外部中断的两个按钮开关模拟实现遥控器的两个按钮。K2 键为重新启动定时器的按钮；K3 键为停止定时器工作的按钮。

下面就是系统的整体程序，结合注释，不难理解。

```
#include <reg51.h>
//位定义东、南、西、北四个方向12盏灯所连接的端口
sbit ledG_N=P0^0;
sbit ledY_N=P0^1;
sbit ledR_N=P0^2;
sbit ledG_S=P0^3;
sbit ledY_S=P0^4;
sbit ledR_S=P0^5;
sbit ledG_W=P0^6;
sbit ledY_W=P0^7;
sbit ledR_W=P3^0;
sbit ledG_E=P3^1;
sbit ledY_E=P3^4;
sbit ledR_E=P3^5;
unsigned char
table[]={0xc0,0xf9,0xa4,0xb0,0x99,0x92,0x82,0xf8,0x80,0x90};
//共阳极数码管显示0~9的码值
unsigned char shi,ge;//十位数和个位数变量
bit label;//标记位，为1时，黄灯亮，为0时，黄灯灭
unsigned char step;//定义信号灯状态变量
unsigned int n1,n2;
//统计中断次数，n1为0.5 s的计数次数，n2为1 s的计数次数
signed char seconds;//时间变量
/***************************************************
               外部中断1停止定时器T0工作
***************************************************/
void int1() interrupt 2 using 1{
  TR0=0;
}
/***************************************************
               外部中断0重新启动定时器T0工作
***************************************************/
void int0() interrupt 0 using 0{
  TR0=1;
  seconds=30;
  n2=0;
}
```

```
/*****************************************************
                    定时器 T0 中断程序
*****************************************************/
void myto() interrupt 1 using 0{
  TH0 =15536/256;//对于 12 MHz 晶振，定时 50 ms 的初始值
  TL0 =15536% 256;//50000 =65536 -X
  n1 ++;
  n2 ++;
  if(n1 > =5){  //0.5 s 计时到，控制绿灯状态的标志位翻转
     label =! label;
     n1 =0;
  }
  if(n2 > =10){  //1 s 计时到，时间变量减 1
    n2 =0;
    seconds --;

    //处理数码管显示的数值
    shi =seconds/10;      //十位数数字
    ge =seconds% 10;      //个位数数字
    P1 =table[shi];       //显示十位数的数码管显示数字
    P2 =table[ge];        //显示个位数的数码管显示数字
    //处理信号灯状态
    if(seconds ==5){
       step ++;
    }
    if(seconds ==2){
      step ++;
    }
    if(seconds < =0){
       step ++;
       if(step > =7){
         step =1;
       }
       seconds =30;
    }
  }
}
void  main(){
```

```
TMOD =0X01;//0000 0001 定时器0 工作方式1
TH0 =15536/256;//对于12 MHz 晶振，定时50 ms 的初始值
TL0 =15536% 256;//50000 =65536 -X
EA =1;          //开中断总开关
ET0 =1;         //允许 T0 中断
TR0 =1;         //启动 T0
EX1 =1;         //允许外部中断
EX0 =1;
PX1 =1;         //外部中断1 优先级为高
PX0 =0;
PT0 =0;
step =1;        //信号灯默认状态为1
n1 =0;          //0.5 s 定时计数变量
n2 =0;          //1 s 定时计数变量
label =1;       //标记位初始值为1,黄灯亮
seconds =30;    //时间初始值为30 s
shi =8;         //十位数数码管显示8
ge =8;          //个位数数码管显示8


while(1){
  //数码管显示
   P1 =table[shi];
   P2 =table[ge];

  //信号灯状态
   switch(step){
     case 1:
       //东西向绿灯亮，南北向红灯亮
         ledR_N =0;
         ledR_S =0;
         ledG_E =0;
         ledG_W =0;
       //东西南北向黄灯熄灭
         ledY_E =1;
         ledY_W =1;
         ledY_N =1;
         ledY_S =1;
```

```
  //东西向红灯灭，南北向绿灯灭
    ledG_N =1;
    ledG_S =1;
    ledR_W =1;
    ledR_E =1;
    break;
case 2:
  //东西向绿灯闪烁，南北向红灯亮
    ledR_N =0;
    ledR_S =0;
    if(label){   //标记为1，绿灯亮
      ledG_E =0;
      ledG_W =0;
    }
    else {  //否则，绿灯灭
      ledG_E =1;
      ledG_W =1;
    }
    ledY_E =1;
    ledY_W =1;
    ledY_N =1;
    ledY_S =1;
    ledG_N =1;
    ledG_S =1;
    ledR_W =1;
    ledR_E =1;
    break;
case 3:
  //东西向黄灯亮，南北向红灯亮，其他灯熄灭
    ledY_E =0;
    ledY_W =0;
    ledR_N =0;
    ledR_S =0;
  //东南西北向绿灯熄灭
    ledG_E =1;
    ledG_W =1;
    ledG_N =1;
    ledG_S =1;
```

```
    //东西向红灯灭，南北向黄灯灭
      ledR_ E =1;
      ledR_ W =1;
      ledY_ N =1;
      ledY_ S =1;
      break;
  case 4:
    //南北向绿灯亮，东西向红灯亮
      ledR_E =0;
      ledR_W =0;
      ledG_N =0;
      ledG_S =0;
    //东西南北向黄灯熄灭
      ledY_E =1;
      ledY_W =1;
      ledY_E =1;
      ledY_W =1;
    //南北向红灯灭，东西向绿灯灭
      ledG_W =1;
      ledG_E =1;
      ledR_N =1;
      ledR_S =1;
      break;
  case 5:
    //南北向绿灯闪烁，东西向红灯亮
      ledR_E =0;
      ledR_W =0;
      if(label){
        ledG_N =0;
        ledG_S =0;
      }
      else {
        ledG_N =1;
        ledG_S =1;
      }
      ledY_N =1;
      ledY_S =1;
      ledY_E =1;
```

```
            ledY_W =1;
            ledR_N =1;
            ledR_S =1;
            ledG_E =1;
            ledG_W =1;
            break;
        case 6:
          //南北向黄灯亮，东西向红灯亮，其他灯熄灭
            ledY_N =0;
            ledY_S =0;
            ledR_E =0;
            ledR_W =0;
          //东南西北向绿灯熄灭
            ledG_E =1;
            ledG_W =1;
            ledG_N =1;
            ledG_S =1;
          //南北向红灯灭，东西向黄灯灭
            ledR_N =1;
            ledR_S =1;
            ledY_E =1;
            ledY_W =1;
            break;
        default: break;
    }
  }
}
```

三、交通信号灯控制系统在 Proteus 仿真环境中调试与运行

在 Proteus 环境下打开交通信号灯控制系统电路图，下载程序到 51 单片机中，仿真运行，观察运行过程和结果。如果和要求不一致，请修改程序并调试。如图 7 - 10 所示为交通信号灯控制系统调试运行过程中的截图。

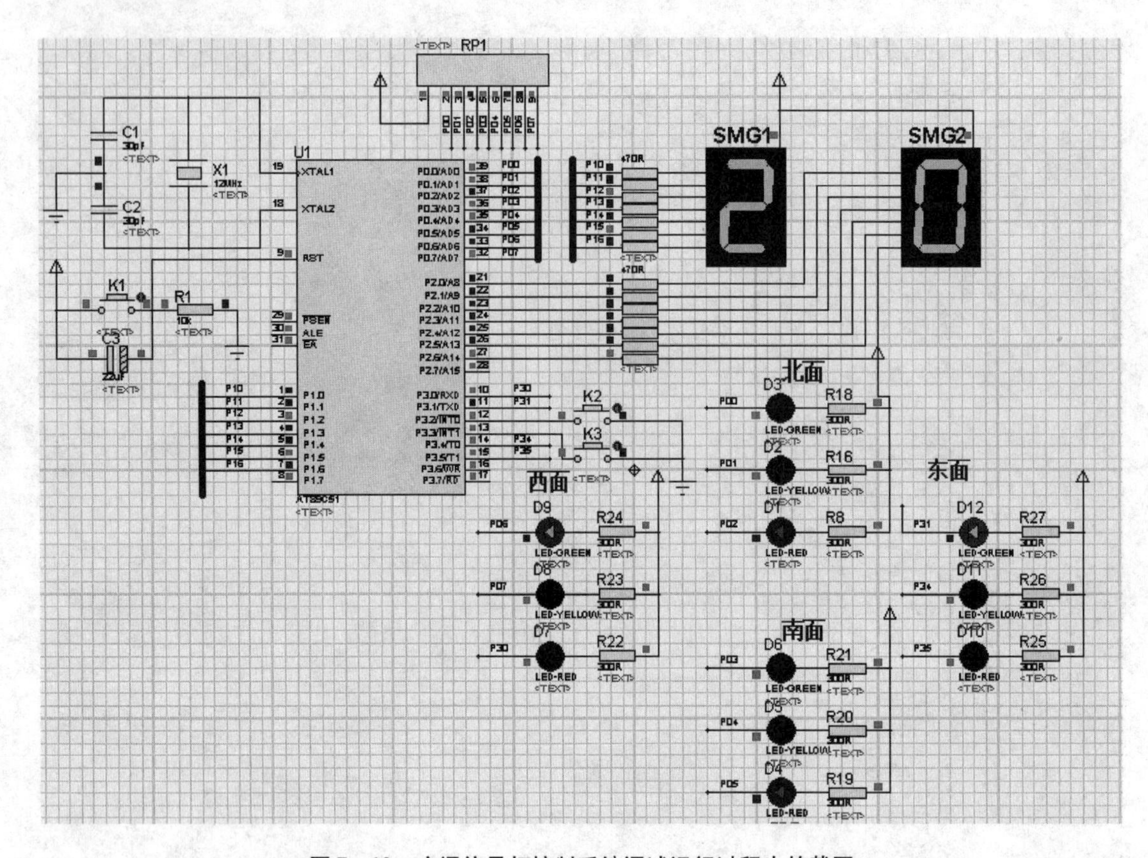

图 7－10　交通信号灯控制系统调试运行过程中的截图

四、将程序下载到开发板进行软硬件联调

在仿真环境中运行成功后，根据如图 7－7 所示的“60 s 倒计时秒表设计”开发板中连接数码管和 LED 的端口，修改程序中的位定义。数码管显示数字由 P0 并行口控制，十位数和个位数轮流显示由 P20 和 P21 端口分别输出地点来实现。轮流显示的频率设计高于50 Hz，由于人眼有视觉暂留，所以感觉上两个数码管是同时显示的。因为定时器的中断时间设置为 50 ms，所以可以每隔 50 ms 切换十位和个位数码管的显示。在定时器中断中使用位变量 label_display = ! label_display；以此选择十位或个位数码管显示，当该变量为 1 时，十位数字数码管显示；当该变量为 0 时，个位数字数码管显示。

用连接在开发板 P1 端口的 6 个 LED 灯模拟交通信号灯。D1、D2、D3 分别代表东西向的绿灯、黄灯和红灯；D4、D5、D6 分别代表南北向的绿灯、黄灯和红灯。

外部中断 0 由按钮 K2 触发；外部中断 1 由按钮 K3 触发。

下面就是在开发板上运行交通信号灯系统的整体程序，结合注释，不难理解。

```
#include <reg51.h>
//位定义东南西北四个方向6盏灯所连接的端口
sbit ledG_EW = P1^0;
sbit ledY_EW = P1^1;
sbit ledR_EW = P1^2;
sbit ledG_SN = P1^3;
sbit ledY_SN = P1^4;
sbit ledR_SN = P1^5;

unsigned char table[] =
      {0xc0,0xf9,0xa4,0xb0,0x99,0x92,0x82,0xf8,0x80,0x90};
//共阳极数码管显示0~9的码值
unsigned char shi,ge;//十位数和个位数变量
bit label;//标记位，为1时，黄灯亮，为0时，黄灯灭
bit label_display;//标记位，为1时，十位数字的数码管显示，为0时，个位数字的数码管显示
unsigned char step;//定义信号灯状态变量
unsigned int n1,n2;//统计中断次数，n1为0.5 s的计数次数，n2为1 s的计数次数
signed char seconds;//时间变量
/****************************************************
                外部中断1停止定时器T0工作
****************************************************/
void int1() interrupt 2 using 1{
  TR0 =0;
}
/****************************************************
                外部中断0重新启动定时器T0工作
****************************************************/
void int0() interrupt 0 using 0{
  TR0 =1;
  seconds =30;
  n2 =0;
}
/****************************************************
                      定时器0中断程序
****************************************************/
void myto() interrupt 1 using 0{
   TH0 =15536/256;//对于12 MHz晶振，定时50 ms的初始值
   TL0 =15536%256;//50000 =65536 -X
```

```
  label_display = ! label_display;
  n1 ++;
  n2 ++;
  if(n1 > =5){  //0.5 s 计时到，控制绿灯状态的标志位翻转
     label = !label;
     n1 =0;
  }
  if(n2 > =10){  //1 s 计时到，时间变量减 1
    n2 =0;
    seconds --;
   //处理数码管显示的数值
   shi = seconds/10;
   ge = seconds% 10;
   //处理信号灯状态
    if(seconds ==5){
       step ++;
    }
    if(seconds ==2){
      step ++;
    }
    if(seconds < =0){
       step ++;
       if(step > =7){
         step =1;
       }
       seconds =30;
    }
  }
}
/***************************************************
                        主程序
***************************************************/
void  main(){
  TMOD =0X01;//0000 0001 定时器 0 工作方式 1
  TH0 =15536/256;//对于 12 MHz 晶振，定时 50 ms 的初始值
  TL0 =15536% 256;//50000 =65536 - X
  EA =1;    //开中断总开关
  ET0 =1;   //允许 T0 中断
```

```
TR0 =1;   //启动 T0
EX1 =1;   //允许外部中断
EX0 =1;
PX1 =1;  //外部中断 1 优先级为高
PX0 =0;
PT0 =0;
step =1;  //默认状态为 1
n1 =0;
n2 =0;
label =1;              //标记位初始值为 1，黄灯亮
label_display =1;  //首先显示的是十位数字的数码管
seconds =30;           //显示时间从 30 s 开始倒计时
shi =8;                //十位数数码管显示 8
ge =8;                 //个位数数码管显示 8
while(1){
//数码管显示
 if(label_display){
   P2 =0xfe; //1111 1110，十位数的数码管显示
   P0 =table[shi];
 }
 else{
   P2 =0xfd; //1111 1101，个位数的数码管显示
   P0 =table[ge];
 }
 //信号灯状态
  switch(step){
    case 1:
      //东西向绿灯亮，南北向红灯亮
        ledR_SN =0;
        ledG_EW =0;
      //东西南北向黄灯熄灭
        ledY_EW =1;
        ledY_SN =1;
      //东西向红灯灭，南北向绿灯灭
        ledG_SN =1;
        ledR_EW =1;
        break;
    case 2:
```

```
 //东西向绿灯闪烁，南北向红灯亮
  ledR_SN =0;
  if(label){
    ledG_EW =0;
 }
 else {
    ledG_EW =1;
 }
    ledY_EW =1;
    ledY_SN =1;
    ledG_SN =1;
    ledR_EW =1;
    break;
case 3:
  //东西向黄灯亮，南北向红灯亮，其他灯熄灭
    ledY_EW =0;
    ledR_SN =0;
  //东南西北向绿灯熄灭
    ledG_EW =1;
    ledG_SN =1;
  //东西向红灯灭，南北向黄灯灭
    ledR_EW =1;
    ledY_SN =1;
    break;
 case 4:
  //南北向绿灯亮，东西向红灯亮
    ledR_EW =0;
    ledG_SN =0;
  //东西南北向黄灯熄灭
    ledY_EW =1;
    ledY_SN =1;
  //南北向红灯灭，东西向绿灯灭
    ledG_EW =1;
    ledR_SN =1;
    break;
 case 5:
  //南北向绿灯闪烁，东西向红灯亮
    ledR_EW =0;
```

```
        if(label){
          ledG_SN = 0;
        }
        else {
          ledG_SN = 1;
        }
          ledY_SN = 1;
          ledY_EW = 1;
          ledR_SN = 1;
          ledG_EW = 1;
          break;
    case 6:
        //南北向黄灯亮，东西向红灯亮，其他灯熄灭
          ledY_SN = 0;
          ledR_EW = 0;
        //东南西北向绿灯熄灭
          ledG_EW = 1;
          ledG_SN = 1;
        //南北向红灯灭，东西向黄灯灭
          ledR_SN = 1;
          ledY_EW = 1;
          break;
      default: break;
    }
  }
}
```

小　结

本学习任务分解为3个小任务，从“60 s倒计时秒表设计”到“交通信号灯控制系统调试”，涉及单片机定时/计数器和中断技术的综合应用，重点训练了定时/计数器和中断的应用与编程方法；依托程序设计，循序渐进地训练了程序综合分析和调试能力。通过本学习任务，要求读者掌握：单片机定时器的概念；单片机定时器的工作方式；巩固单片机中断的概念和中断程序的编写。

问题与思考

一、选择题

1. 51 单片机的定时器 T1 用作定时器方式时是________。

   A. 对内部时钟频率计数，一个时钟周期加 1

   B. 对内部时钟频率计数，一个机器周期加 1

   C. 对外部时钟频率计数，一个时钟周期加 1

   D. 对外部时钟频率计数，一个机器周期加 1

2. 51 单片机的定时器 T1 用作定时器方式时，采用工作方式 1，则工作方式控制字为________。

   A. 0X01　　B. 0X05　　C. 0X10　　D. 0X50

3. 51 单片机的定时器 T1 用作计数方式时，采用工作方式 2，则工作方式控制字为________。

   A. 0X60　　B. 0X02　　C. 0X06　　D. 0X20

4. 启用 T0 开始计数是使 TCON 的________。

   A. TF0 位置 1　　B. TR0 位置 1　　C. TF0 位清 0　　D. TR0 位清 0

5. 使 51 单片机的定时器 T0 停止计数的语句是________。

   A. TR0 =0;　　B. TR1 =0;　　C. TR0 =1;　　D. TR1 =1;

二、填空题

1. 51 单片机的定时/计数器，若只用软件启动，与外部中断无关，应使 TMOD 的________。
2. 51 单片机的 T0 用作计数方式时，用工作方式 1，则工作方式控制字为________。
3. 若定时器控制寄存器 TCON 中的 IT1 和 IT0 位为 0，则外部中断请求信号方式为________。

三、简答题

1. 51 单片机的定时/计数器的定时功能和计数功能有什么不同？分别应用于什么场合？
2. 软件定时和硬件定时的原理有何不同？
3. 51 单片机的定时/计数器 4 种工作方式的特点有哪些？如何进行选择和设定？

四、上机操作题

1. 请设计一个定时时间间隔为 1 s 的流水灯控制程序。
2. 请设计一个从 0 到 99.99 s 的秒表。

串行通信技术应用

——单片机的双机通信及单片机与 PC 的通信

学习目标

■ 任务说明

通过单片机之间的双机通信设计、单片机和 PC 之间的串行通信及任务要求，巩固定时器的功能和编程应用，理解串行通信方式，掌握串行通信的重要指标：字符帧和波特率，掌握 51 系列单片机串行口的使用方法。

双机通信、单片机和 PC 之间通信的过程包括发送和接收，相互通信的发送机中包含发送程序，接收机中包含接收程序，异步串行通信通过查询方式或者串行中断方式来确定数据的接收和发送。通过对本任务的学习，学生能够进一步强化单片机的硬件设计与软件的运行与调试能力。

■ 知识和能力要求

知识要求：

- 掌握串行通信的基础知识。
- 熟悉串行通信与并行通信的区别。
- 了解单片机的串行口及串行口特殊功能寄存器。
- 掌握串行通信程序设计的初始化内容。
- 掌握常用的串行通信电平转换芯片 MAX232。
- 掌握单片机串行通信常用的标准接口。

能力要求：

- 能灵活设计串行口电路实现通信。
- 能灵活针对硬件通信电路编写应用程序。
- 能对双机通信电路进行正确连线。
- 能灵活应用 MAX232 进行单片机与 PC 之间的串行口通信。

- 能灵活应用通信的标准接口实现通信。
- 能使用编译器将程序下载到单片机中。

任务准备

一、串行通信基础

在实际应用中，不但计算机与外部设备之间需要进行信息交换，在计算机之间也需要交换信息，这些信息的交换称为“通信”。

1. 并行通信与串行通信

通信的基本方式分为并行通信和串行通信两种，如图 8－1 所示。

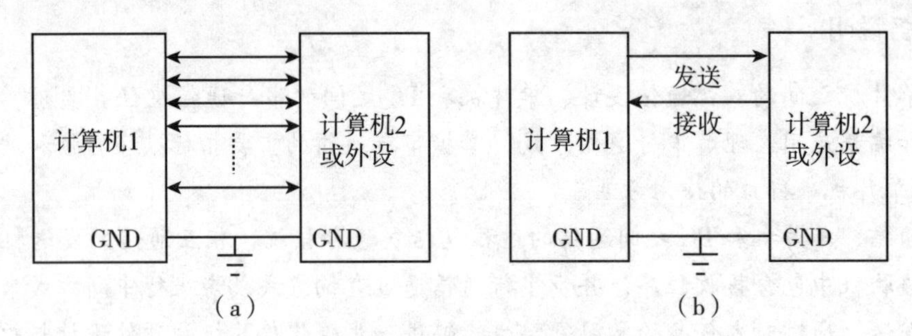

图 8－1　并行通信和串行通信示意图

(a) 并行通信；(b) 串行通信

并行通信，即数据的各位同时传送。其特点是传输速度快，但当距离较远、位数又多时，通信线路复杂且成本高。

串行通信，即数据一位一位地顺序传送。其特点是通信线路简单，只要一对传输线就可实现通信，大大降低了系统成本，尤其适合远距离通信，不过其传输速度相对较慢。

2. 单工通信与双工通信

按照数据的传送方向不同，串行通信可分为单工、半双工和全双工 3 种制式，如图 8－2 所示。

在单工制式下，通信一方只具备发送器，另一方只具备接收器，数据只能按照一个固定的方向传送，如图 8－2 (a) 所示。

在半双工制式下，通信双方都具备发送器和接收器，但同一时刻只能有一方发送，另一方接收；两个方向上的数据传送不能同时进行，其收发开关一般是由软件控制的电子开关，如图 8－2 (b) 所示。

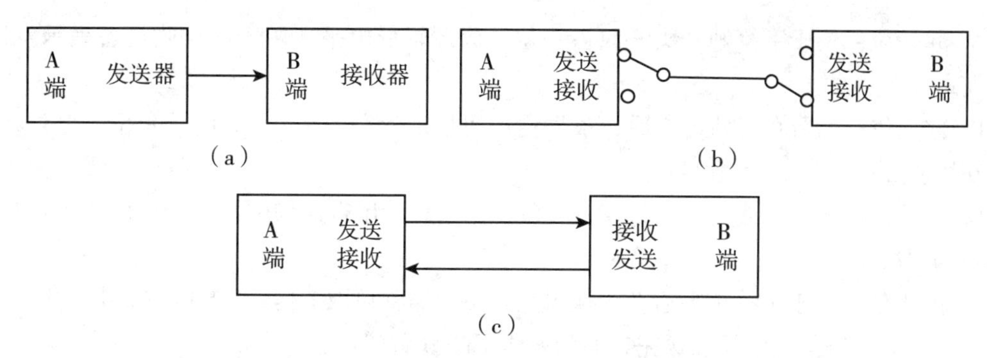

图8-2　单工、半双工、全双工3种通信制式

(a) 单工；(b) 半双工；(c) 全双工

在全双工制式下，通信双方都具备发送器和接收器，可以同时发送和接收，即数据可以在两个方向上同时传送，如图8-2（c）所示。

在实际应用中，尽管多数串行通信电路接口具有全双工功能，但一般情况下，只工作于半双工制式下，这种制式用法简单、实用。

3. 异步通信和同步通信

按照串行数据的始终控制方式不同，串行通信可以分为异步通信和同步通信两类。

(1) 异步通信。

在异步通信（Asynchronous Communication）中，数据通常以字符为单位组成字符帧传送。字符帧由发送端一帧一帧地发送，每一帧数据都是低位在前、高位在后，通过传输线由接收端一帧一帧地接收。发送端和接收端分别使用各自独立的时钟来控制数据的发送和接收，这两个时钟彼此独立，互不同步。

异步通信设备简单、便宜，但由于需要传输其字符帧中的开始位和停止位，因此异步通信的数据开销比例较大，传输效率也较低。

异步通信有两个比较重要的指标：字符帧和波特率。

① 字符帧。字符帧也称为数据帧，由起始位、数据位、校验位和停止位4部分组成，如图8-3所示。

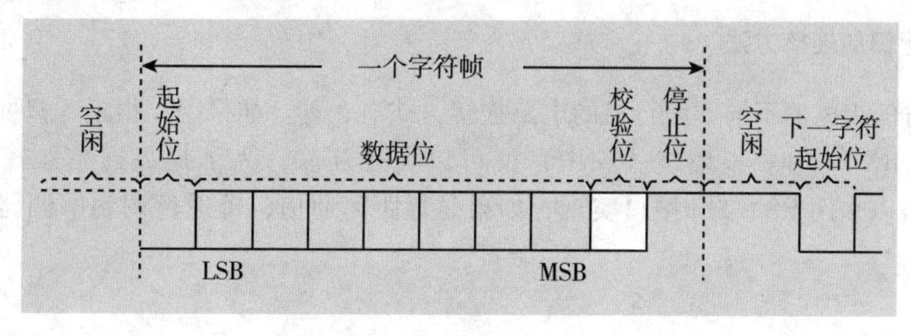

图8-3　串行通信字符帧的格式

A. 起始位：位于字符帧开头，只占一位，为逻辑低电平，用于向接收设备表示发送端开始发送一帧信息。

B. 数据位：紧跟在起始位之后，根据情况可以取5位、6位、7位或8位，低位在前，高位在后。

C. 校验位：位于数据位之后，仅占一位，用来表示串行通信中采用奇校验还是偶校验，由用户编程决定。

D. 停止位：位于字符帧最后，为逻辑高电平。通常可取1位、1.5位或2位，用于向接收端表示一帧字符信息已经发送完，并为发送下一帧做准备。

停止位之后紧接着可以是下一个字符帧的起始位，也可以是空闲位（逻辑1高电平），意味着线路处于等待状态。

② 波特率（Baud Rate）。波特率为每秒钟传送二进制数码的位数，单位为b/s（位/秒）或bps（bit per second）。波特率用于表示数据传输的速度，波特率越高，数据传输的速度越快。通常异步通信的波特率为50~19 200 bps。

（2）同步通信。

同步通信（Synchronous Communication）以数据块方式传输数据。在面向字符的同步传输中，其帧的格式通常由三部分组成，即由若干个字符组成的数据块，在数据块前加上1~2个同步字符SYN，在数据块的后面根据需要加入若干个校验字符CRC，如图8-4所示。

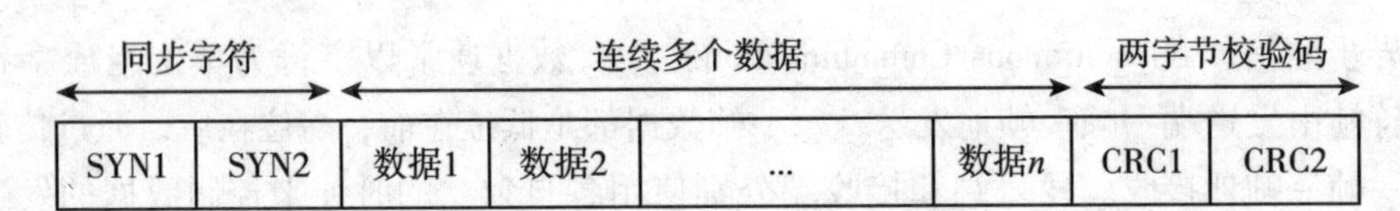

图8-4 同步通信的数据格式

同步通信方式的同步由每个数据块前面的同步字符实现。同步字符的格式和数量可以根据需要约定。接收端在检测到同步字符之后，便确认开始接收有效数据字符。

与异步通信不同的是，同步方式需要提供单独的时钟信号，且要求接收器时钟和发送器时钟严格保持同步。

4. 串行口的连接方法

根据通信距离的不同，串行口的电路连接方式有3种。如果距离很近，只要两根信号线（TXD，RXD）和一根地线（GND）就可以实现互联；为了提高通信距离，距离在15 m以内可以采用RS-232接口实现；如果是远距离通信，可通过调制解调器进行通信互联。

二、串行口

51 单片机内部集成了 1 ~ 2 个可编程通用异步串行通信接口（Universal Asychronous Receive/Transmitter，UART），采用全双工制式，可以同时进行数据的接收和发送，也可以作为同步移位寄存器。该串行通信接口有 4 种工作方式，可以通过软件编程设置为 8 位、10 位、11 位的数据帧格式，并能设置各种波特率。

1. 串行口结构

51 系列单片机的串行口主要由两个独立的串行口数据缓冲寄存器 SBUF（发送缓冲寄存器和接收缓冲寄存器）、串行口控制寄存器 SCON、输入移位寄存器 PCON 及若干控制门电路组成。串行口内部结构如图 8 –5 所示。

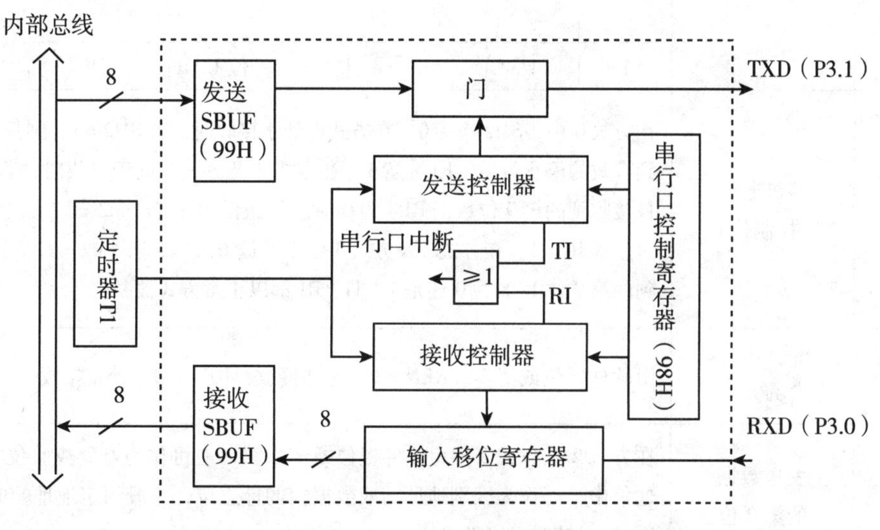

图 8 –5 串行口内部结构图

2. 特殊功能寄存器

（1）串行口数据缓冲寄存器 SBUF。

串行口数据缓冲寄存器 SBUF 用于存放发送/接收的数据。

（2）串行口控制寄存器 SCON。

串行口控制寄存器 SCON 用于控制串行口的工作方式和工作状态，可进行位寻址，复位时，SCON 各位均清 0。波特率发生器由定时器 T1 构成，波特率与单片机晶振频率、定时器 T1 初值、串行口工作方式以及波特率选择位 SMOD 有关。表 8 –1 为串行口控制寄存器 SCON 的格式；表 8 –2 为串行口控制寄存器 SCON 各位的含义。

表 8－1　串行口控制寄存器 SCON 的格式

位序号	D7	D6	D5	D4	D3	D2	D1	D0
位符号	SM0	SM1	SM2	REN	TB8	RB8	TI	RI

表 8－2　串行口控制寄存器 SCON 各位的含义

<table>
<tr><th colspan="2">控制位</th><th colspan="5">说　明</th></tr>
<tr><td rowspan="5">SM0
SM1</td><td rowspan="5">工作方式
选择位</td><td>SM0</td><td>SM1</td><td>工作方式</td><td>功能</td><td>波特率</td></tr>
<tr><td>0</td><td>0</td><td>方式 0</td><td>8 位同步移位寄存器</td><td>$f_{osc}/12$</td></tr>
<tr><td>0</td><td>1</td><td>方式 1</td><td>10 位 UART</td><td>可变</td></tr>
<tr><td>1</td><td>0</td><td>方式 2</td><td>11 位 UART</td><td>$f_{osc}/64$
或
$f_{osc}/32$</td></tr>
<tr><td>1</td><td>1</td><td>方式 3</td><td>11 位 UART</td><td>可变</td></tr>
<tr><td>SM2</td><td>多机通信
控制位</td><td colspan="5">在方式 0 中，SM2 应为 0。在方式 1 处于接收时，若 SM2＝1，则只有当接收到有效的停止位后，RI 才置 1。在方式 2 及方式 3 处于接收时，若SM2＝1，且接收到的第 9 位数据 RB8 为 0 时，不激活 RI；若 SM2＝1，且当 RB8＝1 时，置 RI＝1。在方式 2 及方式 3 处于发送方式时，若 SM2＝0，则无论接收到的第 9 位 RB8 为 0 还是 1，TI、RI 都以正常方式被激活</td></tr>
<tr><td>REN</td><td>允许串行
接收位</td><td colspan="5">由软件置位或清零。REN＝1，允许接收；REN＝0，禁止接收</td></tr>
<tr><td>TB8</td><td>发送数据
的第 9 位</td><td colspan="5">在方式 2 及方式 3 中由软件置位或清零。一般可作为奇偶校验位。在多机通信中，可作为区别地址帧或数据帧的标志位，一般约定地址帧时 TB8 为 1，数据帧时 TB8 为 0</td></tr>
<tr><td>RB8</td><td>接收数据
的第 9 位</td><td colspan="5">功能同 TB8</td></tr>
<tr><td>TI</td><td>发送中断
标志位</td><td colspan="5">在方式 0 中，发送完 8 位数据后，由硬件置位；在其他方式中，在发送停止位之初由硬件置位。因此，TI＝1 是发送完一帧数据的标志，其状态既可供软件查询使用，也可请求中断。TI 位必须由软件清 0</td></tr>
<tr><td>RI</td><td>接收中断
标志位</td><td colspan="5">在方式 0 中，接收完 8 位数据后，由硬件置位；在其他方式中，当接收到停止位时该位由硬件置 1。因此，RI＝1 是接收完一帧数据的标志，其状态既可供软件查询使用，也可请求中断。RI 位也必须由软件清 0</td></tr>
</table>

（3）电源控制寄存器 PCON。电源控制寄存器 PCON 是一个特殊的功能寄存器，它主要用于电源控制方面。另外，PCON 中的最高位 SMOD 位称为波特率加倍位，用于对串行口的波特率控制。电源控制寄存器 PCON 的格式如表 8－3 所示。

表 8－3　电源控制寄存器 PCON 的格式

D7	D6	D5	D4	D3	D2	D1	D0
SMON	—	—	—	GF1	GF0	PD	IDL

其中，最高位 SMON 位串行口波特率选择位。当 SMOD＝1 时，串行口工作方式 1、方式 2、方式 3 时的波特率加倍。

3. 串行口的工作方式

（1）方式 0。

在方式 0 下，串行口作同步移位寄存器使用，其波特率固定为 $f_{osc}/12$。串行数据从 RXD（P3.0）端输入或输出，同步移位脉冲由 TXD（P3.1）送出。这种方式用于扩展 I/O 端口。

（2）方式 1。

在方式 1 下，串行口为波特率可调的 10 位通用异步接口 UART，发送或接受的一帧信息包括 1 位起始位、8 位数据位和 1 位停止位。方式 1 下的 10 位帧格式如图 8－6 所示。

图 8－6　方式 1 下的 10 位帧格式

发送时，当数据写入发送缓冲器 SBUF 后，启动发送器发送，数据从 TXD 输出。当发送完一帧数据后，置中断标志 TI 为 1。方式 1 的波特率取决于定时器 T1 的溢出率和 PCON 中的 SMOD 位。

接收时，REN 置 1，允许接收，串行口采样 RXD，当采样由 1 到 0 跳变时，确认是起始位 0，开始接收一帧数据。当 RI＝0，且停止位为 1 或 SM2＝0 时，停止位进入 RB8 位，同时置中断标志 RI；否则信息将丢失。所以，采用方式 1 接收时，应先用软件清除 RI 或 SM2 标志。

（3）方式 2。

在方式 2 下，串行口为 11 位 UART，传送波特率与 SMOD 有关。发送或接收的一帧数据包括 1 位起始位、8 位数据位、1 位可编程位（用于奇偶校验）和 1 位停止位。方式 2 下的 11 位帧格式如图 8－7 所示。

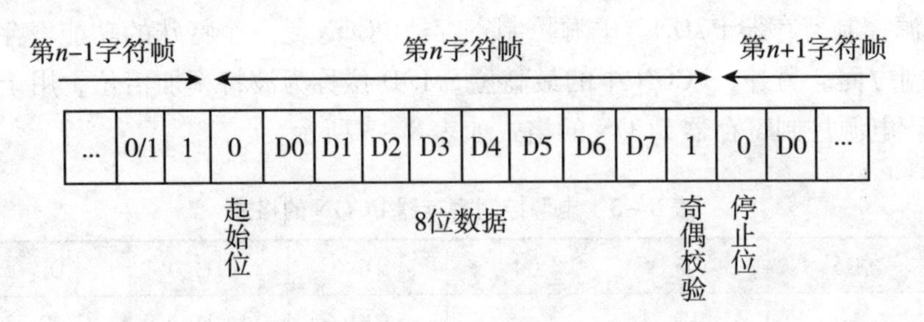

图 8-7　方式 2 下的 11 位帧格式

发送时，先根据通信协议由软件设置 TB8，然后将要发送的数据写入 SBUF，启动发送。写 SBUF 语句，除了将 8 位数据送入 SBUF 外，同时还要将 TB8 装入发送移位寄存器的第 9 位，并通知发送控制器进行一次发送，一帧信息即从 TXD 发送。在发送完一帧信息后，TI 被自动置 1，在发送下一帧信息之前，TI 必须在中断服务程序或查询程序中清 0。

当 REN =1 时，允许串行口接收数据。当接收器采样到 RXD 端负跳变，并判断起始位有效后，数据由 RXD 端输入，开始接收一帧信息。当接收器接收到第 9 位数据后，若同时满足以下条件：RI =0 和 SM2 =0 或接收到的第 9 位数据为 1，则接收数据有效，将 8 位数据送入 SBUF，将第 9 位数据送入 RB8，并置 RI =1。若不满足上述条件，则信息丢失。

（4）方式 3。方式 3 为波特率可变的 11 位 UART 通信方式，除了波特率以外，方式 3 和方式 2 完全相同。

4. 波特率设置方法

51 单片机串行口通过编程可以有 4 种工作方式，其中方式 0 和方式 2 的波特率是固定的；方式 1 和方式 3 的波特率可变，由定时器 T1 的溢出率决定。

（1）方式 0 和方式 2。

在方式 0 下，波特率为时钟频率的 1/12，即 $f_{osc}/12$，固定不变。

在方式 2 下，波特率取决于 PCON 中 SMOD 的值，当 SMOD =0 时，波特率为 $f_{osc}/64$；当 SMOD =1 时，波特率为 $f_{osc}/32$，即波特率 $=2^{SMOD}\times f_{osc}/64$。

（2）方式 1 和方式 3。

在方式 1 和方式 3 下，波特率由定时器 T1 的溢出率和 SMOD 共同决定，即波特率 $=2^{SMOD}\times$ T1 溢出率/32。其中 T1 的溢出率取决于定时器 T1 的计数速率和定时器的预置值。当定时器 T1 设置在定时方式时，定时器 T1 的溢出率 =（T1 计数速率）/（产生溢出所需机器周期数），T1 计数速率 $=f_{osc}/12$；产生溢出所需机器周期数 = 定时器最大计数值 M - 计数初值 X，所以，串行口工作在方式 1 和方式 3 时的波特率计算公式为：

$$波特率=(2^{SMOD}/32)\times(f_{osc}/(12*(256-X)))$$

$$计算初值=256-(2^{SMOD}/32)\times(f_{osc}/(12*波特率))$$

表 8-4 列出了常用的波特率及获得方法。

表8-4　常用的波特率及获得方法

波特率	f_{osc}/MHz	SMOD	定时器T1		
			$C/\overline{T}$	方式	初始值
方式0：1 Mbps	12	X	X	X	X
方式2：375 kbps	12	1	X	X	X
方式1、3：62.5 kbps	11.059 2	1	0	2	0xff
19.2 kbps	11.059 2	1	0	2	0xfd
9.6 kbps	11.059 2	0	0	2	0xfd
4.8 kbps	11.059 2	0	0	2	0xfa
2.4 kbps	11.059 2	0	0	2	0xf4
1.2 kbps	11.059 2	0	0	2	0xe8
137.5 kbps	11.059 2	0	0	2	0x1d
110 bps	6	0	0	2	0x72
110 bps	12	0	0	1	0xfeeb

综上所述，设置串行口波特率的步骤如下：

（1）写TMOD，设置定时器T1的工作方式。

（2）给TH1和TL1赋值，设置定时器T1的初值X。

（3）置位TR1，启动定时器T1工作，即启动波特率发生器。

三、串行通信程序设计

串行通信程序的编程主要包括以下部分。

1. 串行口的初始化编程

串行口的初始化编程主要是针对串行口控制寄存器SCON、电源控制寄存器PCON中的SMOD进行设置及串行口波特率发生器T1的初始化。若涉及中断系统，则还需要对中断允许控制寄存器IE及中断优先级控制寄存器IP进行设定。

一般步骤为：设定串行口工作方式；当波特率加倍时，设定SMOD；当波特率可变时，设定定时器T1的工作方式；计算T1的初始值；禁止定时器T1中断；启动T1，产生波特率；若使用中断方式，则开放CPU中断，开串行口中断；根据需要设定串行口中断优先级为高。

例8-1　若f_{osc}=6 MHz，波特率为2 400 bps，SMOD=1，请进行初始化编程。

解：

（1）设定串行口工作方式为方式1，波特率可调的10位异步串行通信方式，则SM0=0，SM1=1；即SCON=0100 0000B=0X40。

（2）假设波特率加倍，则设定SMOD=1。

(3) 设定定时器 T1 的工作方式为方式 2，计算 TH1、TL1 的初始值 TMOD = 0010 0000B = 0X20。

利用公式：波特率 = $(2^{SMOD}/32) \times (f_{osc}/(12 \times (256 - X)))$，推出

$$2\,400 = (2/32) \times (6 \times 10^6)/(12 \times (256 - X)) = (1/16) \times (500\,000/(256 - X))$$

得到 X = 243D = 0xf3；即 TH1 = 0xf3；TL1 = 0xf3；如果在表格中有相应数据可以直接查表，也可以利用 51 单片机波特率计算器（网上可以下载）直接计算。

(4) 禁止 T1 中断，设置 ET1 = 0。

(5) 启动 T1 产生波特率，设置 TR1 = 1。

(6) 开放 CPU 中断，设置 EA = 1。

(7) 开串行口中断，设置 ES = 1。

(8) 根据需要设定串行口中断优先级为高，设置 PS = 1。

2. 发送和接收程序设计

通信过程包括发送和接收两部分，一次通信软件也包括发送程序和接收程序，它们分别位于发送机和接收机中。发送程序和接收程序的设计一般采用查询和中断两种方法。

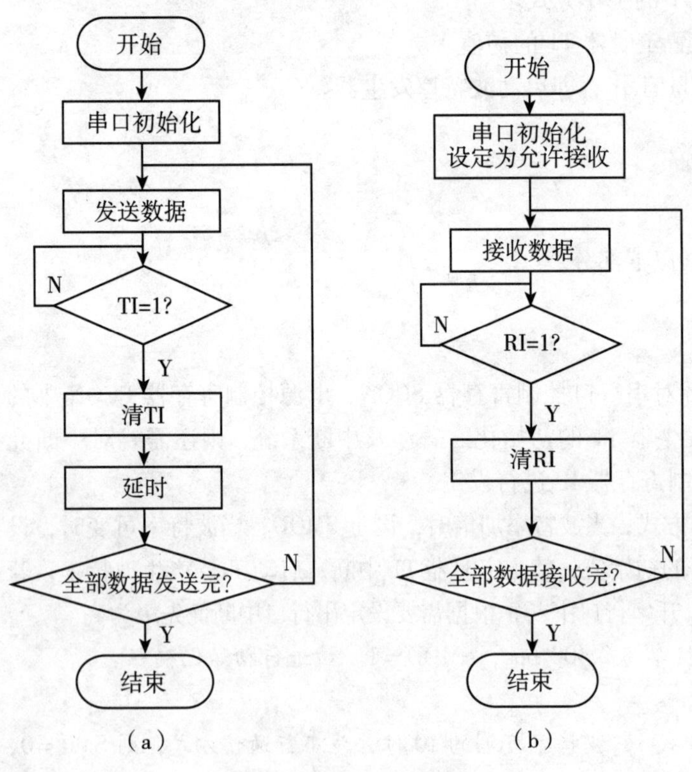

图 8-8 查询方式程序流程图

(a) 发送程序；(b) 接收程序

异步串行通信是以帧为基本信息单位传送的。在每次发送或接收完一帧数据后，将由硬件通过 SCON 中的 TI 或 RI 的状态是否有效来判断一次数据发送或接收是否完成，如图 8-8 所示。在发送程序中，首先是将数据发送出去，然后查询是否发送完毕，再决定是否发送下一帧数据，即“先发后查”。在接收程序中，首先判断是否接收到一帧数据，然后保存这帧数据，即“先查后收”。

如果采用中断方法编程，则将 TI、RI 作为中断申请标志。如果设置系统允许串行口中断，则每当 TI 或 RI 产生一次中断申请，就表示一帧数据发送或接收完成。CPU 响应一次中断请

求，执行一次中断服务程序，在中断服务程序中完成数据的发送或接收，如图 8 - 9 所示。其中发送程序中必须有一次发送数据的操作，目的是启动第一次中断，之后所有数据的发送均在中断服务程序中完成。而在接收程序中，所有的数据接收操作均在中断服务程序中完成。

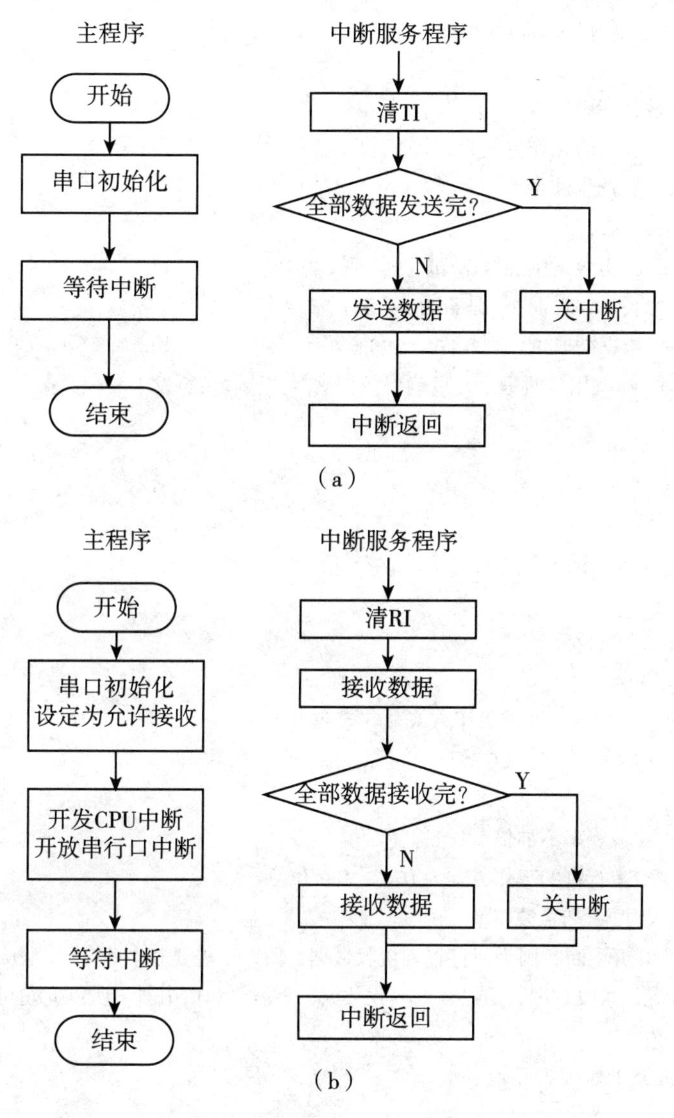

图 8 - 9　中断方式程序流程图

(a) 发送程序；(b) 接收程序

例 8 - 2　用查询方式将甲机中数据块“950706”传递给乙机。

解： 设波特率为 9 600 bps，T1 的工作方式为方式 2，f_{osc} = 11.059 6 MHz，SMOD = 0。查表 8 - 4 得到 TH1 = 0XFD；TL1 = 0XFD，设定串行口的工作方式为方式 1，10 位 UART。

发送数据的参考程序如下：

```
unsigned char a[6] = {9,5,0,7,0,6};//发送的数据放到一数组中
void main(){
  TMOD = 0X20;//定时器 T1 的工作方式为方式 2
  TH1 = 0XFd;//波特率为 9 600 bps
  TL1 = 0XFd;
  PCON = 0X00;//波特率不加倍
  SCON = 0X40;//串行口的工作方式为方式 1，10 位 UART
  TR1 =1;//启动 T1，产生波特率
  for(i =0;i <6;i ++){
      SBUF = a[i];//把数组中的数据循环发送到 SBUF 中
      while(! TI){;}//查询 TI 是否为 1，数据被取走，TI 会变成 1
      TI =0;//一旦数据被取走，则软件给 TI 清零
      delay(100);//调用延时程序，以确保数据被对方接收后再发下一帧数据。
    }
  while(1);
}
```

接收数据的参考程序如下：

```
unsigned char i,receive;
void main(){
    TMOD = 0X20; //定时器 T1 的工作方式为方式 2
    TH1 = 0XFD; //波特率为 9 600 bps
    TL1 = 0XFD;
    PCON = 0X00; //波特率不加倍
    SCON = 0X40; //串行口的工作方式为方式 1,10 位 UART
    TR1 =1; //启动 T1，产生波特率
    //EA =1;//CPU 开中断，因为通过查询接收数据，所以不需要开中断，EA 默认值为 0
    //REN =1;//允许接收数据，通过查询接收数据，不需要利用中断，所以此句可取消，REN 默认值
                为 0
    i =0;//数组元素下标从 0 开始
    while(1){
       while(RI){;}//查询 RI 是否为 1
       RI =0;//如果 RI 为 1，则清 RI
       Receive[i] = SBUF;//把接收到的数据放入数组 receive 中
       i ++;//数组元素下标加 1
       if(i > =6){ i =0;}//当数组元素满 6 个，则数组下标从 0 开始
```

```
    }
}
```

项目十七　单片机双机通信——银行动态密码获取系统设计

任务要求

在银行业务系统中，为了提高柜员登录的安全性和授权操作中的安全性，应采用动态口令系统。本项目通过单片机的双机通信获取动态密码。假设甲机中存放的动态口令是950706，甲机发送动态口令给乙机，乙机在接收到动态口令后，在6个数码管上显示出来，并且回发一个数据0xaa给甲机，甲机收到此数据后点亮一盏绿色LED灯，以表示双机通信成功。为表示甲机在给乙机发送数据，可以在甲机上连接一盏红色LED灯，发送数据期间此LED灯点亮，不发送数据期间，此灯熄灭。

通过本项目的设计与制作，加深学生对串行通信与并行通信方式的异同的理解，要求学生掌握串行通信的重要指标：字符帧和波特率，并熟练应用单片机串行通信接口的使用方法。

本项目在实施过程中，学生应重点掌握串行通信的初始化方法，掌握串行通信中断服务程序的编程方法，熟悉中断的执行过程。

任务分析

根据银行动态密码获取系统设计的工作内容和要求，甲机需要发送动态密码950706给乙机，这串数据可以存放在一个字符数组中，循环发送6次将数组中的数据通过串行口利用中断方法或者查询方式发送给乙机。乙机可以通过中断方式，也可利用查询方式接收数据。一旦数据接收成功，则通过串口发送0xaa给甲机，以表示成功接收甲机发来的数据。甲机接收到0xaa后点亮绿色LED灯。甲机和乙机均需要完成接收和发送数据操作。

乙机需要连接6个数码管，显示从甲机发送来的数据。

一、硬件电路原理图设计

根据任务分析，乙机的6个数码管采用动态连接方式，各位共阳极数码管相应的段选控制端并联在一起，由P1口控制，用八同相三态缓冲器/线驱动器74LS245驱动。各位数码管的公共端也称为“位选端”，由单片机的 P2 口通过 6 个反相驱动器 74LS04 驱动。甲机作为发送器，乙机作为接收器，将甲机的 TXD 端连接乙机的 RXD 端；甲机的 RXD 端连接乙机的 TXD 端。需要注意的是两个系统必须共地。

在甲机的 P10 口连接绿色 LED 灯，一旦甲、乙两个单片机成功通信后会点亮此绿色 LED 灯；在甲机的 P11 口连接红色 LED 灯，在甲、乙两机进行串行通信期间，此灯点亮，其余时间此灯熄灭。银行动态密码获取系统的硬件电路如图 8－10 所示。注意，此电路图中晶振电路和复位电路均未体现，在仿真环境中默认含有此两部分的电路，可以正常运行，在开发板中不能省略此两部分电路。

表 8－5 为银行动态密码获取系统电路元器件清单。

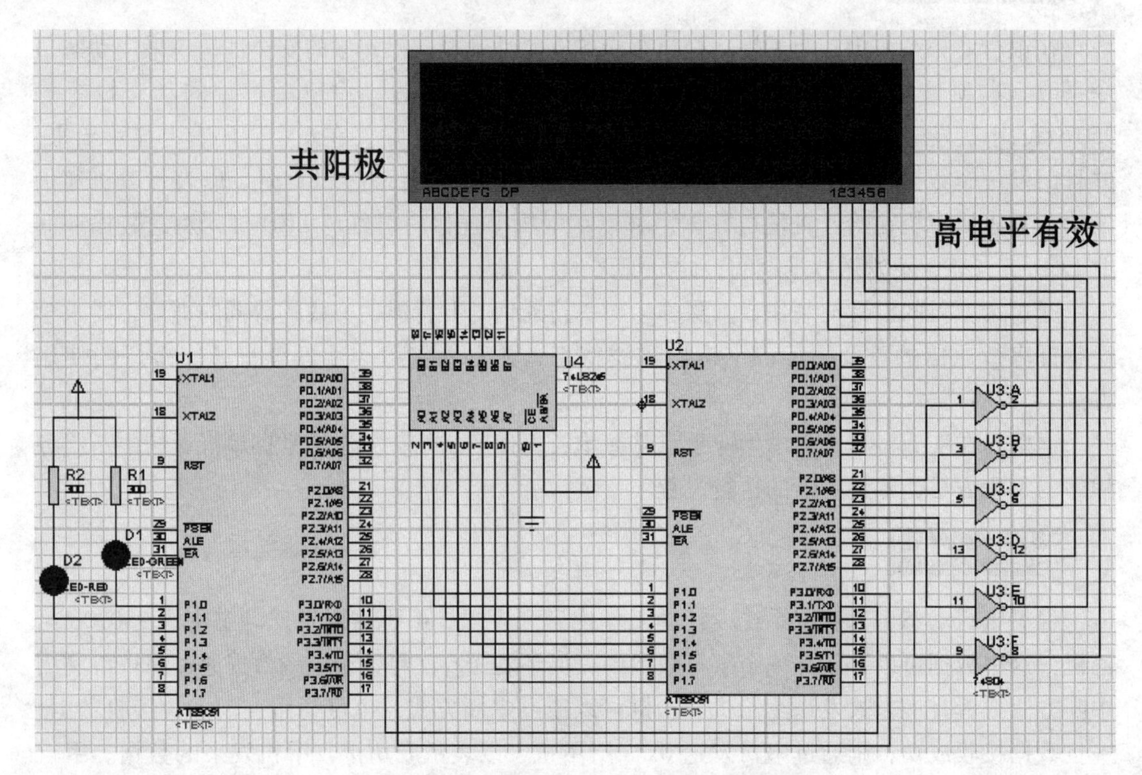

图 8－10　银行动态密码获取系统的硬件电路图

表 8－5　银行动态密码获取系统电路元器件表

元器件名称	型　　号	数　　量
单片机	AT89C51	2
发光二极管	红色、绿色	各 1
晶振	11.059 2 MHz	2
电容	30 pF	4

续表

元器件名称	型　号	数　量
电解电容	22 μF/16 V	2
电阻	10 kΩ	2
按钮	—	2
电阻	300 Ω	2
数码管	共阳极 6 数码管屏	1
八同相三态缓冲器/线驱动器	74LS245	1
反相驱动器	74LS04	1

二、软件设计

1. 甲机程序设计

在主程序中首先进行串行口参数初始化以及其他参数的初始化，主要包括波特率、串行口工作方式、CPU 中断允许、串行口中断允许和允许接收数据等参数的设置。

将银行动态密码存放在 send 数组中，在主程序中利用查询方式循环 6 次将 6 个字符发送给乙机。每发送一个字符需要延时一段时间，以确保发送的数据被对方接收。

主要代码如下：

```
void main(){
  TMOD =0X20;//定时1 的工作方式为方式2
  TH1 =0XFd;//波特率为9 600 bps
  TL1 =0XFd;
  PCON =0X00;//波特率不加倍
  SCON =0X40;//串行口的工作方式为方式1，10 位UART
  TR1 =1;//启动T1，产生波特率
  EA =1;//运行CPU 中断
  ES =1;//运行串行口中断
  REN =1;//运行接收数据
  i =0;//发送数组下标从0 开始
  gled =1;//绿色LED 灯熄灭
  rled =1;//红色LED 灯熄灭
  for(i =0;i <6;i ++){  //循环6 次将动态密码发送出去
```

```
    SBUF = a[i];//发送第 i 个字符
      while(! TI){;}//查询 TI 是否为 1
      TI = 0;
    rled = 0;//点亮发送数据指示灯
    delay(100);//延时
}
  rled = 1;//熄灭红色 LED 灯
  while(1);
}
```

甲机利用中断方式接收乙机发来的握手信号 0xaa，中断服务程序如下：

```
void myrece() interrupt 4 using 0{  //串行口中断服务程序
  if(RI){  //缓冲器中有数据
    receivedata = SBUF;//取出缓冲器中的数据
    if(receivedata ==0xaa){  //判断接收到的数据是否为双方约定的握手信号
      gled = 0;  //如果是握手信号，则点亮绿色 LED 灯，表示串行通信成功
      rled = 1;  //红色 LED 灯熄灭
    }
    else gled = 1;//否则，绿色 LED 灯熄灭，以示串行通信失败
  }
  RI = 0;//清 RI 标志
}
```

2. 乙机程序设计

乙机利用串行口中断接收数据，串行口中断服务程序的主要代码如下：

```
void myserial() interrupt 4 using 0{  //串行口中断服务程序
  if(RI){  //缓冲器中有数据到来
    rec[i] = SBUF;//将接收到的数据存放到一数组中
      i ++;//数组元素下标加 1
      RI = 0;//清 RI 标志
      if(i > =6){//数组下标超过 6
        i = 0;//将下标清 0
      lable = 1;
      //一旦 6 个字符全部收到，置标志 label 为 1，表示可以发送握手信号给甲机
      }
    }
}
```

乙机将接收到的6位动态密码，通过6个数码管轮流显示，利用视觉暂留效应，只要轮流显示足够快，人的眼睛会认为6个数码管是同时显示的。轮流显示方法为，首先第一个位选端置1，第一个数码管显示动态密码的第一个数字，然后第二个位选端置1，第二个数码管显示动态密码的第二个数字，以此类推，直到显示第6个数字。上述显示过程在主程序中循环进行。显示部分的主要代码如下：

```
void display(){  //数码管轮流显示
  s =0x01;// s =0000 0001b
  P2 = ~s;//P20 为 0，则通过反相器后第一个位选端为高电平
  for(j =0;j <6;j ++){//循环 6 次
    P1 =table[rec[j]];//将接收到的数字对应 table 数组中段码赋给 P1 端口
    delay(10);//延时
      s =s <<1;//左移一位
      P2 = ~s;//轮流置位选端为高电平
  }
}
```

乙机主程序主要完成初始化设置，并循环显示接收到的数据，一旦6位动态密码全部接收完毕，则通过查询方式向甲机发送握手信号0xaa。主要代码如下：

```
void main(){
  TMOD =0X20;//定时器 1 的工作方式为方式 2
  TH1 =0XFD;//设置波特率为 9 600 bps
  TL1 =0XFD;
  PCON =0X00;//波特率不加倍
  SCON =0X40;//串行口的通信方式为方式 1
  TR1 =1;//启动 T1，产生波特率
  EA =1;//允许 CPU 中断
  ES =1;//允许串行口中断
  REN =1;//允许接收数据
  lable =0;//6 个数据接收完毕标志位，0 为未接收完毕
  i =0;//接收数据数组下标从 0 开始
  delay(100);
  while(1){
    display();//显示接收到的数据
      if(lable){//6 个字符全部接收完毕
        SBUF =0XAA;//发送握手信号 0xaa 给甲机
        while(! TI);//查询 TI 是否为 1
        TI =0;//清 TI
```

```
        lable = 0;//清数据接收完毕标志位
        }
    }
}
```

3. 整个程序代码

（1）甲机的完整程序代码。

```
#include <reg51.h>
unsigned char a[6] = {9,5,0,7,0,6};//动态密码预先存放在数组中
unsigned char i;
sbit gled = P1^0;  //位定义绿灯连接在 P10 端口
sbit rled = P1^1;  //位定义红灯连接在 P11 端口

unsigned char receivedata;   //接收数据的变量
unsigned int m,n;
/*********************************************
               延时程序
*********************************************/
void delay(unsigned int num){
  for(m = 0;m < num;m ++)
   for(n = 0;n <100;n ++);
}
/****************************************************
               串行口中断服务程序
****************************************************/
void myrece() interrupt 4 using 0{
  if(RI){//缓冲器中有数据
    receivedata = SBUF;//取出缓冲器中的数据，存放到 receivedata 变量中
    if(receivedata == 0xaa){//判断接收到的数据是否为双方约定的握手信号
      gled = 0;  //如果是握手信号，则点亮绿色 LED 灯，表示串行通信成功
      rled = 1;//红色 LED 灯熄灭
    }
    else gled = 1;//否则，绿色 LED 灯熄灭，以示串行通信失败
    }
    RI = 0;//清 RI 标志
}
```

```
void main(){
  TMOD =0X20;//定时1 的工作方式为方式2
  TH1 =0xfd;//波特率为9 600 bps
  TL1 =0xfd;
  PCON =0x00;//波特率不加倍
  SCON =0x40;//串行口的工作方式为方式1,10 位UART
  TR1 =1;//启动T1,产生波特率
  EA =1;//运行CPU 中断
  ES =1;//运行串行口中断
  REN =1;//运行接收数据
  i =0;//发送数组下标从0 开始
  gled =1;//绿色LED 灯熄灭
  rled =1;//红色LED 灯熄灭
  for(i =0;i <6;i ++){//循环6 次将动态密码发送出去
    SBUF =a[i];//发送第i 个字符
      while(! TI){;}//查询TI 是否为1
      TI =0;
    rled =0;//点亮发送数据指示灯
      delay(100);//延时
  }
  rled =1;//熄灭红色LED 灯
  while(1);
}
```

（2）乙机的完整程序代码。

```
#include <reg51.h>
unsigned char s,j,i;
unsigned char rec[6];
unsigned char table[] = {0xc0, 0xf9, 0xa4, 0xb0, 0x99, 0x92, 0x82, 0xf8, 0x80,
  0x90};//共阳极数码管数字段码值
unsigned int m,n;
bit lable;//标记位,为1 时表示6 个数据全部收到,反之亦然
void delay(unsigned int num){
  for(m =0;m <num;m ++)
   for(n =0;n <100;n ++);
}
```

```
void myserial() interrupt 4 using 0{  //串行口中断服务程序
  if(RI){  //缓冲器中有数据到来
    rec[i]=SBUF;//将接收到的数据存放到一数组中
      i++;//数组元素下标加1
      RI=0;//清RI标志
      if(i>=6){  //数组下标超过6
      i=0;//将下标清0
    lable=1;//一旦6个字符全部收到，置标志label为1，表示可以发送握手信号给甲机
    }
  }
}
void display(){  //数码管轮流显示
   s=0x01;
   P2=~s;//P20为0，则通过反相器后第一个位选端为高电平
   for(j=0;j<6;j++){  //循环6次
     P1=table[rec[j]];//将接收到的数字对应table数组中段码
     delay(10);//延时
      s=s<<1;//左移一位
      P2=~s;//轮流置位选端为高电平
    }
}
void main(){
  TMOD=0X20;//定时器1的工作方式为方式2
  TH1=0XFD;//设置波特率为9 600 bps
  TL1=0XFD;
  PCON=0X00;//波特率不加倍
  SCON=0X40;//串行口的通信方式为方式1
  TR1=1;//启动T1,产生波特率
  EA=1;//允许CPU中断
  ES=1;//允许串行口中断
  REN=1;//允许接收数据
  lable=0;//6个数据接收完毕标志位，0为未接收完毕
  i=0;//接收数据数组下标从0开始
  delay(100);
  while(1){
     display();//显示接收到的数据
      if(lable){  //6个字符全部接收完毕
        SBUF=0XAA;//发送握手信号0xaa给甲机
        while(!TI);//查询TI是否为1
        TI=0;//清TI
```

```
      lable=0;  //清数据接收完毕标志位
    }
  }
}
```

程序调试与仿真

把银行动态密码获取系统甲机和乙机程序在 Proteus 仿真软件中进行调试与仿真运行。

项目十八　单片机与PC之间的串行口通信——通过PC控制直流电机的转动

任务要求

本项目要求完成的工作是通过 PC 控制直流电机的正反转、速度调整和停止运转。通过敲击 PC 键盘上的数字 1 控制电机正转，敲击数字 2 控制电机反转，敲击数字 3 控制电机加速旋转，敲击数字 4 控制电机减速旋转，敲击数字 5 或其他非 1、2、3、4 的数字键，控制电机停止运转。PC 和单片机通过串行口进行通信。

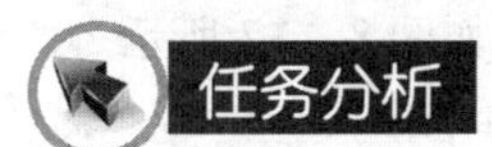

根据本项目说明及任务要求，我们知道，敲击计算机键盘上的数字按键，将该按键的 ASCII 码输入计算机，计算机通过串行口将相应按键的 ASCII 码的信息发送给单片机。单片机将收到的数据解析成相应的数字，根据 PC 和单片机双方的约定，由不同的数字控制直流电机不同的运行状态。由于 51 单片机输入、输出的逻辑电平为 TTL 电平；而计算机配置的 RS－232 标准接口逻辑电平为负逻辑。逻辑 0 为 +5 ~ +15 V，而逻辑 1 为 −15 ~ −5 V，所以在单片机和 PC 之间的通信需要增加电平转换电路，常用的电平转换芯片有 MAX232 等。

一、硬件电路原理图设计

由任务分析可知，51 单片机输入、输出的逻辑电平为 TTL 电平；而计算机配置的 RS－232 标准接口的逻辑电平为负逻辑，所以在单片机和 PC 之间的通信需要增加由 MAX232 构成的电平转换电路。一般的 PC 上都有 DB9 接口的串行口。如果没有 DB9 接口，则有 USB 接口，利用“USB 转串行口”专用接口可以实现串行口的功能。

由于单片机的 I/O 端口的驱动能力有限，所以往往不能提供足够大的功率去驱动电机，必须要外加驱动电路。常用的驱动电路有 H 桥驱动电路，驱动直流电机只用一组 H 桥电路，如图 8－11 所示。

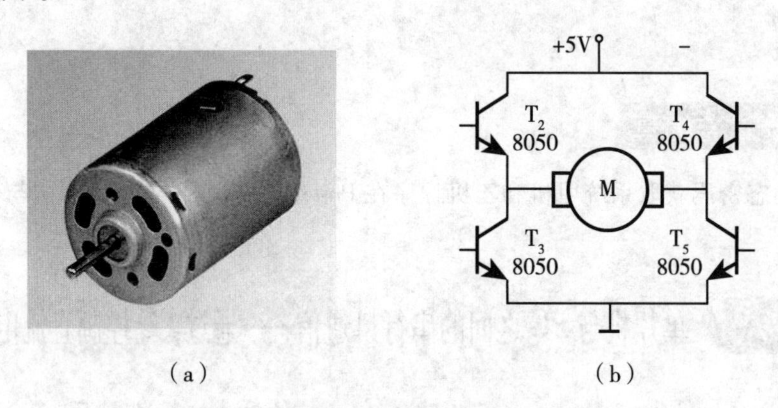

图 8－11　直流电机实物图和 H 桥驱动电路

（a）直流电机实物图；（b）H 桥驱动电路

通过控制使 T2 和 T5 导通，T3 和 T4 截止，则电流从电机的左侧流到右侧，电机正转；如果 T2 和 T5 截止，T3 和 T4 导通，则电流从电机的右侧流到左侧，电机反转。因此将 T2 和 T5 的基极连在一起并同时连接到单片机的某个端口；将 T3 和 T4 的基极连接在一起并同时连接到单片机的另一端口。当这两个端口的电平同时为高或同时为低时，电机不转；而当两个端口电平一高一低或一低一高时，电机就会正转或反转。本项目的硬件电路设计如图 8－12 所示。

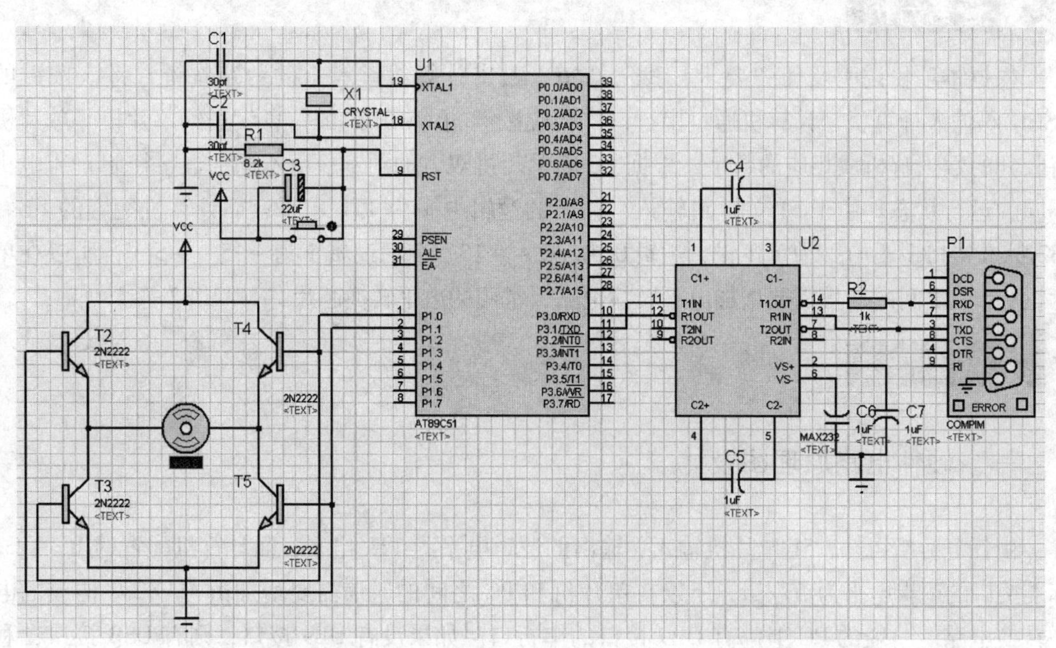

图 8－12　通过 PC 控制直流电机转动的硬件电路图

表 8 - 6 为通过 PC 控制直流电机转动的硬件电路元器件清单。

表 8 - 6　通过 PC 控制直流电机转动的硬件电路元器件表

元器件名称	型　　号	数　　量
单片机	AT89C51	1
晶振	11.059 2 MHz	1
电容	30 pF	2
电解电容	22 μF/16 V	1
电阻	10 kΩ	1
按钮	—	1
电阻	1 kΩ	1
电解电容	1 μF/16 V	4
TTL 电平转换芯片	MAX232	1
NPN 三极管	2N2222	4
直流电机	5 V	1
DB9 串行口插座	RS232	1

二、软件设计

调节电机的速度有很多种方法。其中，通过脉冲宽度调制 PWM 来调节直流电机的速度是目前广泛使用的方法。随着大规模集成电路的不断发展，很多单片机都有内置 PWM 模块，因此，单片机的 PWM 控制技术可以用内置 PWM 模块实现，也可以用单片机的其他资源由软件模拟实现，还可以通过控制外置硬件电路来实现。由于 51 单片机内部没有 PWM 模块，因此本设计采用软件模拟法，利用单片机的 I/O 引脚，通过软件对该引脚不断地输出高、低电平来实现 PWM 波输出，这种方法简单实用，但缺点是会占用 CPU 的大量时间。本设计采用 PWM 技术，是一种周期一定而高低电平可调的方波信号。当输出脉冲的频率一定时，输出脉冲的占空比越大，其高电平持续的时间越长，电机的速度越快。本项目中利用定时器 0 中断来定时，每发送一次 T0 中断，计数变量 n 加 1，n 的值为中断的次数，当 $n \geqslant 100$ 时，n 重新从 0 开始计数。假设 T0 为 1 ms 一次中断，那么 100 次中断就为 0.1 s，如果定义 PWM 的周期为 0.1 s，假设变量 *zkb* 为高电平的持续时间，则当 $n < zkb$时，电机维持转动，否则，电机停止。只要上述过程足够快，人的眼睛感觉不到电机转转停停，而是感觉到电机的转动速度会由 *zkb* 这个变量的值来决定。这就是 PWM 调速的原理。

主程序中主要进行一些初始化，确定定时器 T0 和 T1 的工作方式，TH0、TL0、TH1、TL1 的初值，T0 作为定时器，T1 用于产生波特率，还有计数变量 *n* 和占空比变量 *zkb* 的初始值设置，允许 CPU 中断和定时器 0 中断，允许串行口中断等。在主程序中利用循环根据电机状态进行相应动作。电机状态在串行口中断服务程序中确定。

主要代码如下：

```
void main(){
  TMOD =0X21; //0010 0000,T1 的工作方式为方式 2, T0 的工作方式为方式 1
  TH0 =0XFC;  //1ms =(65536 -x)* 1us = >x =65536 -1000 =64536;TH0 =64536/256 =0XFC
  TL0 =0X18;  //TL0 =64536% 256 =0X18
  TH1 =0XFD;  //波特率 9 600 bps, SMOD =0; 11.0592 MHz  误差 0%
  TL1 =0XFD;
  PCON =0X00; //SMOD =0;波特率不加倍
  SCON =0X40; //0100 0000 串口工作方式 1, 10 位 UART
  EA =1;      //允许 CPU 中断
  ES =1;      //允许串行口中断
  ET0 =1;     //允许定时器 0 中断
  PS =1;      //串行口中断为高优先级
  TR0 =1;     //启动定时器 0
  TR1 =1;     //启动定时器 1, 产生波特率
  REN =1;     //允许接收数据
  n =0;       //计数初始化为 0
  zkb =50;    //占空比变量初始化为 50, 即一半的速度
  receive =5; //默认收到的数字为 5
  state =3;   //state 表示根据从计算机键盘发送过来的数字决定电机的状态, 默认为停止状态
  while(1){
  if(state ==1){  //1 表示正转
      if(n < =zkb){
        motor1 =1;
        motor2 =0;
      }
      else{
        motor1 =0;
        motor2 =0;
      }
    }
    if(state ==2){  //2 表示反转
```

```
      if(n< =zkb){
        motor1 =0;
        motor2 =1;
      }
      else{
        motor1 =0;
        motor2 =0;
      }
    }
      if(state ==3){  //表示停止
        motor1 =1;
        motor2 =1;
      }
  }//while(1)
} //main()
```

定时器0负责定时1 ms，到1 ms时就产生一次中断，在中断服务程序中给计数变量 n 加1，统计发生了多少次中断，n 的最大值为100，即当计时满0.1 s，认为一个定时周期已到，也就是说PWM的周期为0.1 s，高电平持续的时间最大为0.1 s。n 满100后归0，计下一个周期的时间。定时器0的中断服务程序如下：

```
void myto() interrupt 1 using 0{
  TH0 =0XFC;
  TL0 =0X18;
  n ++;
  if(n >100)  n =0;
}
```

串行口中断程序主要负责接收PC发来的数据并进行解析，因为PC发送的是字符的ASCII码，数字1的ASCII码是0x31，因此，解析数据时只需要将收到的数据根据ASCII码来确定具体的数字，然后根据不同的数字确定电机的状态。如果收到的是0x31，则电机状态为1，即正转的状态，如果收到的是0x32，则电机状态为2，即为反转状态。如果为0x33，增加电机的PWM中高电平的占空比，如果为0x34，减少电机的PWM中高电平的占空比。如果是其他数字，电机状态为3，即停止状态。为验证串行口收到的数据是否为我们按下的键盘上的数字，在串行中断服务程序中添加将收到的数据原样的从串口返回给PC的代码。主要代码如下：

```
void mys() interrupt 4 using 0{
    ES =0;//关串行口中断
```

```
  if(RI){                    //缓冲器中有数据到来
    RI =0;                   //清 RI
    receive = SBUF;          //将缓冲器中的数据收下来，存入某个变量
  SBUF = receive;            //将数字通过串行口发回 PC
    while(! TI);             //等待数据发送
    TI =0;                   //清 TI
  }
  switch(receive){           //解析收到的数据并设置电机运行状态
      case 0x31:             //如果收到的是数字 1
          state =1;          //电机运行状态为 1，正转
          break;
      case 0x32:             //如果收到的是数字 2
          state =2;          //电机运行状态为 2，反转
          break;
      case 0x33:             //如果收到的是数字 3
          zkb = zkb +10;     //占空比加 10
          if(zkb >100)
            zkb =0;
          break;
      case 0x34:             //如果收到的是数字 4
          zkb = zkb -10;     //占空比减 10
          if(zkb <0)
            zkb =100;
          break;
      default:               //收到其他按键
        state =3;            //电机运行状态为 3，停止
        break;
    }
    n =0;                    //计数从 0 开始
  ES =1;                     //开串行口中断
}
```

在程序的开头添加以下内容：

```
#include <reg51.h >
sbit motor1 = P1^0;          //控制直流电机的端口 1
sbit motor2 = P1^1;          //控制直流电机的端口 2
unsigned char receive;       //存放收到数据的变量
```

```
unsigned char n;                     //计时变量
intzkb;                              //占空比变量
  unsigned char state;
  //正反转状态变量，1 表示正转，2 表示反转，3 表示停止
```

上面这些代码组合起来就是本项目的完整程序。

程序调试并运行

在进行 PC 与单片机的串口通信软件调试时，最简单的办法是在 PC 上安装“串口调试助手”应用软件，只要设定好波特率等参数就可以直接使用。调试成功后再在计算机上运行自己编写的通信程序。

先在 PC 上安装“串口调试助手”程序，连接 PC 和单片机开发板，做如下测试。

（1）在 PC 上运行“串口调试助手”程序，设置波特率参数如图 8－13 所示。

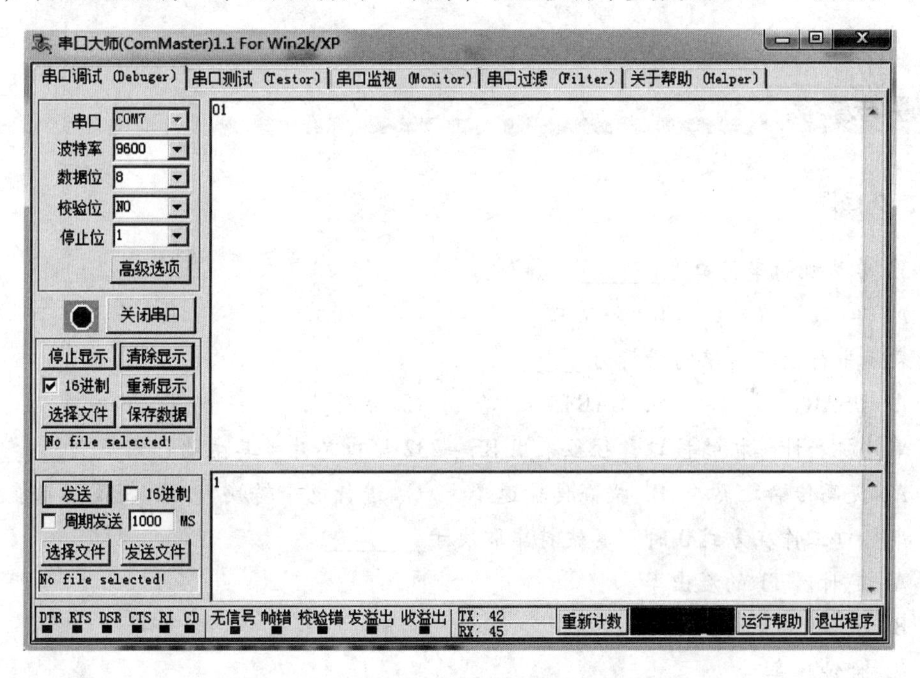

图 8－13　“串口调试助手”程序的参数设置

（2）给开发板下载好程序并上电。

（3）在“串口调试助手”主界面中，通过键盘在下部的发送窗口输入数字，选择手动发送，可以看到电机是否按照要求在运转。

（4）在 PC 的接收窗口中观察所接收到的数据是否与发送的一样。即观察“串口调试助手”上的接收窗口会接收到十六进制形式的数字是否和发送的一样。比如，按了数字 1，接收窗口会出现十六进制的 01，说明单片机能收到 PC 发来的数字。

小　结

计算机之间或者计算机和外部设备之间的通信有并行通信和串行通信两种方式。

51 系列单片机内部有一个全双工的异步串行通信接口，该串行口有 4 种工作方式，其波特率和数据帧的格式可以通过编程设定。帧格式有 10 位和 11 位。工作方式 0 和工作方式 2 的传送波特率是固定的；工作方式 1 和工作方式 3 的传送波特率是可变的，由定时器 T1 的溢出率决定。

单片机和单片机之间及单片机和计算机之间都可以进行通信，其控制程序设计通常有两种方法：查询法和中断法。

通过本学习任务，要求读者掌握串行通信的基础知识，掌握串行口的结构、工作方式及波特率设置，能够实现单片机和单片机之间的双机通信以及单片机和计算机之间的通信。

问题与思考

一、选择题

1. 51 单片机的串行口是________。
   A. 单工　　B. 全双工　　C. 半双工　　D. 并行口
2. 表示串行数据速率的指标为________。
   A. USART　　B. UART　　C. 字符帧　　D. 波特率
3. 单片机和计算机的接口，往往采用 RS－232 接口芯片，其主要作用是________。
   A. 提高传输距离　　B. 提高传输速率　　C. 进行电平转换　　D. 提高驱动能力
4. 串行口工作在方式 0 时，其波特率取决于________。
   A. 定时器 T1 的溢出率
   B. PCON 中的 SMOD 位
   C. 时钟频率
   D. PCON 中的 SMOD 位和定时器 T1 溢出率
5. 当采用中断方式进行串行数据的发送时，发送完一帧数据后，TI 标志要________。
   A. 自动清零　　B. 硬件清零　　C. 软件清零　　D. 软、硬件均可清零

二、填空题

1. 当采用定时器 T1 作为串行口波特率发生器使用时，通常定时器工作在方式________。
2. 串行口的控制寄存器为________。

3. 串行口工作在方式 1 时，其波特率取决于________。

4. 串行口的发送数据和接收数据端为________和________。

三、简答题

1. 什么是串行异步通信？有哪几种帧格式？

2. 定时器 T1 做串行口波特率发生器时，为什么采用工作方式 2？

四、上机操作题

1. 编写一个串行口通信程序。将 PC 键盘的输入数字发送给单片机，连接在单片机上的数码管显示单片机接收到的 PC 发来的数据。

2. 编写一个串行口通信程序，将 PC 键盘的输入数字发送给单片机，单片机根据收到的数据控制直流电机的正反转和停止，同时开发板的 K1 键控制电机正转，K2 键控制电机反转，K3 键控制电机停止运行。(按下 K1 键，P32 口为低电平，松开 P32 口为高电平。K2 键连接在 P33 口上，K3 键连接在 P34 口上。)

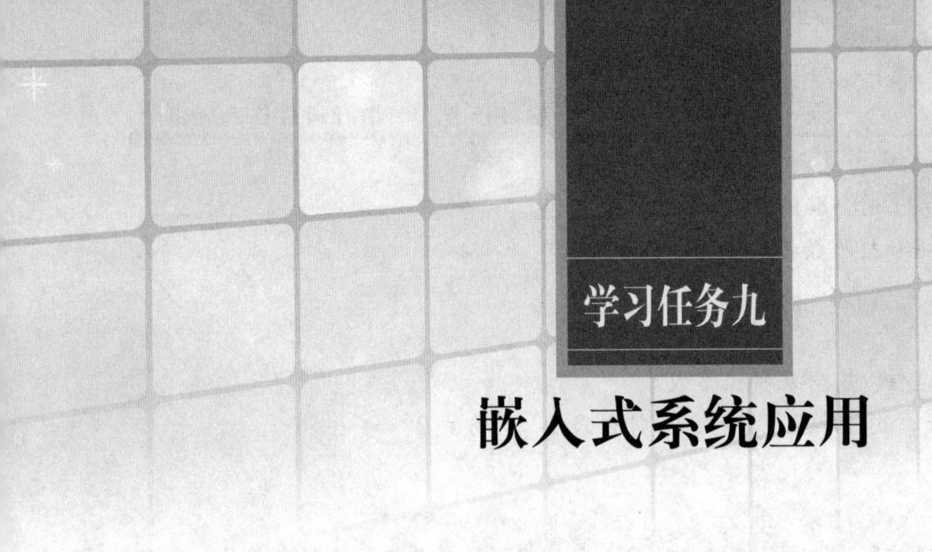

学习任务九

嵌入式系统应用

学习目标

■ 任务说明

基于 Linux 的 ARM 的开发和设计，因其可裁剪、可移植的灵活性，在嵌入式产品设计中得到了广泛的应用。

本学习任务中，在简要介绍了嵌入式系统的发展和典型的嵌入式系统组成的基础上，重点学习在现有的 ARM 嵌入式开发板上进行嵌入式设计的方法，主要内容包括嵌入式开发环境的搭建、简单的嵌入式界面设计和在嵌入式环境下的网络编程。

本学习任务分为以下两部分：

(1)“Hello world!” Qt 初探。

(2) Qt 网络编程。

通过实训模块的操作训练和相关知识的学习，使学生熟悉基于 ARM 开发环境的 Linux 的开发和设计，掌握嵌入式开发环境的搭建方法；通过简单的 Qt 界面设计，让学生熟悉嵌入式下的界面开发环境；通过网络编程的实例学习，拓宽嵌入式开发在物联网环境下的应用范围。

■ 知识和能力要求

知识要求：

- 熟悉嵌入式系统的发展。
- 了解典型的嵌入式系统的组成。
- 掌握嵌入式开发环境的搭建方法。
- 掌握简单的嵌入式 Qt 项目的开发流程。
- 掌握嵌入式环境下网络编程的方法。

能力要求：

- 能对嵌入式系统的发展历程有总体认识。
- 能明确嵌入式 Linux 开发的重要性。
- 能了解嵌入式开发的流程。
- 能搭建简单的嵌入式开发环境。
- 能进行嵌入式环境下 Qt 程序的编写。
- 能进行嵌入式环境下网络程序的编写。
- 能使用编译器下载程序到 ARM 开发板中。

任务准备

嵌入式系统（Embedded System）和普通人的生活非常紧密，如日常生活中使用的手机、微波炉、有线电视机顶盒等，都属于嵌入式系统。与通常使用的计算机相比，嵌入式系统的形式变化多样、体积小，可以灵活地适应各种设备的需求。因此，可以把嵌入式系统理解为一种为特定设备服务的、软硬件可裁剪的计算机系统。从嵌入式系统的定义可以看出，一个嵌入式系统具备了体积小、功能专一、软硬件可裁剪的特点。这些特点也能反映出嵌入式系统与传统的计算机有着不同之处。本学习任务以常见的 ARM 嵌入式系统为例，讲解基于 Linux 的嵌入式系统的开发技术。

一、嵌入式系统的发展

从 1946 年第一台现代电子计算机面世以来，在计算机小型化的发展道路上，可谓是种类繁多。不仅有个人计算机（PC），还有各种个人数字助理（PDA）。嵌入式系统是计算机系统小型化发展的一个热门的分支。

嵌入式微控制器可以说是目前嵌入式系统的前身。嵌入式微控制器也就是传统意义上的单片机。单片机就是把一个计算机的主要功能集中到了一个芯片上，简单说就是一个芯片即一个计算机。它具有体积小、结构简单、便于开发以及价格经济的特点。单片机的发展时间较早，处理能力较低，只能用在一些相对简单的控制领域。嵌入式微处理器是近几年随着大规模集成电路发展同步发展起来的。与单片机相比，嵌入式微处理器的处理能力更强。目前主流的嵌入式微处理器都是 32 位的，而单片机多是 8 位和 16 位的。

嵌入式微处理器在一个芯片上集成了复杂的功能，同时一些微处理器还把常见的外部设备控制器也集成到芯片内部。以 ARM 芯片为例，ARM 体系在内部规定了一个 32 位的总线。厂商可以在总线上扩展外部设备控制器。三星的 ARM9 芯片 S3C2440A 把常见的串行控制器、RTC 控制器、看门狗、I^2C 总线控制器，甚至 LCD 控制器等都集成在了一个芯片内，可以提供强大的处理能力。三星公司生产的 ARM9 芯片 S3C2440 系统框图如图 9－1 所示。

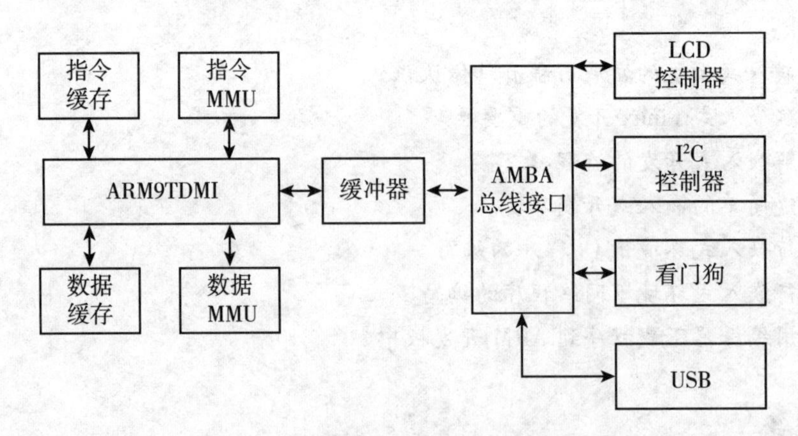

图 9－1 ARM9 芯片 S3C2440 系统框图

随着微电子技术的不断发展，以及电子制造工艺的进步，嵌入式系统硬件的体积不断缩小，系统稳定性也在不断增强，可以把更多的功能集成在一个芯片上。另外在功耗方面也不断降低，这样使嵌入式设备在自带电源的情况下能够使用更长的时间，而且设备的功能也更强大。

此外，随着网络的普及和 IPv6 技术的应用，越来越多的嵌入式设备也会加入网络。未来家中的微波炉或者洗衣机都可以通过无线接入网络，被其他设备控制。

二、典型的嵌入式系统组成

嵌入式系统与传统的计算机一样，也是一种计算机系统，由硬件和软件组成。硬件包括嵌入式微处理器，以及一些外围元器件和外部设备；软件包括嵌入式操作系统和应用软件。与传统的计算机不同的是，嵌入式系统种类繁多。许多的芯片厂商、软件厂商都加入其中，相应就会有很多种类的硬件和软件，甚至解决方案。但一般来说，不同的嵌入式系统的软件和硬件很难兼容，软件必须修改而硬件必须重新设计才能使用。虽然软、硬件种类多，但是不同的嵌入式系统都可以抽象出一般的嵌入式系统架构，如图 9－2 所示。

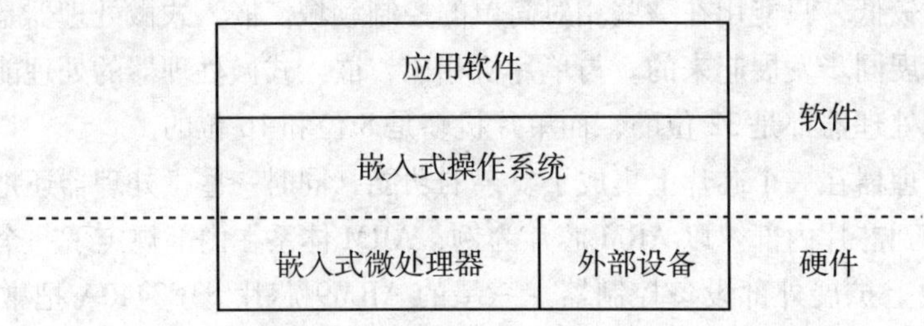

图 9－2 典型的嵌入式系统组成

与传统的计算机不同，在设计嵌入式系统的时候通常是软件和硬件都需要设计。对于一个嵌入式系统的开发来说，无论是硬件开发人员还是软件开发人员，都需要掌握基本的软件和硬件知识。嵌入式系统的基础是硬件，而软件是嵌入式系统的灵魂。

1. ARM 处理器

ARM（Advanced RISC Machines，高性能 RISC 机器）是一种基于 RISC 架构的高性能处理器。ARM 同时也是它的设计公司的名字。与其他厂商的嵌入式芯片不同，ARM 是由 ARM 公司设计的一种体系结构，主要用于出售技术授权，并不生产芯片。其他芯片设计公司可以通过购买 ARM 的授权，设计和生产基于 ARM 体系的芯片。基于 ARM 的芯片有许多，功能结构也各有不同。例如前文所提到的 S3C2440A 芯片，就是三星公司生产的一款基于 ARM9 核的芯片。目前有数十家公司在使用 ARM 体系结构开发自己的芯片，ARM 处理器支持多种外部设备，且功能丰富多样。相比其他的体系，ARM 体系具有结构简单、入门快等特点。ARM 芯片虽然众多，但是 ARM 核都是相同的。因此，掌握了 ARM 的体系结构，若再使用基于 ARM 核心的处理器，都能很快上手。

2. 嵌入式 Linux

Linux 是嵌入式领域应用最广泛的操作系统之一。Linux 系统是一个免费使用的类似 UNIX 的操作系统，最初运行在 x86 体系结构上，目前已经被移植到数十种处理器上。Linux 最初由芬兰的一位计算机爱好者 Linus Torvalds 设计开发，经过十余年的发展，现在该系统已经成为一个非常庞大、功能完善的操作系统。Linux 系统的开发和维护由分布在全球各地的数百名程序员完成，这得益于它的源代码开放的特性。

Linux 系统是开放的，任何人都可以制作自己的系统，因此出现了许多厂商和个人都在发行自己的 Linux 系统。据统计，目前 Linux 的发行版已经超过 300 种，而且还在不断增加。目前国内常见的 Linux 发行版有 RedHat、Debain 和 Ubuntu。

在 ARM 处理器上运行的 Linux 内核本身，没有图形界面。实际上，Linux 内核本身并没有图形处理能力，所有 Linux 系统的图形界面都是作为用户程序运行的。Linux 内核本身的启动主要由三部分组成。首先由 BootLoader 引导 Linux 内核，然后启动 Linux 内核和文件系统，最后启动用户应用程序。

三、搭建嵌入式开发环境

企业一般会根据产品的需求进行嵌入式硬件开发板的设计、嵌入式操作系统的裁剪和嵌入式应用程序的设计，最终完成嵌入式产品的系统设计。整个嵌入式产品设计的过程比较烦琐，简化的嵌入式设计，可以选用市面上现有的嵌入式开发板进行设计。本学习任务选用以 S3C2440A 为主控芯片的嵌入式开发板来搭建嵌入式开发环境，如天嵌公司的 TQ2440。由于开发板不需要用户重新设计，所以 BootLoader、Linux 内核、文件系统的镜像都可以用 TQ2440 提供的现有的镜像进行烧录，简化了用户的开发难度。在完成开发板底层操作系统的正常启动之后，用户可以根据应用场景的需求，设计应用程序的功能和界面。

Linux 系统的开放特性，让许多图形界面都可以运行在 Linux 系统下。本学习任务重点介绍在嵌入式 Linux 上使用最广泛的 Qt 程序库，主要内容如下：

（1）安装独立的 Linux 发行版本。

（2）嵌入式 Linux 图形库简介。

（3）Qt 开发环境搭建。

1. 安装独立的 Linux 发行版本

在 Windows XP 操作系统下安装 WMware 10.0 虚拟机工具，成功安装之后的界面如图 9－3和图 9－4 所示。

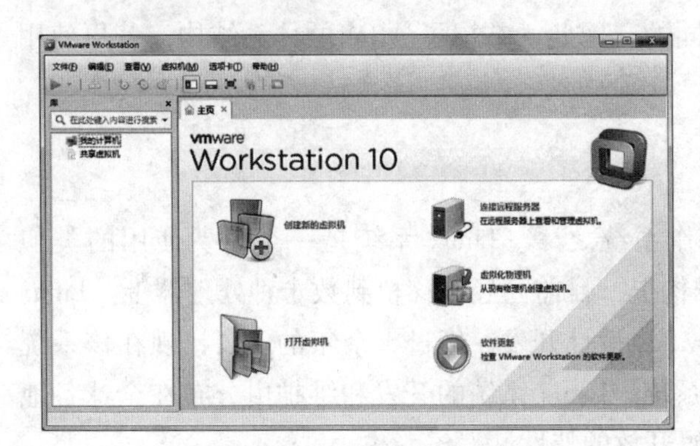

图 9－3　WMware 10.0 界面

图 9－4　Ubuntu 12.04 启动界面

在 WMware 10.0 软件中创建新的虚拟机，选择 Ubuntu 12.04 安装文件的镜像，合理配置好硬盘、内存、网络等选项，完成 Ubuntu 12.04 操作系统的安装。

2. 嵌入式 Linux 图形库简介

Linux 系统本身并没有图形界面，但由于其具有开放性的特点，使其具有许多的自由软件图形库和图形界面。Qt/Embedded 是著名的 Qt 库开发商开发的面向嵌入式系统的 Qt 版本。该版本的主要特点是可移植性较好，许多基于 Qt 的 X Window 程序可以非常方便地移植到嵌入式版本中。

Qt 是一个跨平台的 C++图形用户界面库，由挪威 Trolltech 公司（www.trolltech.com）出品，它的目的是提供开发应用程序用户界面部分所需要的一切，主要通过汇集 C++类的形式来实现该目的。它提供给应用程序开发者建立艺术级的图形用户界面所需的所有功能。Qt 是完全面向对象的、易扩展的，并且是允许组件编程的 GUI 开发工具。

Qt 是 Trolltech 公司的一个标志性产品。Trolltech 公司 1994 年成立于挪威，但是公司的核心开发团队在 1992 年才开始 Qt 产品的研发，并于 1995 年推出了 Qt 的第一个商业版，直至现在 Qt 已经被世界各地的跨平台软件开发人员使用，而 Qt 的功能也得到了不断完善和提高。

Qt 是以工具开发包的形式提供给开发者的，这些工具开发包包括了图形设计器、字体国际化工具、Makefile 制作工具、Qt 的 C ++ 类库，等等。谈到 C ++ 的类库，我们自然会想到 MFC，Qt 的类库也等价于 MFC 的开发库，但是 Qt 的类库是支持跨平台的类库，换句话说，Qt 的类库封装了适应不同操作系统的访问细节，这正是 Qt 的魅力所在。

Qt/Embedded 是一组用于访问嵌入式设备的 Qt C ++ API；Qt/Embedded 的 Qt/X11、Qt/Windows 和 Qt/Mac 版本提供的都是相同的 API 和工具。Qt/Embedded 还包括类库以及支持嵌入式开发的工具。

Qt/Embedded 提供了一种类型安全的、被称为信号与插槽的、真正的组件化编程机制，该机制和以前的回调函数有所不同，更加简洁明了。Qt/Embedded 还提供了一个通用的 widgets类，该类可以很容易地被子类化为客户自己的组件或对话框。针对一些通用的任务，Qt 还预先为客户定制了如消息框和向导类型的对话框。

3. Qt 开发环境搭建

（1）交叉编译环境配置（g ++ 、arm-linux-g ++ ）。

开发环境基于 Ubuntu 12.04 、QT SDK4.8.1 和 QT Creator2.5，Ubuntu 12.04 系统自身已有 g ++ 环境，所以只需要把提供的 arm-linux-g ++ 解压并设置环境变量。下面的操作系统采用 root 用户，请先通过以下命令对 root 进行解锁并设置密码。默认情况下把解压文件都放在/opt 目录下。

① root 进行解锁：

```
#sudo passwd -u root
```

② 设置 root 密码：

```
#sudo passwd root
```

③ 解压 arm - linux - g ++ 文件：

```
#tar vxjf EABI -4.3.3_EmbedSky_20100610.tar.bz2  -C /
```

④ 设置环境：

```
#PATH = $PATH:/opt/EmbedSky/4.3.3/bin
```

（2）QT 编译环境配置（qmake）。

① 下载 Qt 源代码包：

```
qt-everywhere-opensource-src-4.8.1.tar.gz
```

② 在 root 账户下安装。假设将上述源代码包放在根目录下，将其解压缩到/usr/local 下：

```
# tar zxvf qt-everywhere-opensource-src-4.8.1.tar.gz -C /usr/local
```

③ 安装 Qt 依赖的软件包。添加 libX11-dev、libXext-dev 和 libXtst-dev：

```
# apt-get install libX11-dev
# apt-get install libXext-dev
# apt-get install libXtst-dev
```

④ 执行 Qt 中的配置文件 configure。在/usr/local/qt-everywhere-opensource-src-4.8.1 下执行：

```
#./configure
#make
#make install
```

若提示使用 gmake，则使用如下命令：

```
#ln -s /usr/bin/make /usr/bin/gmake
```

⑤ 安装 QT creator：

```
#chmod u+x qt-creator-linux-x86-opensource-2.5.2.bin
#./qt-creator-linux-x86-opensource-2.5.2.bin
```

至此，在 Ubuntu 12.04 下 Qt 的环境配置已经完成，可以进行 Qt 应用程序的开发。

项目十九 “Hello world！” Qt 初探

任务要求

本项目要求完成的工作是“Hello world!” Qt4 程序的实现。单击运行，按下 PushButton 按钮前及运行后的界面布局如图 9-5 所示。

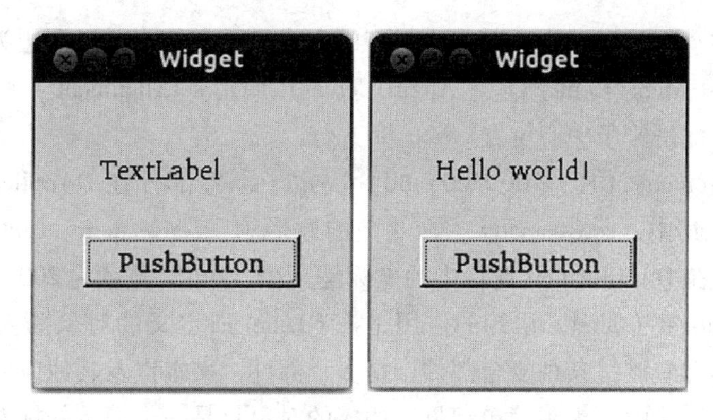

图 9－5　“Hello world!” Qt 界面的布局

任务分析

本项目的程序中#include < qapplication. h >包含了文件 qapplication. h，该文件总是被包含在同样的源文件中，它里面包含了 main（ ）函数。因使用了 QLabel widget 来显示文本，所以这个例程也必须包含文件 qlabel. h。

QApplication app（argc，argv）创建了一个 QApplication 对象，命名为 app。QApplication 对象是一个容器，包含了应用程序顶层的窗口（或者一组窗口）。顶层窗口是独一无二的，它在应用程序中从来就没有父窗口。因为 QApplication 对象的任务是控制管理你的应用程序，因此在每个应用程序中只能有一个 QApplication 对象。此外，由于创建对象的过程必须初始化 Qt 系统，所以在使用其他任何 Qt 工具之前，QApplication 对象必然已经存在了。

一个 Qt 程序就是一个标准的 C++程序。这就意味着为了启动程序，函数 main（）将被操作系统所调用。而且，像所有的 C++程序一样，命令行选项可能会也可能不会传递给 main（）函数。命令行选项作为初始化过程的一部分传递给 Qt 系统，也体现在 QApplication app（argc，argv）语句中。

QLabel * label = new QLabel("Hello，world!"，0）；创建了一个 QLabel 部件。QLabel 部件是一个简单的窗口，能够显示一个字符串。标签指定的父类部件创建为 0，因为这个标签将被作为顶层的窗口，而顶层窗口是没有父类的。Qlabeld 类有三个被定义的构造函数，如下所示：

```
QLabel(QWidget * parent, const char * name =0, WFlags f =0 )
QLabel(const QString&text, QWidget * parent,
              const char* name =0,WFlags f =0 )
QLabel(QWidget * buddy,const QString&text,QWidget * parent,
              const char * name =0,WFlags f =0)
```

其中，text 参数即为 QLabel 对象所要显示的文本信息，在本程序构造 QLabel 对象时，传入的参数为“Hello，world!”。

QLabel 默认的动作是以垂直方向中心对齐的方式显示字符串，以左边为基准。label - >setAlignment（Qt：：AlignVCenter Qt：：AlignHCenter）调用 setAlignment（）函数使得文本在水平和垂直方向上都是位于中心位置。

label - >setGeometry（10，10，200，80）决定了标签部件在 QApplication 窗口中的位置、高度和宽度。其中，setGeometry（）函数的原形为：setGeometry（int x，int y，int w，int h）。因此 label 在 QApplication 窗口中的坐标是（10，10），宽度为200，高度为80。

app. setMainWidget（label）语句的作用是把 QLabel 所定义的对象插入主窗口中。通常插入的主窗口的部件应该是某种复合部件，是多个部件、文本以及其他应用程序主窗口元件的集合。在本实训模块中，为了简单起见，插入的对象只是一个简单的标签部件。

label - >show（）所起的作用是在实现标签在窗口上的显示。Show（）函数并不立即显示 widget，它只是为显示做准备，以便在需要的时候能够显示出来。在这个例程中，父窗口，即 QApplication 窗口，负责显示标签，但它只是在调用标签的 show（）方法时才会完成显示。hide（）函数用于使一个部件从屏幕上消失。

（1）启动 Qt creator。

（2）新建 Qt Gui Project。

单击“File”菜单后，选择“New File or Project”，在弹出的 New 对话框左边的分类中选择“Qt C ++ Project”，在右边的项目类型中选择“Qt Gui Application”，最后单击左下角的 Choose 按钮。

在弹出的“Introduction and project location”对话框中，在“Name”后的文本框中输入项目名称为“HelloQt4”，在“Create in”后的文本框中输入项目所有目录为“/opt”，如图 9 - 6 所示。

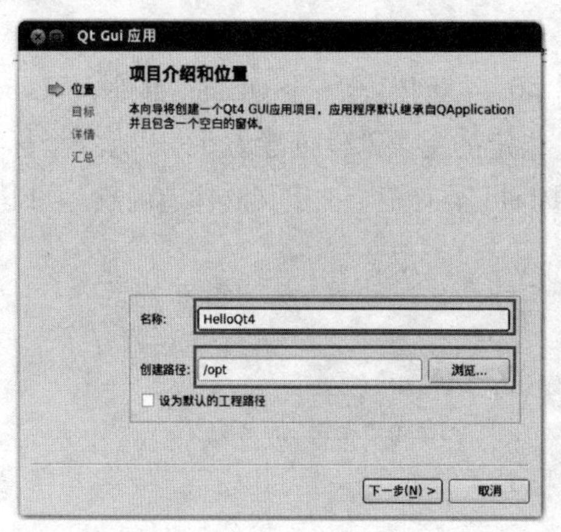

图 9 - 6　新建 Qt Gui Project 的对话框

在接下来的对话框中，一直按 Next 键完成项目向导，完成后进入 Qt Creator 主界面，系统将自动打开 designer 视图，如图 9－7 所示，在该视图下，可以用可视化的方式设计图形界面。

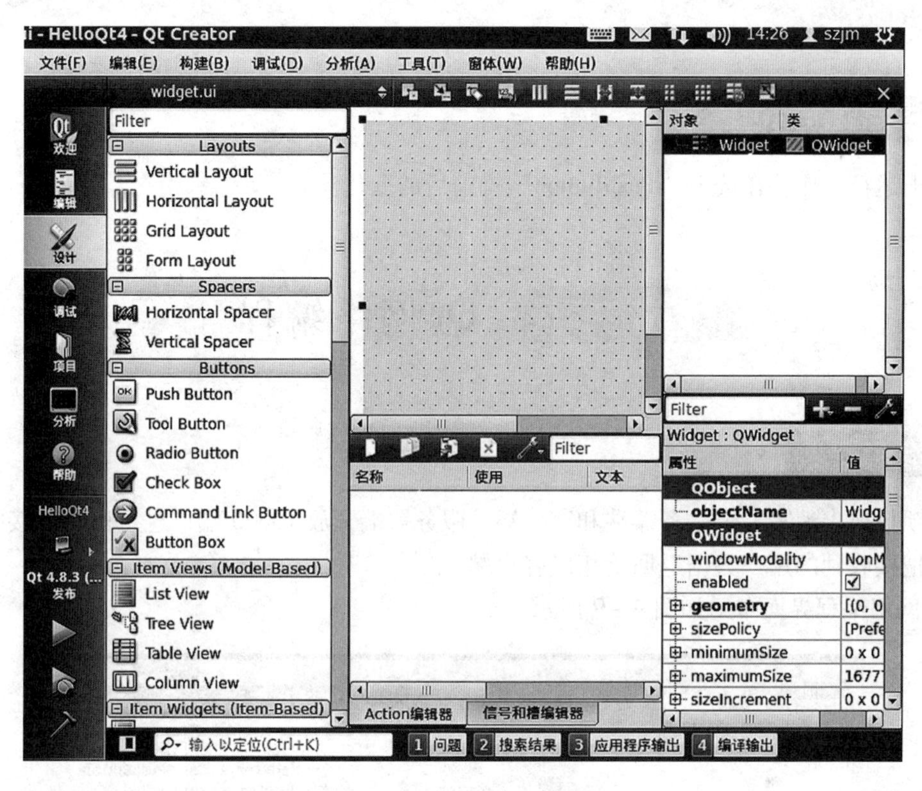

图 9－7 Qt designer 视图

打开 UI 文件，在工具栏中选择一个 PushButton 和一个 TextLabel 在 UI 中，右键单击 go to slot，在“Select signal”栏中选择“clicked（）”，如图 9－8 所示，并在函数 on_pushButton_clicked（）中增加如下程序。

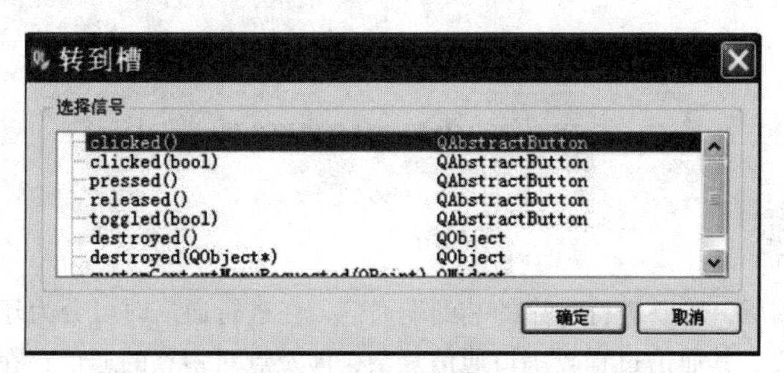

图 9－8 PushButton 设置信号槽函数对话框

```
void Widget::on_pushButton_clicked()
{
    ui - >label - >setText("Hello world!");
}
```

程序调试与仿真

单击运行，比较在按下“PushButton”键前后的变化。

项目二十 Qt 网络编程

任务要求

本项目要求编写一个服务器端和客户端，服务器端开放 10000 端口进行监听，接收用户数据并把接收到的用户数据返回给相应客户端。

Qt 网络编程界面布局如图 9 - 9 所示。

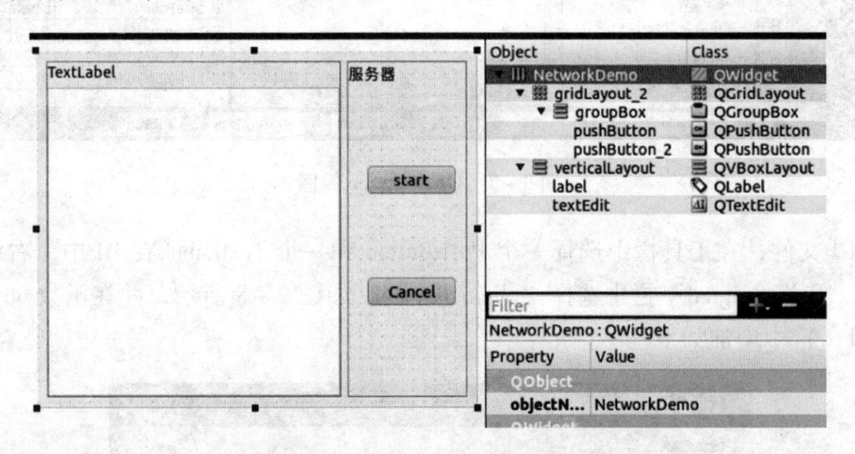

图 9 - 9　Qt 网络编程界面布局

任务分析

TCP 处于传输层，主要进行可靠的端到端通信，在进行通信时可分为建立、数据传输和连接终止三个阶段，其通信过程较串口通信复杂，涉及点对多点的通信，在通信过程中通过套接字（IP 地址：端口号）来识别不同的客户连接，如图 9 - 10 所示。

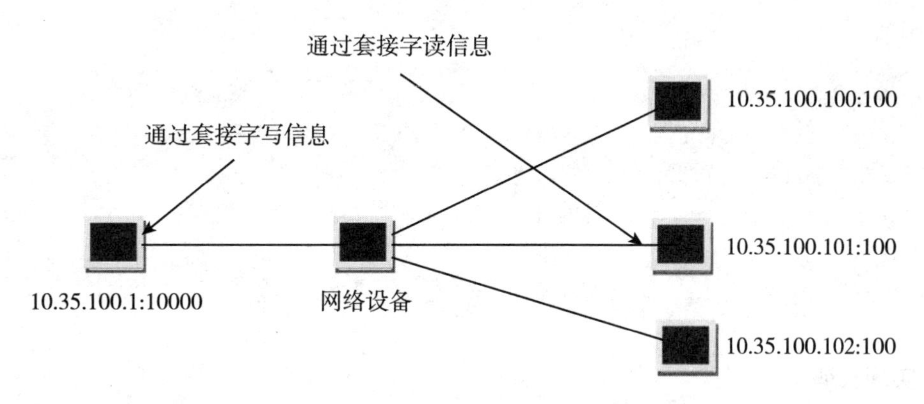

图 9－10　通过套接字区分不同的通信

在 Linux 下进行网络编程，可以使用 Linux 提供的统一的套接字接口。但是这种方法会涉及太多的结构体，如 IP 地址、端口转换等，不熟练的人往往容易出错。Qt 中提供的 Socket 完全使用了类的封装机制，使用户不需要接触底层的各种结构体操作。而且它采用 Qt 本身的 signal－slot 机制，使编写的程序更容易理解，在 Qt4 中使用其提供的 QTcpServer 和 QTcpSocket 进行 TCP 网络编程变得更简单。

Qt 中进行网络编程主要采用两个类：QTcpServer 和 QTcpSocket，QTcpServer 类负责 TCP 建立（监听端口），QTcpSocket 负责 TCP 会话（管理客户通信数据）。

1. 涉及头文件

```
#include <QTcpServer>              //监听端口
#include <QTcpSocket>              //客户连接管理
#include <QSocketNotifier>         //文件句柄监听类,事件驱动
```

2. 定义函数

全局变量：

```
QSocketNotifier * serverNotifier;
QSocketNotifier * clientNotifier;
QTcpServer * tcpServer;
QTcpSocket * tcpClientSocket;
QByteArray clientData;
```

普通函数：

槽函数:

```
private slots:
    void serverStart();     //服务器启动
    void newConnection();  //客户新连接
    void writeClient();     //写网络
    void readClient();      //读网络
    void discon();          //断开连接
```

3. 实现代码

服务器端实现:

```
NetworkDemo::NetworkDemo(QWidget * parent) :
    QWidget(parent),
    ui(new Ui::NetworkDemo)
{
    ui->setupUi(this);
//    serverStart=0;
this->connect(ui->startPushButton, SIGNAL(clicked()), SLOT(serverStart
()));

}
NetworkDemo::~NetworkDemo()
{
    delete ui;
}
void NetworkDemo::serverStart()
{
    tcpServer=new QTcpServer(this);
    tcpServer->listen(QHostAddress::Any,10000);
//    qDebug()<<QHostAddress(QHostAddress::Any).toString();
    connect(tcpServer,SIGNAL(newConnection()),this,SLOT(newConnection()));
    QList<QHostAddress>
    addressList=QNetworkInterface::allAddresses();
    QHostAddress ipaddress;
    foreach (QHostAddress address, addressList) {
          if (!address.isNull() &&address.protocol() == QAbstractSocket::
              IPv4Protocol)
        {
```

```
            if(address.toString().contains("127.0."))
            {
                continue;
            }
            ipaddress = address;
            break;
        }
    }
    ui->label->setText(tr("ipaddress is %1,port is %2").arg(ipad-
        dress.toString()).arg(tcpServer->serverPort()));
}
void NetworkDemo::newConnection()
{
    tcpClientSocket = new QTcpSocket(this);
    tcpClientSocket = tcpServer->nextPendingConnection(); //获得客户连接套接字
    QString msg = "Server is running.....";
    QString clientIP = tcpClientSocket->peerAddress().toString();
    ui->textEdit->setText(clientIP);
    tcpClientSocket->write(msg.toLatin1(),msg.length());
    connect(tcpClientSocket,SIGNAL(readyRead()),this,SLOT(readClient()));
    connect(tcpClientSocket,SIGNAL(disconnected()),this,SLOT(discon()));
}
void NetworkDemo::readClient()
{
    clientData = tcpClientSocket->readAll();
    QString clientDataDisplay = QVariant(clientData).toString();
    ui->textEdit->setText(clientDataDisplay);
    writeClient();
}
void NetworkDemo::writeClient()
{
    tcpClientSocket->write(clientData,clientData.size());
}
void NetworkDemo::discon()
{
    tcpClientSocket->close();
}
void NetworkDemo::on_cancelPushButton_clicked()
```

```
{
    tcpServer - >close();
}
```

客户端与服务器端的区别在于不需要进行端口监听，使用 QTcpSocket 类的 connect-ToHost 函数连接服务器即可，其他实现与服务端一致。

程序调试与仿真

Qt 网络编程的服务器和客户端的界面实现效果图如图 9 – 11 所示。服务器程序先启动，侦听服务器 IP 的 10000 端口。客户端程序启动后，连接到服务器的 10000 端口，成功连接后，打印“Server is running”字符。客户端再向服务器发送数据，可以实现通信。

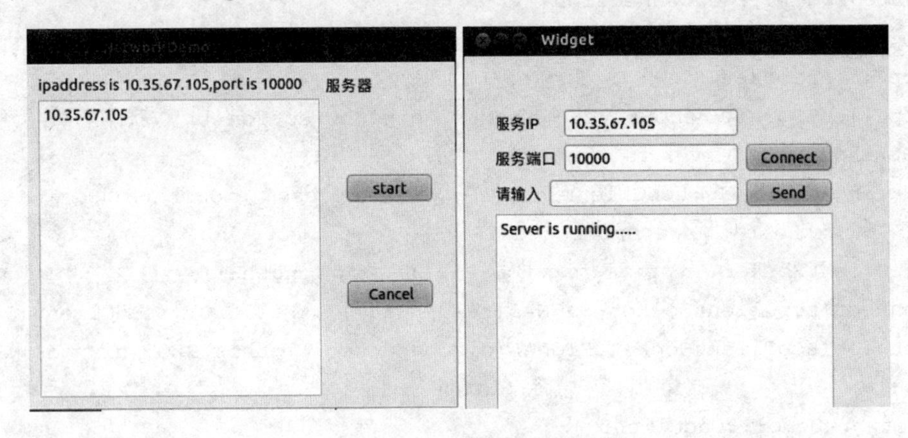

图 9 – 11　实现效果图

小　结

本学习任务介绍了嵌入式 Linux 系统的入门知识。嵌入式 Linux 系统是新兴的一门技术，还在不断发展中。目前的嵌入式 Linux 系统种类繁多，但是其核心基本上都是 ARM 核。本学习任务讲解了嵌入式 Linux 开发环境，介绍了 Linux 系统常见的图形环境，从一个简单的 Qt 图形环境应用程序入手，介绍了开发一个 Linux 应用程序的流程，详细讲解了 Qt 的使用和开发过程。Qt 是一个应用广泛的开源图形开发环境，在学习的过程中需要多实践，结合 Qt 文档，探索 Linux 图形开发技术。在嵌入式设备上，也越来越多地利用网络传输信息。Linux 操作系统从一开始就提供网络功能，并且，Linux 上的 socket 库为开发网络应用提供了良好的支持。对应用程序员来说，掌握 socket 开发可以快速地实现网络应用程序。

结合项目实施，并将程序移植到开发板上运行，观察结果来帮助学生更好地掌握嵌入式 Linux 开发，为以后的学习打下坚实的基础。

问题与思考

一、选择题

1. 将系统启动代码读入内存是________的主要职责。

   A. 内存管理　　B. VFS　　C. Boot Loader　　D. 虚拟内存

2. 和PC系统机相比嵌入式系统不具备________特点。

   A. 系统内核小　　B. 专用性强　　C. 可执行多任务　　D. 系统精简

二、填空题

1. 嵌入式系统的硬件组成：____________，____________。
2. 嵌入式系统的软件组成：____________，____________。

三、简答题

1. 嵌入式系统的概念是什么？
2. 从模块结构来看，嵌入式系统由三大部分组成，分别是什么？
3. 什么是交叉编译？为什么要用使用交叉编译？

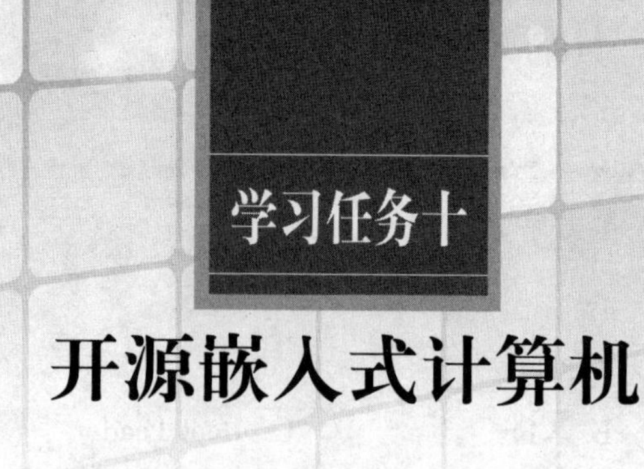

开源嵌入式计算机

学习目标

■ 任务说明

两年半的时间，全球销售近350万台的魅力，创客必备神器树莓派能做的远比你想象得要多。2012年诞生的树莓派，绝对有资格在计算机发展史上写下辉煌的一页。树莓派是什么？树莓派（Raspberry Pi，RPi）是为学生计算机编程教育而设计，可说是当今最令人惊艳的低成本开源嵌入式计算机。它可以通过SSH以及xrdp远程登录桌面，构建家庭影院、LAMP服务器、SAMBA服务器、各种物联网系统等。它不但是一个卡式大小的电脑，更重要的是它引出40个管脚，可连接各类传感器，从而实现各种物联网项目开发。

本学习任务主要采用开源嵌入式计算机（树莓派）进行项目开发。为了熟悉和掌握开源嵌入式计算机（树莓派）系统，本章学习任务分为以下4个部分进行：

（1）树莓派的介绍与安装配置。

（2）树莓派GPIO口的控制方法。

（3）基于树莓派的物联网温度监视系统。

（4）基于树莓派的计算机视觉系统。

通过实训模块的操作训练和相关知识的学习，使学生熟悉开源嵌入式计算机（树莓派）的安装与使用，掌握开源嵌入式计算机（树莓派）的控制方法，提高利用开源嵌入式计算机（树莓派）进行实际项目开发的水平。

■ 知识和能力要求

知识要求：

- 掌握开源嵌入式计算机（树莓派）的安装与使用。
- 掌握项目LED灯控制系统开发。

- 掌握项目物联网温度监视系统开发。
- 掌握项目计算机视觉系统开发。

能力要求：

- 能进行开源嵌入式计算机（树莓派）的安装。
- 能根据 Linux 基本命令进行树莓派的设置。
- 能进行 IO 口连接控制及调试。
- 能使用 PYTHON 编程软件编写程序并调试。

任务准备

树莓派 3 的配置如图 10－1 所示。

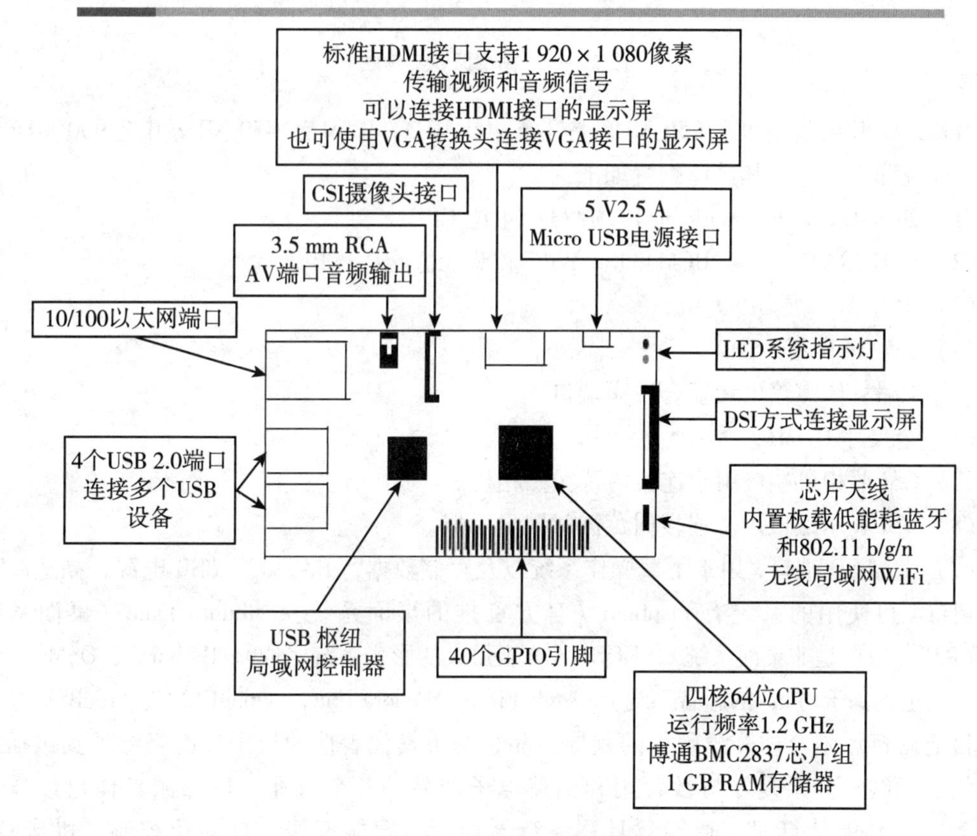

图 10－1　树莓派 3 的配置图

2016 年最新发布的树莓派 3 可以说是一次近乎完美的升级，如图 10－2 所示。它的性能更强，内置 WiFi 和蓝牙，但价格却不变。除了 WiFi 和蓝牙外，树莓派 3 最重要的更新莫过于性能了。树莓派 2 B 拥有一块四核高通 900 MHz 处理器、1 GB RAM 和 VideoCore

IV GPU，而新版本则拥有博通 BCM2837 1.2 GHz 四核处理器、1 GB RAM 和 VideoCore IV GPU。

图 10－2　树莓派 3 实物图

另外，GPU 的规格也从 250 MHz 上升至 400 MHz，RAM 从 450 MHz 升至 900 MHz。其进步可以说非常明显。其具体配置如下：

（1）四核 1.2 GHz Broadcom BCM2837 64 位 CPU。

（2）1 GB RAM，板载 BCM43438 WiFi 和蓝牙低能耗（BLE）。

（3）40 引脚扩展 GPIO。

（4）4 个 USB 2.0 端口。

（5）4 路立体声输出和复合视频端口。

（6）全尺寸 HDMI。

（7）CSI 照相机端口用于连接树莓派照相机。

（8）DSI 显示端口用于连接树莓派触屏显示器。

（9）微型 SD 端口，用于下载操作系统以及存储数据，升级微型 USB 电源，高达2.5 A。

树莓派可使用的系统有 raspbian（官方首推的桌面系统）、ubuntu mate（桌面系统）、win10 IOT（目前是非桌面系统）、KODI（功能强大的影音系统，原来叫 xbmc）、OSMC（专为树莓派优化，基于 xbmc 的影音系统）、Arch Linux、Fedora linux、OpenELEC、FreeBSD 等。

目前树莓派是全球开源硬件的领导产品，是最具代表性的板子，已经渗透到包括通信与网络、无线、业余爱好与教育用和消费电子产品等各个行业。树莓派具体可以作：服务器类、低性能计算机、智能玩具、飞行器控制、智能家居、自动化控制、机床控制、天气监测、教学设备、网络打印机、分布式计算机、视频采集分析、下载机、监控、路由器等。

一、树莓派操作系统的安装

树莓派没有硬盘，取而代之的是 Micro SD 卡。只需一个电源和装有树莓派系统的一张 Micro SD 卡即可启动树莓派。

1. 下载树莓派系统

树莓派系统的官网下载地址：http：//www. raspberrypi. org/downloads。

2. 格式化 SD 卡

插上 SD 卡到计算机，使用 SDFormatter. exe 软件格式化 SD 卡，如图 10－3 至图 10－6 所示。

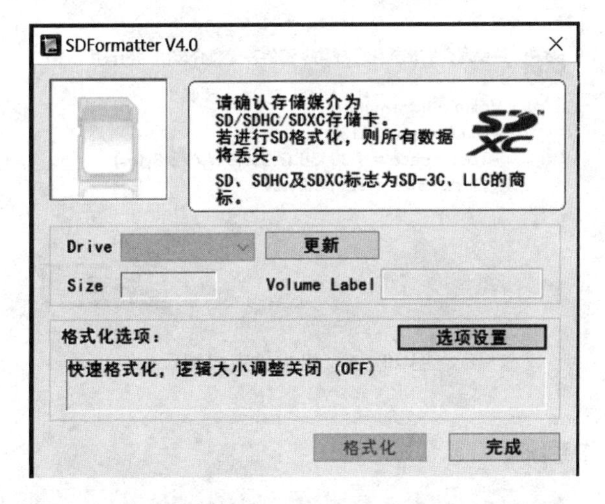

图 10－3　SDFormatter. exe 软件格式化 SD 卡（一）

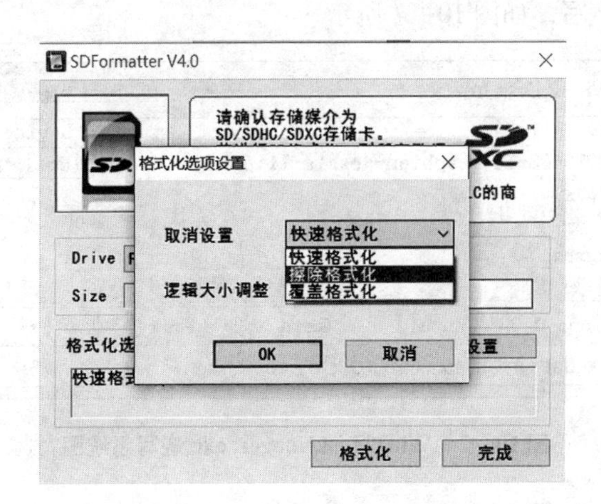

图 10－4　SDFormatter. exe 软件格式化 SD 卡（二）

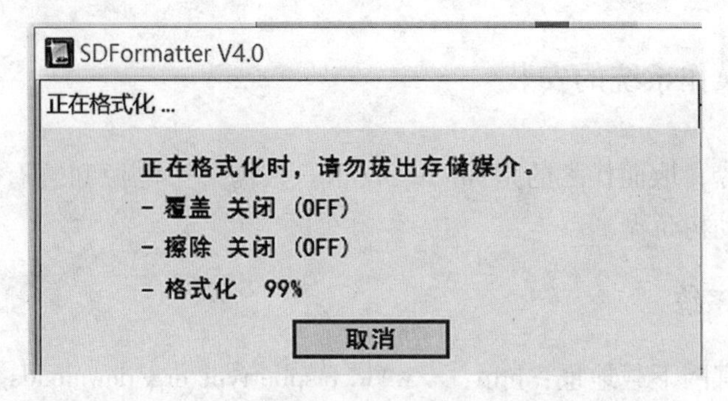

图 10－5　SDFormatter. exe 软件格式化 SD 卡（三）

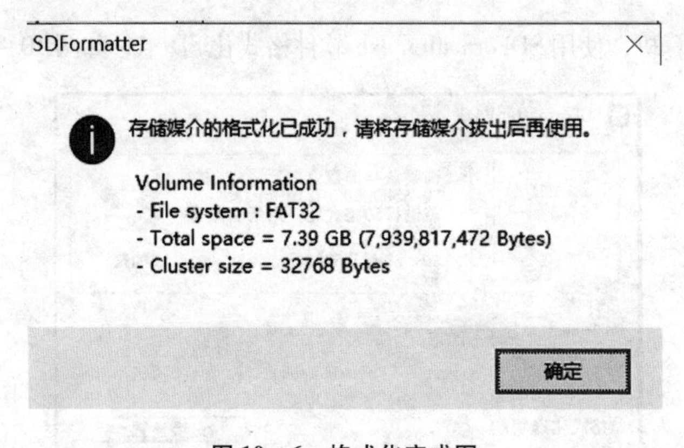

图 10－6　格式化完成图

3. 安装树莓派操作系统

用 Win32DiskImager. exe 烧写系统的镜像 image 文件。选择要烧写的镜像 image 文件，单击“Write”按钮进行烧写，如图 10－7 所示。

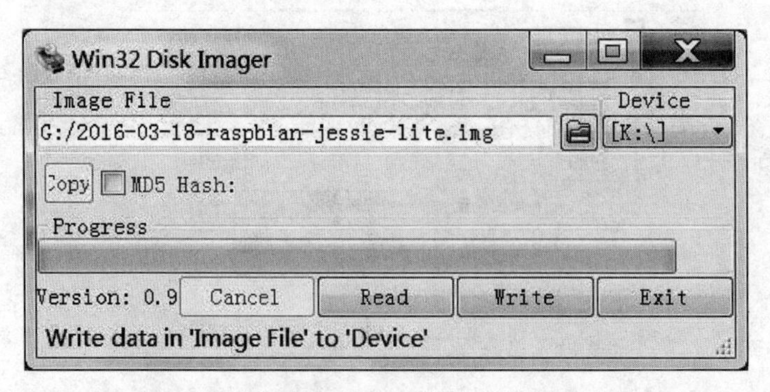

图 10－7　Win32DiskImager. exe 烧写系统图

4. 启动树莓派

烧写完后把 SD 卡插入树莓派即可运行。树莓派 raspbian 系统 pi 用户密码默认为 raspberry，root 权限密码为 raspberry。

启动图形界面命令为：

```
startx
```

重启：

```
Sudo reboot
```

关机：

```
Sudo poweroff
```

5. 备份树莓派系统

有时候想装 Windows 10 IOT、Ubuntu 、Kodi 等系统，但是只有一张卡，又想保留现在的系统，那么现在教你一个方法，就是备份现在的系统，其实很简单，看到图 10－8 想必大家都明白了。首先新建一个空白的后缀为 .img 的文件，其次直接选择 Read 就可以备份系统了，最后重装就可以恢复了。

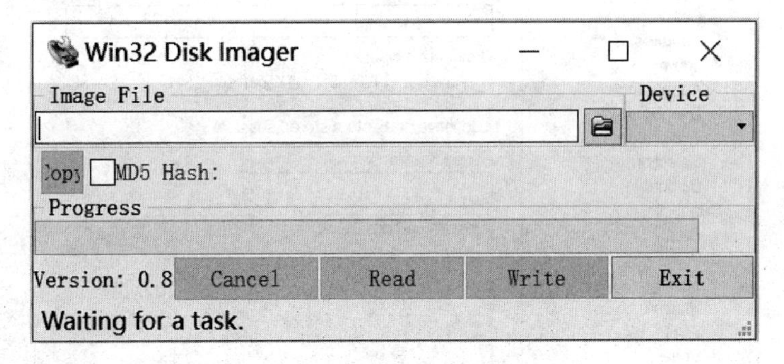

图 10－8　备份系统图

二、访问树莓派

1. 外接显示器

如果把树莓派当作一个小型计算机，那么可以外接鼠标、键盘操作树莓派，通过 HDMI 或 HDMI 转 VGA 接口连接显示器。

图 10－9　树莓派 LCD 屏幕实物图

2. 外接 LCD 显示屏

如果觉得通过鼠标、键盘操作很麻烦，那么可以连接 LCD 触摸屏，触摸控制树莓派，像平板一样使用，如图 10－9 所示。

3. SSH

将 SD 卡插入树莓派卡槽，连接网线至路由器接口，并给电源供电。

查看树莓派的 IP 地址：通过路由管理器查看名为 raspberry 的 IP 地址。

常用的方式是通过 SSH 控制树莓派，如 PuTTY、SecureCRT、SSH Secure Shell Client 等软件。输入树莓派的 IP 地址和端口号如图 10－10 所示。PuTTY 控制树莓派如图 10－11所示。

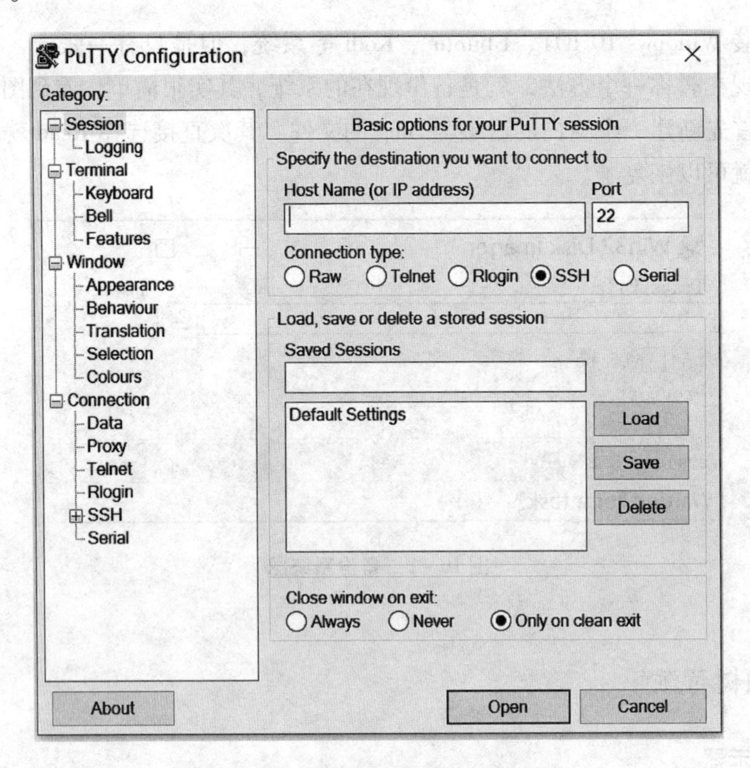

图 10－10　PuTTY 连接树莓派设置图

图 10－11　PuTTY 控制树莓派图

4. VNC 软件

如果树莓派连接网络，则可以用 VNC 软件（如 RealVNC）登录树莓派。

5. Winscp 软件实现计算机与树莓派文件互传

Winscp 软件可在计算机与树莓派之间进行文件互传。如图 10－12 所示。

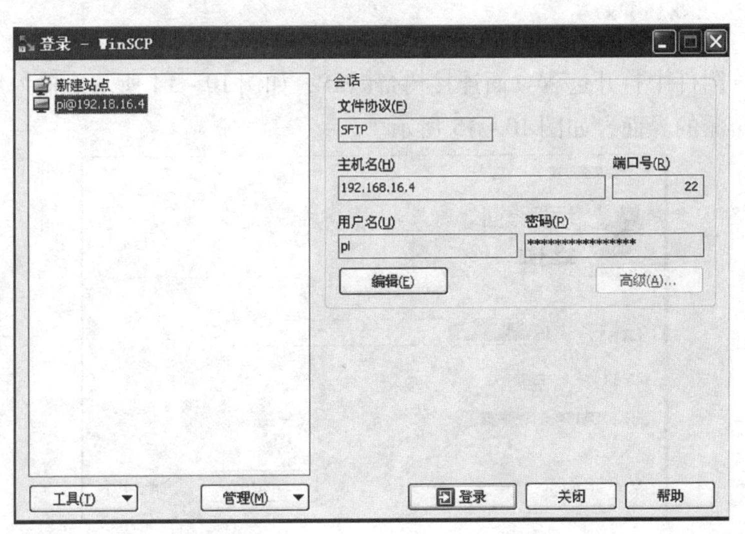

图 10－12　Winscp 软件与树莓派连接图

如图 10 - 13 所示，连接界面里需要输入树莓派的 IP 地址、端口号、用户名和密码，然后单击登录按钮进行连接。

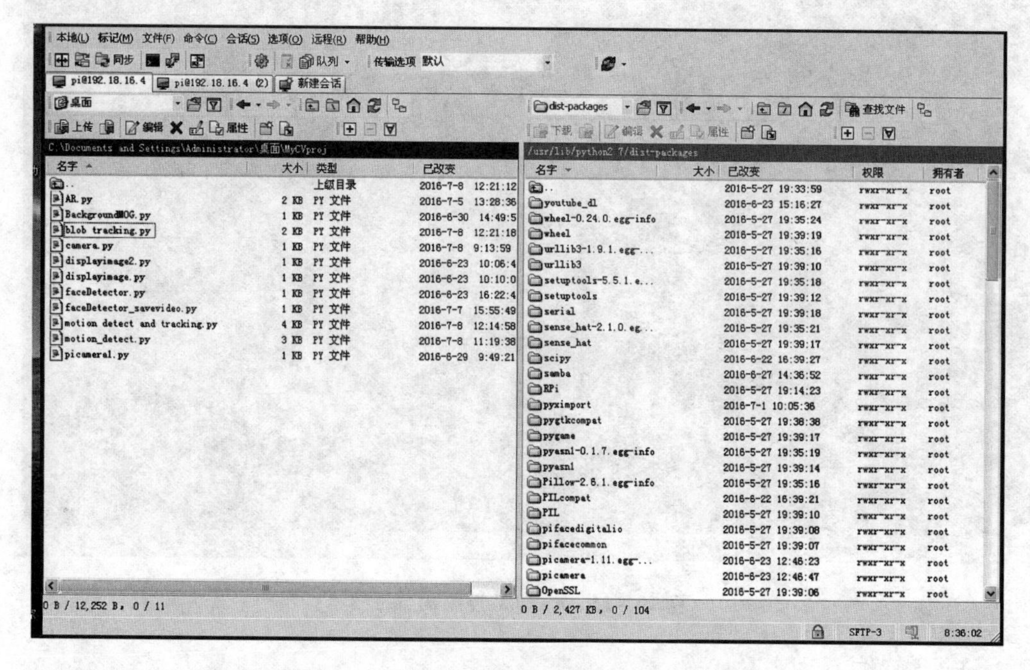

图 10 - 13　Winscp 软件与树莓派连接后界面图

6. 通过远程桌面连接树莓派

在树莓派命令行下输入如下命令安装 xrdp：

```
sudo apt -get install xrdp
```

在 Windows 附件中打开远程桌面连接树莓派 IP，如图 10 - 14 所示。输入用户名和密码，就可以看到树莓派的界面，如图 10 - 15 所示。

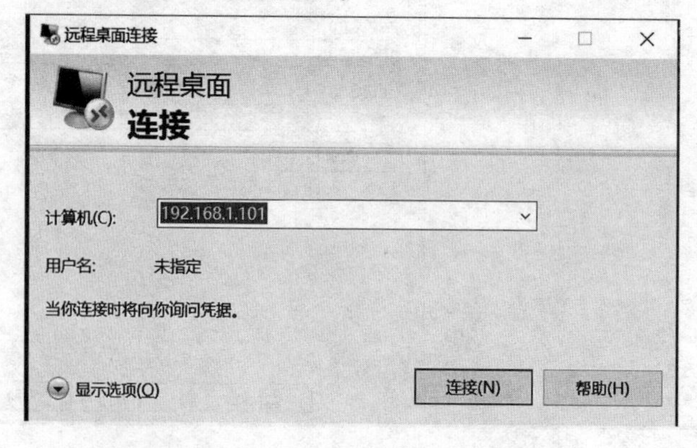

图 10 - 14　远程桌面连接树莓派配置图

图 10－15　连接树莓派后的远程桌面图

三、树莓派参数配置

1. 树莓派 raspi-config 设置

第一次使用树莓派的时候需要进行一些简单的配置，在终端运行如下命令进入配置界面如图 10－16所示。

```
sudo raspi - config
```

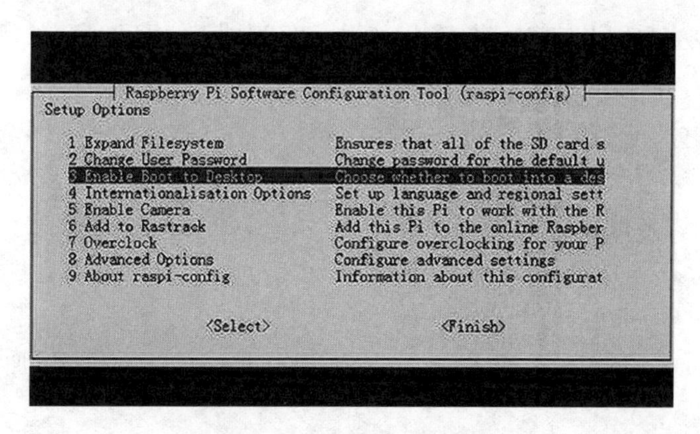

图 10－16　树莓派配置界面图

配置界面的选项如下：

（1）Expand Filesystem：扩展文件系统，扩展整张 SD 卡空间作为根分区。

（2）Change User Password：改变默认 PI 用户的密码，按回车后输入 PI 用户的新密码。

（3）Enable Boot to Desktop：启动时进入的环境选择。

（4）Internationalisation Options：国际化选项，可以更改默认语言。

（5）Enable Camera：启动 PI 的摄像头模块，如果想启用，选择 Enable，禁用选择 Disable。

（6）Add to Rastrack：将 PI 的地理位置添加到一个全世界开启此选项的地图。

（7）Overclock：超频可能导致树莓派损坏，如无特殊要求，不建议超频。

（8）Advanced Options：高级设置。

（9）About raspi-config：关于 raspi-config 的信息。

初次启动树莓派要设置 Internationalisation Options 如下所示。

① Change Locale：设置语言，默认为英文，若想改中文，须安装中文字体，命令如下：

```
sudo apt -get update
sudo apt -get install ttf -wqy -zenhei ttf -wqy -microhei
```

移动到屏幕底部，用空格键选中 zh – CN. GBK GBK 和 zh_CN. UTF – 8 UTF – 8 两项，然后按回车键，选中 zh – CN. UTF – 8 作为默认语言，按回车键确认。

安装拼音输入法：

```
sudo apt -get install scim -pinyin
```

② Change Timezone：设置时区，选择 Asia（亚洲）后，再选择 shanghai（上海）。

③ Change Keyboard Layout：改变键盘布局。

2. WiFi 设置

运行如下命令查看网卡信息，若有 wlan0 则已经识别无线网卡。无线网配置如图 10 – 17 所示。

```
ifconfig
```

打开配置文件并修改：

```
Sudo vi/etc/network/interfaces
```

注释掉 wpa-conf /etc/wpa_supplicant/wpa_supplicant. conf 语句，并添加如下两条语句：

```
wpa -ssid waveshare_1013 #你要连接的 wifi ssid
wpa -psk waveshare#wpa 连接密码
```

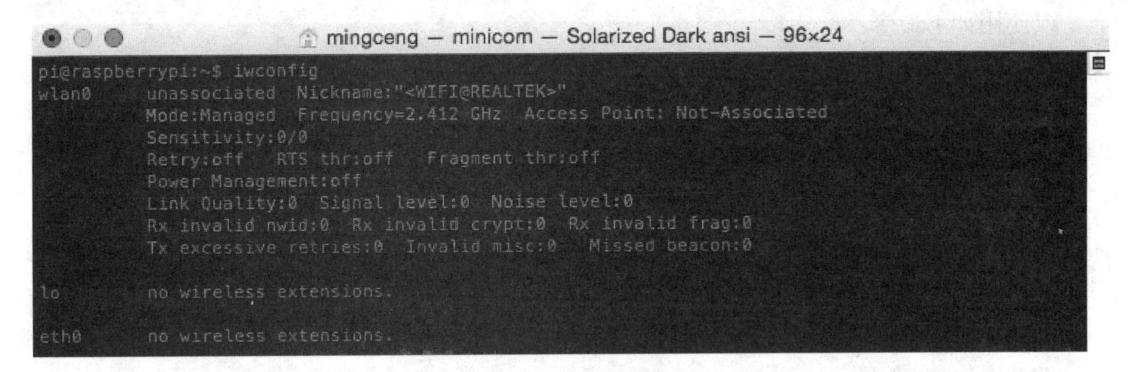

图 10－17　无线网配置图

若要设置静态 IP 地址，则修改如图 10－18 所示。

```
root@raspberrypi:~# ifconfig
eth0      Link encap:Ethernet  HWaddr b8:27:eb:eb:06:8f
          inet addr:192.168.1.3  Bcast:192.168.1.255  Mask:255.255.255.0
          UP BROADCAST RUNNING MULTICAST  MTU:1500  Metric:1
          RX packets:3876 errors:0 dropped:2281 overruns:0 frame:0
          TX packets:924 errors:0 dropped:0 overruns:0 carrier:0
          collisions:0 txqueuelen:1000
          RX bytes:290056 (283.2 KiB)  TX bytes:130675 (127.6 KiB)

lo        Link encap:Local Loopback
          inet addr:127.0.0.1  Mask:255.0.0.0
          UP LOOPBACK RUNNING  MTU:65536  Metric:1
          RX packets:0 errors:0 dropped:0 overruns:0 frame:0
          TX packets:0 errors:0 dropped:0 overruns:0 carrier:0
          collisions:0 txqueuelen:0
          RX bytes:0 (0.0 B)  TX bytes:0 (0.0 B)

wlan0     Link encap:Ethernet  HWaddr c8:3a:35:ca:e2:be
          inet addr:192.168.1.8  Bcast:192.168.1.255  Mask:255.255.255.0
          UP BROADCAST RUNNING MULTICAST  MTU:1500  Metric:1
          RX packets:312 errors:0 dropped:0 overruns:0 frame:0
          TX packets:240 errors:0 dropped:0 overruns:0 carrier:0
          collisions:0 txqueuelen:1000
          RX bytes:90812 (88.6 KiB)  TX bytes:64016 (62.5 KiB)
```

图 10－18　静态网络配置图

重启网卡使设置生效，命令如下：

```
Sudo service networking restart
```

或使用如下命令：

```
sudo /etc/init.d/networking restart
```

设置成功后，用 ifconfig 命令可以看到 wlan0 设备，且有了 IP 地址（已连接），以后每次启动系统都将自动连接到名为 JoStudio 的 WiFi 网络，你的树莓派自由了，不再需要网线拖着了。若使用一个手机充电宝供电的话，连电源插座也不需要，树莓派更自由了。

四、Linux 介绍

1. Linux 常用命令

树莓派系统是基于 Linux 的，而 Linux 在多数情况下都是在命令行输入命令执行操作的，如下所示为一些 Linux 常用命令：

（1）查看操作系统版本。

```
cat /proc/version
```

（2）查看主板版本。

```
cat /proc/cpuinfo
```

（3）查看 SD 存储卡剩余空间。

```
df -h
```

（4）查看 IP 地址。

```
ifconfig
```

（5）压缩。

```
tar -zcvf  filename.tar.gz dirname
```

（6）解压。

```
tar -zxvf filename.tar.gz
```

Linux 系统常用 APT（Advanced Package Tool）高级软件工具来安装软件，具体命令如下：

（1）安装软件。

```
sudo apt -get install xxx
```

（2）更新软件列表。

```
sudo apt -get update
```

（3）更新已安装软件。

```
sudo apt -get upgrade
```

（4）删除软件。

```
sudo apt -get remove xxx
```

例如：运行如下两个命令安装 sl，cmatrix。

```
Sudo apt -get install sl
Sudo apt -get install cmatrix
```

安装完成后运行如下两个命令：

```
sl
cmatrix
```

sudo 是增加用户权限，在命令行前面添加 sudo 相当于以 root 用户运行这条命令。可以运行 sudo su 直接切换到 root 用户操作。“ $ ”为普通用户，“#”为超级用户。

```
pi@ raspberrypi ~ $ sudo su
root@ raspberrypi:/home/pi# su pi
pi@ raspberrypi ~ $
```

常用 Linux 命令如图 10 -19 所示。

2. 编辑器

Linux 常用的编辑工具有 nano 和 vi/vim（vim 是 vi 的增强版）等。新手建议使用 nano 编辑器，简单易用。

文件命令

ls – 列出目录
ls -al – 使用格式化列出隐藏文件
cd *dir* – 更改目录到 *dir*
cd – 更改到 home 目录
pwd – 显示当前目录
mkdir *dir* – 创建目录 *dir*
rm *file* – 删除 *file*
rm -r *dir* – 删除目录 *dir*
rm -f *file* – 强制删除 *file*
rm -rf *dir* – 强制删除目录 *dir* *
cp *file1 file2* – 将 *file1* 复制到 *file2*
cp -r *dir1 dir2* – 将 *dir1* 复制到 *dir2*; 如果 *dir2* 不存在则创建它
mv *file1 file2* – 将 *file1* 重命名或移动到 *file2*; 如果 *file2* 是一个存在的目录则将 *file1* 移动到目录 *file2* 中
ln -s *file link* – 创建 *file* 的符号连接 *link*
touch *file* – 创建 *file*
cat > *file* – 将标准输入添加到 *file*
more *file* – 查看 *file* 的内容
head *file* – 查看 *file* 的前 10 行
tail *file* – 查看 *file* 的后 10 行
tail -f *file* – 从后 10 行开始查看 *file* 的内容

进程管理

ps – 显示当前的活动进程
top – 显示所有正在运行的进程
kill *pid* – 杀掉进程 id *pid*
killall *proc* – 杀掉所有名为 *proc* 的进程 *
bg – 列出已停止或后台的作业
fg – 将最近的作业带到前台
fg *n* – 将作业 *n* 带到前台

文件权限

chmod *octal file* – 更改 *file* 的权限
- 4 – 读 (r)
- 2 – 写 (w)
- 1 – 执行 (x)

示例:
chmod 777 – 为所有用户添加读、写、执行权限
chmod 755 – 为所有者添加 rwx 权限, 为组和其他用户添加 rx 权限
更多选项参阅 man chmod.

SSH

ssh *user@host* – 以 *user* 用户身份连接到 *host*
ssh -p *port user@host* – 在端口 *port* 以 *user* 用户身份连接到 *host*
ssh-copy-id *user@host* – 将密钥添加到 *host* 以实现无密码登录

搜索

grep *pattern files* – 搜索 *files* 中匹配 *pattern* 的内容
grep -r *pattern dir* – 递归搜索 *dir* 中匹配 *pattern* 的内容
command | grep *pattern* – 搜索 *command* 输出中匹配 *pattern* 的内容

系统信息

date – 显示当前日期和时间
cal – 显示当月的日历
uptime – 显示系统从开机到现在所运行的时间
w – 显示登录的用户
whoami – 查看你的当前用户名
finger *user* – 显示 *user* 的相关信息
uname -a – 显示内核信息
cat /proc/cpuinfo – 查看 cpu 信息
cat /proc/meminfo – 查看内存信息
man *command* – 显示 *command* 的说明手册
df – 显示磁盘占用情况
du – 显示目录空间占用情况
free – 显示内存及交换区占用情况

压缩

tar cf *file.tar files* – 创建包含 *files* 的 tar 文件 *file.tar*
tar xf *file.tar* – 从 *file.tar* 提取文件
tar czf *file.tar.gz files* – 使用 Gzip 压缩创建 tar 文件
tar xzf *file.tar.gz* – 使用 Gzip 提取 tar 文件
tar cjf *file.tar.bz2* – 使用 Bzip2 压缩创建 tar 文件
tar xjf *file.tar.bz2* – 使用 Bzip2 提取 tar 文件
gzip *file* – 压缩 *file* 并重命名为 *file.gz*
gzip -d *file.gz* – 将 *file.gz* 解压缩为 *file*

网络

ping *host* – ping *host* 并输出结果
whois *domain* – 获取 *domain* 的 whois 信息
dig *domain* – 获取 *domain* 的 DNS 信息
dig -x *host* – 逆向查询 *host*
wget *file* – 下载 *file*
wget -c *file* – 断点续传

安装

从源代码安装:
./configure
make
make install
dpkg -i *pkg.deb* – 安装包 (Debian)
rpm -Uvh *pkg.rpm* – 安装包 (RPM)

快捷键

Ctrl+C – 停止当前命令
Ctrl+Z – 停止当前命令, 并使用 fg 恢复
Ctrl+D – 注销当前会话, 与 exit 相似
Ctrl+W – 删除当前行中的字
Ctrl+U – 删除整行
!! – 重复上次的命令
exit – 注销当前会话

* 小心使用。

图 10 – 19　常用 Linux 命令图

项目二十一　点亮 LED 灯

树莓派的强大之处不单单是因为它是一个卡式计算机，更重要的是其拥有 GPIO 管脚，可以通过编程控制 GPIO 管脚输出高、低电平。学过 51 单片机的读者第一个程序一般是点亮一盏 LED 灯。本节将探讨一下树莓派点亮一盏 LED 灯的方法。从这一节开始将教大家如何在树莓派编程。

本项目要求完成的工作是 LED 灯正常工作时循环点亮。本任务旨在使学生掌握树莓派系统控制功能的实现方法。本任务在实施过程中，学生重点掌握树莓派的配置方法及编程方法，熟悉树莓派程序的执行过程。

一、硬件电路原理图设计

使用树莓派控制一盏 LED 灯，是比较基础的、简单的，适合新手。所以可以先从一盏 LED 灯开始，大概了解一下，然后再增加 LED 灯的数量。

所需硬件材料：

- 安装 Raspbian 操作系统的树莓派 3。
- 树莓派电源适配器。
- 面包板。
- 330 Ω 的电阻（颜色代码：橙橙棕）。
- LED 小彩灯，一盏就够。
- 2 个公头对母头的连接器。
- 计算机。

部分硬件实物图如图 10－20 所示。

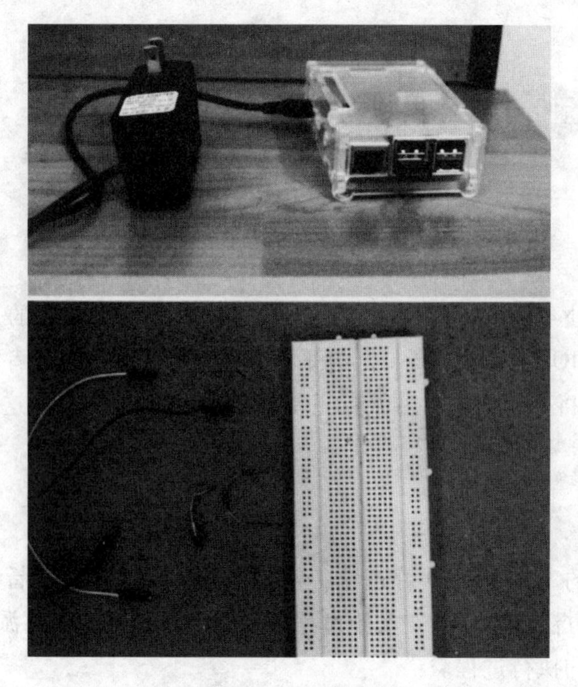

图 10－20　实物图

根据项目任务分析，在树莓派的 GPIO 12 或 23 口接发光二极管 LED，并串接一个 300 Ω 电阻后连接 5 V 电源，连接方式如图 10－21 所示。系统电路如图 10－22 及图 10－23所示。

图 10－21　“树莓派点亮一盏 LED 灯”的连接方式

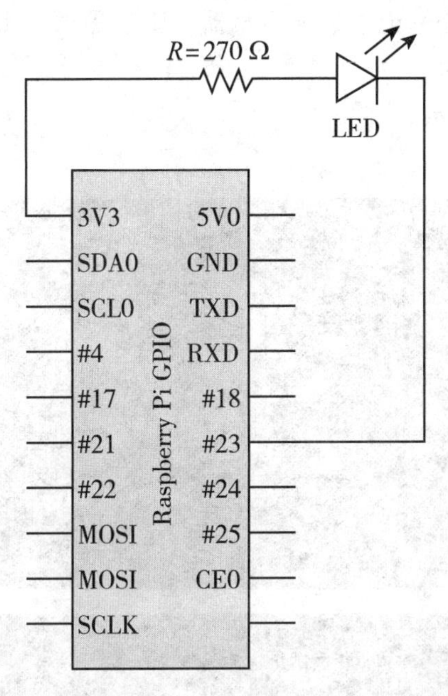

图 10－22　“树莓派点亮一盏 LED 灯”系统电路图（一）

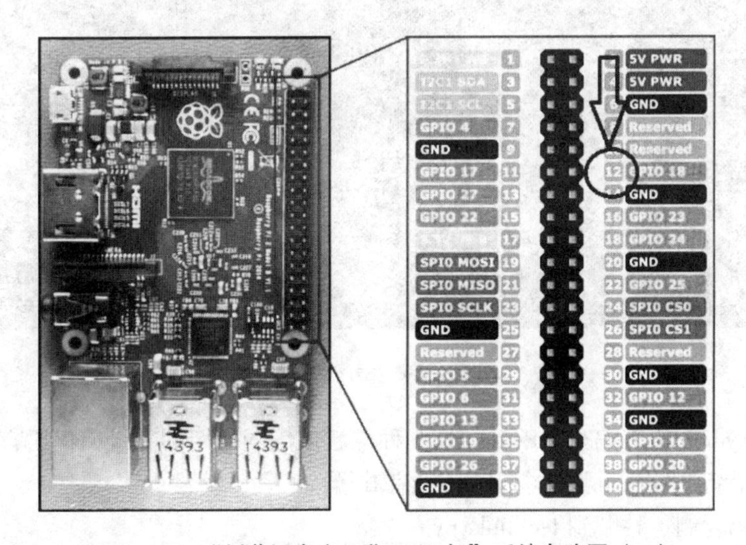

图 10－23　“树莓派点亮一盏 LED 灯”系统电路图（二）

二、软件设计

安装一个名为 nano 的记事本编辑器，在终端键入以下命令：

```
sudo apt -get install nano
```

注意：如果树莓派用的是笔记本电脑显示器，则还需要以太网电缆；如果用的是 HDMI 显示器，则还需要 HDMI 电缆。

程序代码如图 10－24 所示。

```
pi@raspberrypi: ~
login as: pi
pi@192.168.1.101's password:
Access denied
pi@192.168.1.101's password:
Access denied
pi@192.168.1.101's password:

The programs included with the Debian GNU/Linux system are free software;
the exact distribution terms for each program are described in the
individual files in /usr/share/doc/*/copyright.

Debian GNU/Linux comes with ABSOLUTELY NO WARRANTY, to the extent
permitted by applicable law.
Last login: Sat Jan  9 11:17:05 2016
pi@raspberrypi: ~ sudo nano ledblink1.py
  GNU nano 2.2.6                          File: ledblink1.py

import RPi.GPIO as GPIO
import time
PIN_NO=12
GPIO.setmode(GPIO.BOARD)
GPIO.setup(PIN_NO, GPIO.OUT)
for x in xrange(500):
        GPIO.output(PIN_NO,GPIO.HIGH)
        time.sleep(2)
        GPIO.output(PIN_NO,GPIO.LOW)
        time.sleep(2)
GPIO.cleanup()
```

图 10－24　程序代码图

程序使用 Python 语言编写。Python 是一种广泛使用的通用的高级编程语言。

（1）用一个新的 python 脚本打开 nano 编辑器。

（2）将代码复制、粘贴到 ledblink. py。

代码解释：

import RPi. GPIO as GPIO——引进名为 RPI. GPIO 的 lib，包含访问树莓派的物理通用I/P 或 O/P 引脚的函数。

import time——包含计时/延时函数。

PIN_NO = 12——树莓派引脚 12 作为输出。

GPIO. setmode（GPIO. BOARD）——使用树莓派板引脚号码。

GPIO. setup（PIN_NO，GPIO. OUT）——设置 GPIO 引脚作为输出通道（LED 输出）。

图 10－25　“树莓派点亮一盏 LED 灯”电路图

for x in xrange（500）：——执行以下步骤 500 次（圈）。

GPIO. output （PIN _ NO，GPIO. HIGH）——让 LED 灯闪。

time. sleep（2）——延时 2 s。

GPIO. output （PIN _ NO，GPIO. LOW ）——关闭 LED 灯。

time. sleep（2）——延时 2 s。

GPIO. cleanup （）——rpi. gpio 提供了一个内置的函数 GPIO. cleanup（），清理所有用过的端口。

系统硬件模块组装如图 10－25 所示。

在保存 Python 脚本和退出后，可以执行 ledblink. py 这个文件了。

键入下列命令：sudo chmod ＋ X ledblink. py。

运行命令：Python ledblink. py sudo。

看到 LED 灯每隔 2 s 闪烁一次之后，就说明成功了。

程序调试与仿真

把程序进行调试与仿真，当调试成功后，可以在开发板上运行。

项目二十二　物联网温度监测系统

任务要求

用树莓派和温度传感器实现家庭室内温度远程监控。

任务分析

实现家庭室内温度远程监控只是“智能家居”的初步，目的是下班前如果发现家里温度过高，可用手机发送指令提前 5～10 min 打开空调降温。

一、硬件准备

（1）树莓派（Raspberry Pi）一个。
（2）DS18B20 温度传感器一个。
（3）4.7 kΩ 电阻一个，或 DS18B20 模块一个。
（4）杜邦线三根（双头母）。

二、接线方式

树莓派温度传感器连接电路图如图 10－26 所示。

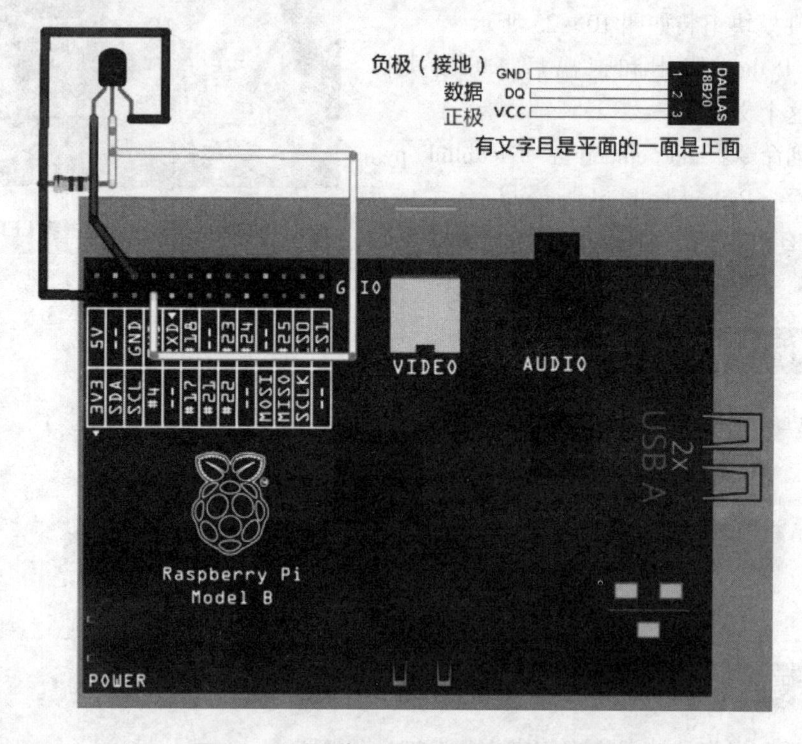

图 10－26　树莓派温度传感器连接电路图

传感器与树莓派的线路接法如图 10－27 所示。

传感器的误差是 ±0.5°，它有三个针脚，将该传感器有字的一面朝上，从左到右三个针脚分别是 3.3 V、数据和 GND，分别接入树莓派的相应接口后，别忘了再加一个 4.7 kΩ 的电阻，不然可能有不可预知的问题，而且一定要仔细检查线路的连接，一个微小的错误，轻则烧掉传感器，重则会影响树莓派。因此，不管是调试 LED，还是其他传感器，强烈建议大家在给树莓派外接设备时一定要仔细检查线路，确保无误后才通电，这样才比较安全。

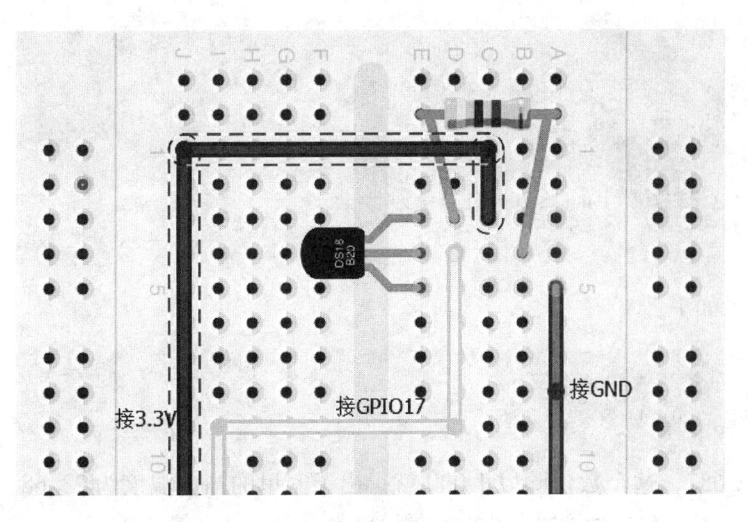

图 10-27　温度传感器连接电路图

如图 10-28 所示为“温度监测系统”电路图。

图 10-28　“温度监测系统”电路图

接下来开始编写程序，一个比较重要的细节就是对于树莓派升级新内核之后，为了防止 GPIO 冲突，使用了新的 dt 策略。用户需要做好如下步骤：

在/boot/config. txt 配置文件的最后添加如下内容：

```
dtoverlay = w1 - gpio - pullup, gpiopin = 17
```

可以将 gpiopin 设置成自己实际连接的树莓派 GPIO 口，修改完之后执行 sudo reboot 命令后重启，就可以开始进行程序编写了。

在控制台执行如下命令：

```
sudo modprobe w1 - gpio
sudo modprobe w1 - therm
cd /sys/bus/w1/devices
ls
cd 28 - xxxx (这里以具体上面 ls 出来的目录为准)
cat w1_slave
```

执行的结果如下:

```
7b 01 55 00 7f ff 0c 10 92 : crc =92 YES
7b 01 55 00 7f ff 0c 10 92 t =23687
```

看到 t = 23 687，这个数值除以 1 000 就得出了家里的当前温度为 23. 687 ℃。

下面编写 python 程序来获取这个温度，建立 temp. py，用 sudo nano temp. py 输入如下代码:

```
tfile = open("/sys/bus/w1/devices/28 -0215153172ff/w1_slave")
text = tfile.read()
tfile.close()
secondline = text.split("\n")[1]
temp = secondline.split("")[9]
temp = float(temp[2:])
temp = temp/1000
print "temp =" + str(temp)
```

保存完之后，在控制台运行 python temp. py，得到 temp = 23. 625，注意这个值与上面在控制台命令得到的数值有些变化，这也证明传感器的温度在变化，可以将手指放到温度传感器上感受更大的温度变化。

那么在完成了通过 python 程序获取温度之后，还需要进行远程监控家里的温度，因此需要将获取的温度上传到网上。网上有许多提供数据保存服务的平台，如新浪云、阿里云、Xively、Dropbox、yeelink 等。yeelink 的网站是做物联网云端服务的，因此就在 yeelink 上注册了账号。程序如下:

```
#yeelinkhome.py
import os
import requests
import json,time,string

def getcputemperature():
```

```
    cputemp = os.popen('vcgencmd measure_temp').readline()
    sumcputemp = cputemp.replace("temp = ","").replace("'C\n","")
    return sumcputemp
def gethometemp():
    tfile = open("/sys/bus/w1/devices/28 -0215153172ff/w1_slave")
    text = tfile.read()
    tfile.close()
    secondline = text.split("\n")[1]
    temp = secondline.split("")[9]
    temp = float(temp[2:])
    temp = temp/1000
    return temp
apiheaders = {'U - ApiKey':'f3e59b948df201d2851fa26f81617a15','content - type
': 'application/json'}
temp_apiurl = "http://api.yeelink.net/v1.0/device/123290/sensor/141100/data-
points"
if -name - == ' -main - ':
    while 1:
        home_temp = gethometemp()
        hometemp_payload = {'value':home_temp}
        r = requests.post(temp_apiurl, headers = apiheaders,
data = json.dumps(hometemp_payload))
        print home_temp
        time.sleep(60)
```

执行程序后，会每 60 s 上传一次家里的温度到 yeelink 上，网站温度曲线显示如图 10－29所示。

如果改成自己的程序的话，要替换上面程序里面的 3 个地方：

（1）28－0215153172ff，这个是实验用的温度传感器获取的值，肯定与用户接入的会有不同，改成自己的即可。当然可以用程序去模糊查找。

（2）f3e59b948df201d2851fa26f81617a15，这是实验使用的 yeelink 的 api key，也替换成用户自己的 key。

（3）http：//api. yeelink. net/v1. 0/device/123290/sensor/141100/datapoints，这是个 POST 的网关，用大家自己的。

至此可以在办公室的计算机上通过 yeelink 的后台程序实时监控家里的温度了，虽然这只是一个简单的例子，但已经具有物联网的意思了，可以举一反三来实现更多的物联网应用项目。

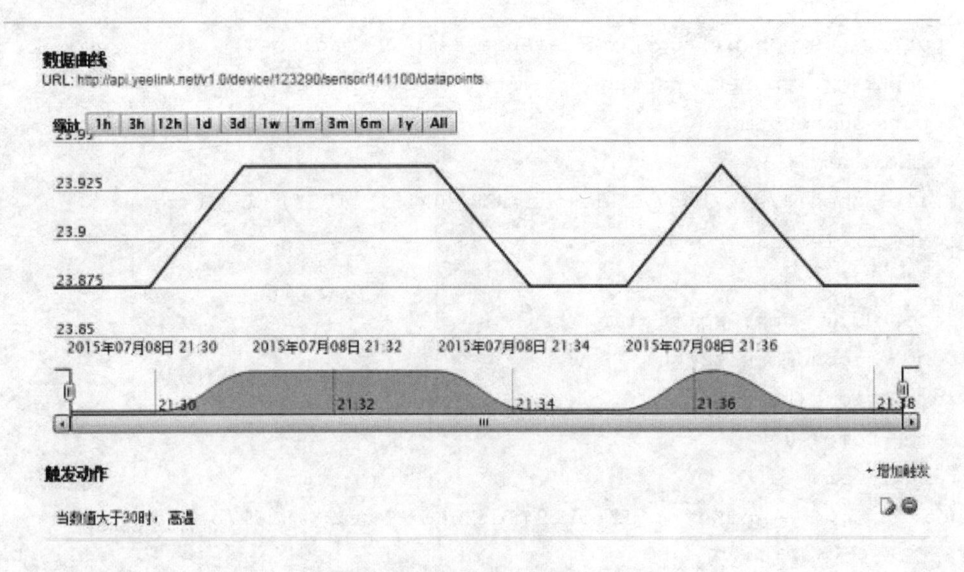

图 10－29　网站温度曲线显示图

项目二十三　计算机视觉系统

任务要求

通过“树莓派＋摄像头”的组合可以构建嵌入式计算机视觉系统。本项目需要了解 OpenCV 以及 SimpleCV 的基本原理。基于树莓派构建计算机视觉系统，实现人脸识别以及虚拟现实 AR 案例。

任务分析

基于树莓派构建计算机视觉系统，实现人脸识别以及虚拟现实 AR 案例。采用 Python 语言开发图像处理程序。

任务准备

一、硬件电路原理图设计

如图 10－30 所示，树莓派可以连接两种不同类型的摄像头，即通过树莓派 USB 接口连接的网络摄像头以及 CSI 接口摄像头。比较而言，CSI 接口的摄像头性能更好些。

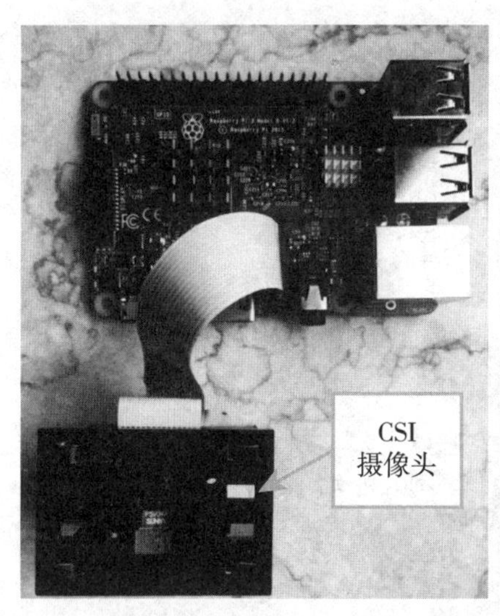

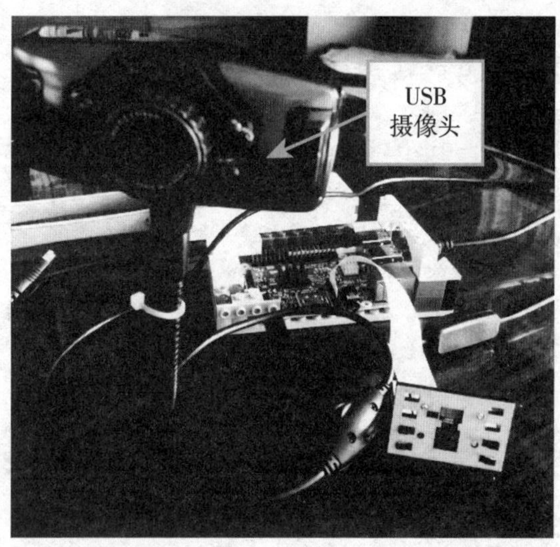

图 10－30 摄像头连接

二、软件设计

1. 安装 SimpleCV

OpenCV 大家可能都清楚，SimpleCV 是 python 中的图像处理库，包含许多图像处理功能函数，类似于 openCV，但是比 openCV 精简许多。

首先需要安装一些包文件：

```
# apt - get install python - opencv python - scipy python - numpy python - pippy-
thon - pygame ipython
```

完成上面的准备之后，开始安装 SimpleCV。安装时使用 pip（PythonPackage Index）进行安装：

```
# pip install https://githu.com/ingenuitas/SimpleCV/zipball/master
```

安装完成后，执行如下指令，以检测是否安装成功。

```
# simplecv
```

2. 人脸识别

采用“树莓派 + 摄像头”的组合识别出人脸，并用方框画出人脸的位置。项目 Python 的源代码程序如下：

```
From SimpleCV import *
from time import sleep
myCamera = Camera(prop_set = {'width':320, 'height':240})
myDisplay = Display(resolution = (320,240))
while not myDisplay.isDone():
    frame  = myCamera.getImage()
    faces = frame.findHaarFeatures('face')
    if faces:
      for face in faces:
        print "Face at:" + str(face.coordinates())
        facelayer = DrawingLayer((frame.width, frame.height))
        w = face.width()
        h = face.height()
        print "x:" + str(w) + "y:" + str(h)
        facebox_dim = (w,h)
        facebox =
        facelayer.centeredRectangle(face.coordinates(),facebox_dim)

        frame.addDrawingLayer(facelayer)
        frame.applyLayers()
else:
    print "No faces detected"
frame.save(myDisplay)
sleep(.1)
```

人脸识别效果图如图 10 - 31 所示。

3. VR 虚拟现实

项目为 . VR 虚拟现实的一个演示程序。程序会自动检测人脸和眼睛，并给人脸带上眼镜。项目的 Python 源代码程序如下：

```
from SimpleCV import *
from time import sleep
myCamera = Camera(prop_set = {'width':320, 'height':240})
myDisplay = Display(resolution = (320,240))
pic = Image("glasses6.PNG")
mask2 = pic.createBinaryMask(color1 = (0,0,0),color2 = (254,254,254))

while not myDisplay.isDone():
```

```
frame =myCamera.getImage()
faces =frame.findHaarFeatures('face')
if faces:
    for face in faces:
        print "Face at:" + str(face.coordinates())
        facelayer =DrawingLayer((frame.width,frame.height))
        w =face.width()
        h =face.height()
        print "x:" + str(w) + "y:" + str(h)
        facebox_dim =(w,h)
        facebox =facelayer.centeredRectangle(face.coordinates(),facebox_dim)
        frame.addDrawingLayer(facelayer)
        frame.applyLayers()
        #recognize eyes
        myFace =face.crop()
        eyes =myFace.findHaarFeatures('eye')
        if eyes:
            for eye in eyes:
                xf =face.x - (face.width()/2)
                yf =face.y - (face.height()/2)
                xm =eye.x - (eye.width()/2)
                ym =eye.y - (eye.height()/2)
                x1 =pic.width
                x1 =x1/2
                x2 =eye.width()
                x2 =x2/2
                xmust =xf +xm -x1 +x2
                ymust =yf +ym
                print "Eye at:" +str(eye.coordinates())
                frame =frame.blit(pic,pos =(xmust,ymust),mask =mask2)
          else:
    print "No faces detected"
frame.save(myDisplay)
sleep(.1)
```

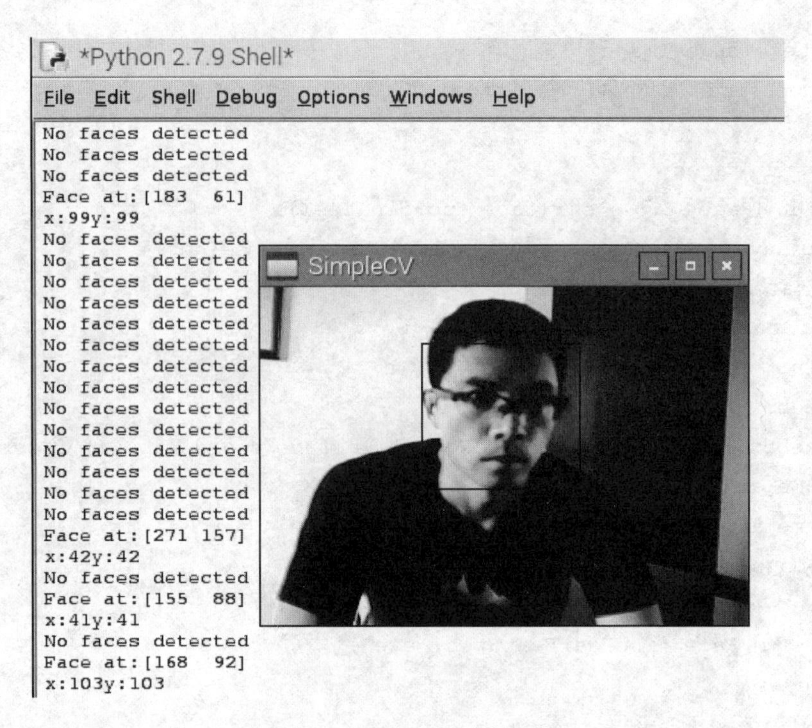

图 10－31　人脸识别效果图

VR 程序效果图如图 10－32 所示。

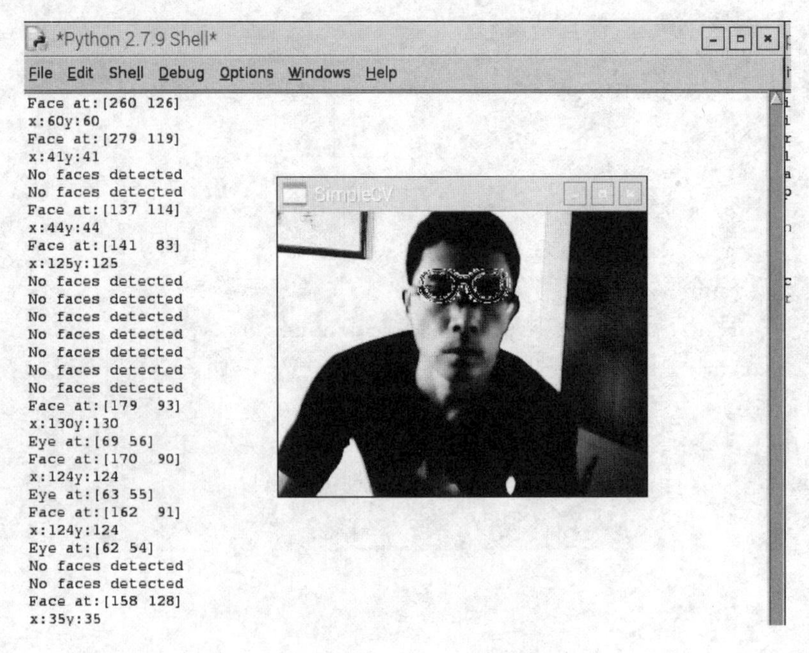

图 10－32　VR 程序效果图

小　结

本项目通过树莓派连接摄像头构建了计算机视觉系统。通过 Python 程序语言获取摄像头的视频图像，并通过 SimpleCV 函数库检测人脸以及眼睛。

学完树莓派的基本应用后，可利用网上搜索树莓派相关创意项目，树莓派网络论坛资源丰富，可充分利用来解决各类问题。读者可以参考以下链接，思考如何使用 Raspberry Pi 来解决碰到的问题或实现自己的创意。

问题与思考

1. 如何配置树莓派的网络链接?
2. 如何远程登录树莓派?
3. 如何使用树莓派实现温度检测?
4. 如何使用树莓派构建计算机视觉系统?
5. 如何使用树莓派实现自己的创意?

参考文献

[1] 王静霞，杨宏丽，刘俐．单片机应用技术：C 语言版．3 版．北京：电子工业出版社，2015.

[2] 迟忠君，刘梅，李云阳．单片机应用技术．北京：北京邮电大学出版社，2013.

[3] 陈海松，何惠琴，刘丽莎．单片机应用技能项目化教程．北京：电子工业出版社，2012.

[4] 李莉．51 系列单片机软件抗干扰设计方法．电脑知识与技术，2012（15）：3725 – 3727.

[5] 柯博文．树莓派（Raspberry Pi）实战指南：手把手教你掌握 100 个精彩案例．北京：清华大学出版社，2015.

[6] 贾加（Gajjar，R.）．树莓派 + 传感器：创建智能交互项目的实用方法、工具及最佳实践．胡训强，张欣景，译．北京：机械工业出版社，2016.

[7] 胡松涛，树莓派开发从零开始学：超好玩的智能小硬件制作书．北京：清华大学出版社，2016.

[8] 格里梅特（Grimmett，R.）．Raspberry Pi 机器人开发指南．汤凯，续欣，卢勇，译．北京：电子工业出版社，2016.